高等职业教育计算机专业系列教材

Web 前端技术案例教程
（HTML5+CSS3+JavaScript）

张振球　主编

北京理工大学出版社
BEIJING INSTITUTE OF TECHNOLOGY PRESS

图书在版编目（CIP）数据

Web前端技术案例教程：HTML5+CSS3+JavaScript / 张振球主编. —北京：北京理工大学出版社，2020.3（2022.7重印）

ISBN 978-7-5682-7517-0

Ⅰ. ①W…　Ⅱ. ①张…　Ⅲ. ①网页制作工具–教材 ②超文本标记语言–程序设计–教材 ③JAVA语言–程序设计–教材　Ⅳ. ①TP393.092.2 ②TP312.8

中国版本图书馆CIP数据核字（2019）第190298号

出版发行 / 北京理工大学出版社有限责任公司

社　　址 / 北京市海淀区中关村南大街5号

邮　　编 / 100081

电　　话 /（010）68914775（总编室）

　　　　　（010）82562903（教材售后服务热线）

　　　　　（010）68944723（其他图书服务热线）

网　　址 / http://www.bitpress.com.cn

经　　销 / 全国各地新华书店

印　　刷 / 北京国马印刷厂

开　　本 / 787毫米 × 1092毫米　1/16

印　　张 / 24　　　　　　　　　　　　　　　责任编辑 / 王玲玲

字　　数 / 565千字　　　　　　　　　　　　文案编辑 / 王玲玲

版　　次 / 2020年3月第1版　2022年7月第7次印刷　责任校对 / 周瑞红

定　　价 / 88.00元　　　　　　　　　　　　责任印制 / 施胜娟

前　　言

关于章节安排

1. HTML、CSS、JavaScript 的基础知识是按照第一部分 HTML、第二部分 CSS 和第三部分 JavaScript 这样的顺序进行讲述的，但是在 HTML 部分的少数实例中会涉及部分 CSS 或 JavaScript 的简单应用。

2. 对于 HTML5 新增的元素、属性等知识点，根据其分类，这些内容安排在第 3 章、第 7 章、第 8 章和第 9 章等章节中讲述。

3. 对于 CSS3 新增的属性等知识点，根据其分类，这些内容安排在第 11 章、第 15 章等章节中讲述。

环节

1. "练一练""思考与查证"等环节需要学习者去查阅书中其他章节或上机实践进行验证。希望能达到培养和训练学习者的学习兴趣和自学能力的目的。

2. "问与答"环节归纳出学习者常见的问题，并给予解答。列出的问题较有针对性，很多是对本节知识的归纳或拓展。问题以对话的方式呈现，既温习旧知，又获取新知。

约定

1. 关于 HTML 元素的表达。

举例来说，body 元素、\<body\> 元素、\<body\> 标签、body 标签这四种表述都可以，但本书为了将元素和其他文字隔开并凸显出来，用的是 "\<body\> 元素" 这样的表述。

2. 关于 \<ul\>+\<li\> 类似的表述。

为了方便表述和识记，本书中对于配合在一起用的嵌套元素，用 "+" 连接。比如，书中会有如下的写法：\<ul\>+\<li\> 表示无序列表；\<ol\>+\<li\> 表示有序列表；\<dl\>+\<dt\>+\<dd\> 表示自定义列表；\<ruby\>+\<rt\> 表示标注拼音或音标等；\<select\>+\<option\> 表示下拉列表；\<details\>+\<summary\> 表示细节展开等。

3. 关于 \<input\>~\<datalist\>+\<option\> 类似的表述。

为了方便表述和识记，本书中对于配合在一起用的兄弟元素，用 "~" 连接。比如，\<input\>~\<datalist\>+\<option\> 表示文本框的选项输入。

资源获取

本书配套的所有资源，包括案例源码、图文素材、章节练习答案等，可以到北京理工大学出版社网站（http://www.bitpress.com.cn/）下载，或与编者联系：470469042@qq.com。

致谢

作为一名电影、音乐、诗歌等艺术的业余爱好者，书中引用了大量诗词和近年来电影佳作的海报或文字介绍等，在此对这些文艺工作者表示诚挚的感谢。

感谢家人和朋友给予的关心和大力支持，本书能够完成与你们的鼓励是分不开的。

目　　录

第一部分　　HTML

第三部分　JavaScript

第一部分

HTML

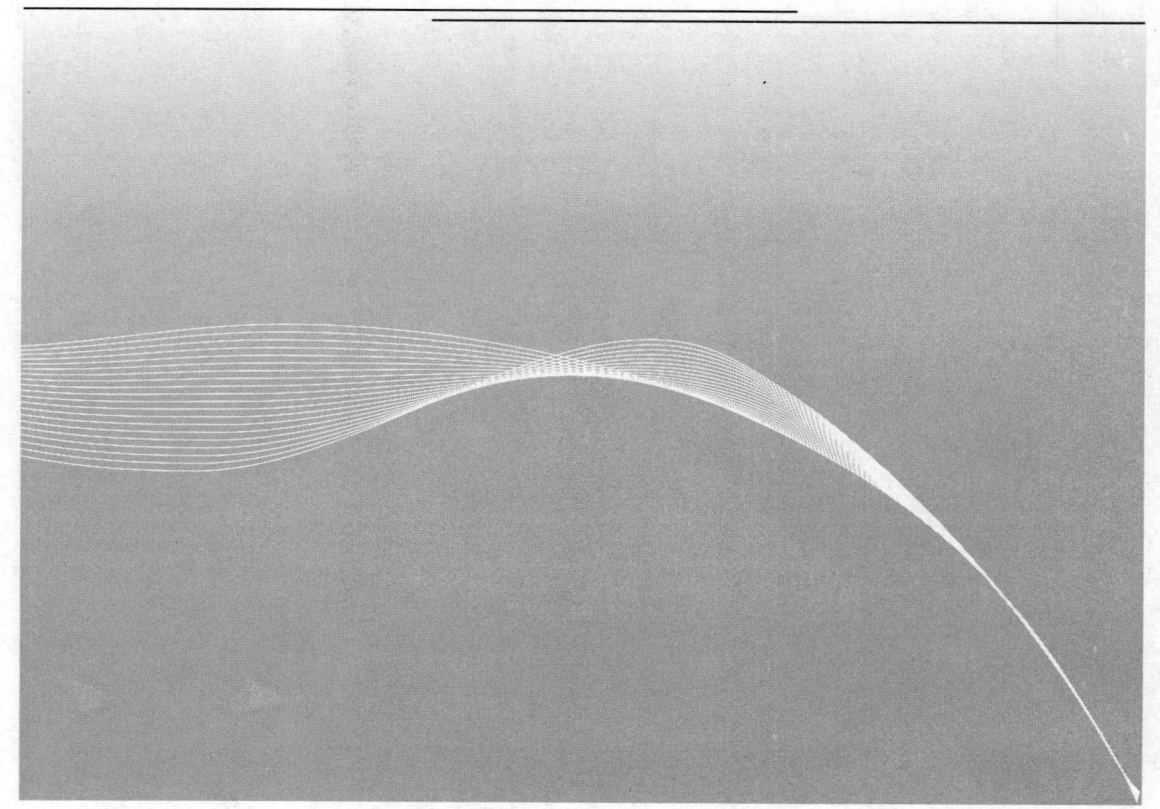

第1章

Web 前端开发入门

本章将介绍 HTML 和 CSS 等的基本应用。Web 前端开发技术主要包括 HTML、CSS、JavaScript 等。通过本章学习，可以对 Web 前端开发技术有整体的认识。

学习目标：

序号	基本要求
1	了解 <html>、<head>、<body>、<p>、<h1> 等 HTML 元素
2	能编写简单的 HTML 页面
3	了解 CSS 在 HTML 文档中的基本写法和作用
4	了解 JavaScript 在 HTML 文档中的基本写法和作用
5	了解常见的几种 Web 浏览器
6	弄懂 Web 服务器和 Web 浏览器的工作过程
7	能根据所学实例，创建一个自己喜欢的卡通形象介绍网页

1.1　Web 前端概述

上网看到的各种图文并茂的网页，就像一张张设计精美的海报，其背后隐藏的就是 Web 前端技术。Web 前端的主要任务是信息内容的呈现和用户界面 UI（User Interface）设计。Web 前端设计主要包括版式、布局、字体、配色、配图等设计。

Web 是一种典型的分布式应用结构。Web 应用中的信息交换与传输都涉及客户端和服务器端。因此，Web 开发技术分为客户端技术（常称作"Web 前端开发技术"）和服务器端开发技术（常称作"Web 后端开发技术"，如 PHP、JSP、.NET 等）。

一般来说，Web 前端开发技术主要包括 HTML（XHTML）、CSS 和 JavaScript。它们分别代表着 Web 前端的结构、表现和行为。此外，Web 前端开发过程中的 DOM、BOM、Ajax、jQuery 及其他插件技术更是进一步实现了 Web 网页结构、表现和行为的分离。本书主要介绍 HTML、CSS 和 JavaScript 等方面的知识和技术。

1.1.1　HTML

HTML（Hypertext Markup Language）是超文本标记语言。它是一种标记语言，而不是编程语言。HTML 用来描述 Web 页面的结构。HTML 使用元素（有时也称为"标签"或"标

记"）来描述网页（本书中通常称为元素）。一般来说，HTML 元素由三个部分组成：一个开始标记、内容和一个结束标记。较为常见的 HTML 元素包括 <html>、<head>、<body>、<p>、<img> 等。常用的 HTML 元素见表 1-1。更为详细的 HTML 元素知识将在后面的章节中讲述。

表 1-1   常用的 HTML 元素

分类	标签	描述
常用的 HTML 元素	<html>	定义 HTML 文档
	<title>	定义文档的标题
	<body>	定义文档的主体
	<h1> ~ <h6>	定义 HTML 中的标题
	<p>	定义段落
	 	定义简单的换行
	<hr>	定义水平线

HTML 文档用来描述网页，主要由 HTML 元素和纯文本构成。Web 浏览器可以读取 HTML 文档，并以文字、图像、动画、声音、视频、表格、链接等网页的形式显示出来。在浏览器的地址栏中输入 URL（统一资源定位地址），如 http://www.w3school.com.cn/，所看到的网页是浏览器对 HTML 文档进行解释后的结果，如图 1-1 所示。

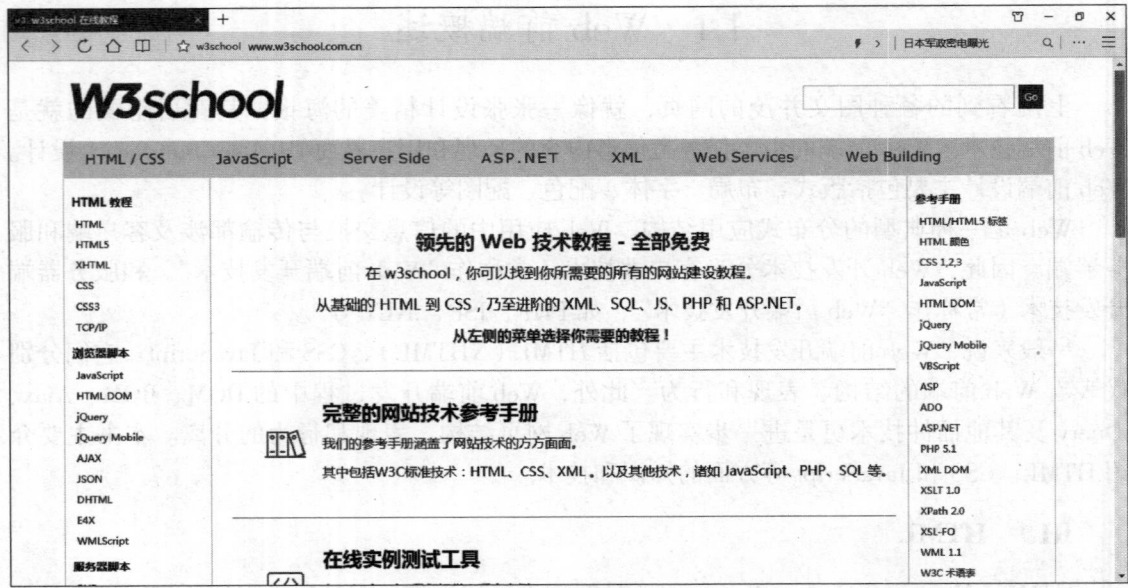

图 1-1   W3school 在线教程首页

在浏览网页时，可以右击网页的空白位置，从快捷菜单中选择"查看页面源代码"（不同的浏览器选项名略有不同），可以浏览网页的源代码，如图 1-2 所示。其中 <head>、<meta>、<title>、<link>、<body> 等都是 HTML 元素，浏览器能够理解这些元素并呈现给用户。

```
1  <!DOCTYPE html PUBLIC "-//W3C//DTD XHTML 1.0 Strict//EN" "http://www.w3.org/TR/xhtml1/DTD/xhtml1-strict.dtd">
2  <html xmlns="http://www.w3.org/1999/xhtml">
3  <head>
4  <title>w3school 在线教程</title>
5  <meta name="description" content="全球最大的中文 Web 技术教程。" />
6  <link rel="stylesheet" type="text/css" href="/c5.css" />
7  <meta http-equiv="Content-Type" content="text/html; charset=gb2312" />
8  <meta http-equiv="Content-Language" content="zh-cn" />
9  <meta name="robots" content="all" />
10 <meta name="author" content="w3school.com.cn" />
11 <meta name="Copyright" content="Copyright W3school.com.cn All Rights Reserved." />
12 <meta name="MSSmartTagsPreventParsing" content="true" />
13 <meta http-equiv="imagetoolbar" content="false" />
14 <link rel=icon type="image/png" sizes="16x16" href="/logo-16.png">
15 <link rel=icon type="image/png" sizes="32x32" href="/logo-32.png">
16 <link rel=icon type="image/png" sizes="48x48" href="/logo-48.png">
17 <link rel=icon type="image/png" sizes="96x96" href="/logo-96.png">
18 <link rel="apple-touch-icon-precomposed" sizes="96x96" href="/logo-96.png">
19 <link rel="apple-touch-icon-precomposed" sizes="144x144" href="/logo-144.png">
20 </head>
21
22 <body id="homefirst">
23 <div id="wrapper">
24
25 <div id="header_index">
26 <h1><a href="/index.html" title="w3school 在线教程" style="float:left;">w3school 在线教程</a></h1>
```

图 1-2　W3school 在线教程首页源代码

通过表 1-2 简要说明 HTML 的发展历史。

表 1-2　超文本标记语言（HTML）的发展历史

版本	发布年月	发布机构	发布情况
HTML1.0	1993 年 6 月	互联网工程工作小组（IETF）	发布工作草案
HTML2.0	1995 年 11 月	万维网联盟（W3C）	发布 RFC1866
HTML3.2	1996 年 1 月	万维网联盟（W3C）	W3C 推荐标准
HTML4.0	1997 年 12 月	万维网联盟（W3C）	W3C 推荐标准
HTML4.01	1999 年 12 月	万维网联盟（W3C）	W3C 推荐标准
HTML5	2014 年 10 月	万维网联盟（W3C）	W3C 推荐标准

　　注：本章中，所有 HTML 文档都以 HTML4 为基础，但会避免 HTML5 已不支持的内容（这里的不支持不代表声明为 HTML5 文档时效果就不显示，这个不支持是建议开发者不要使用）。第 2 章以后大都以 HTML5 为基础，毕竟 HTML5 才是目前的主流标准。

HTML 版本	<!DOCTYPE html PUBLIC " -//W3C//DTD HTML 4.01//EN" "http://www.w3.org/TR/html4/strict.dtd"> 这是 HTML4.01 版本，HTML 标记用英语编写，这个 DOCTYPE 可以看作是对 HTML 版本的声明。

思考与验证

HTML5 已成为最新的 HTML 标准。请通过"查看页面源代码"的方式，查看 HTML5 标准下的 HTML5 的文档类型声明，并和上面的 HTML4 版本声明进行比较。

【例 1-1】 HTML 的简单应用。

假设你要创建一个 Web 页面，为晓晨休闲室做个宣传，晓晨休闲室是当地大家常去的一个休闲场所，有美妙的音乐、清爽的饮料，还提供无线网络。

创建一个 HTML 页面的基本步骤如下（这里以记事本为网页编辑器）：

（1）创建一个文本文档。

（2）利用记事本打开文本文档，编写 HTML 代码。

（3）保存并修改文本文档的扩展名为 .html。

（4）利用浏览器打开编写好的 HTML 文档。

HTML 代码如下：

```
1    <html>
2     <head>
3      <title> 晓晨休闲室 </title>
4     </head>
5     <body>
6      <h1> 欢迎来到晓晨休闲室 </h1>
7      <img src="xiaochen.png">
8      <p>
9          晓晨休闲室成立于 2017 年 4 月 17 日，位于彭城云龙湖畔。它内设优美的
10     音乐、可口的饮料和精彩的演出。值得一提的是，它专设的 <em> 素人秀小舞台
11     </em> 是专门为喜欢唱歌、跳舞、表演的朋友提供展示自我的一个平台。
12     </p>
13     <h2> 地址 </h2>
14     <p> 情义之都，云龙湖畔。</p>
15     </body>
16    </html>
```

代码说明：

（1）浏览器在读取上述 HTML 时，会翻译文本中的元素，如 <head>、<h1>、<p> 等。元素会告诉浏览器文本的结构和含义。

（2）<body> 元素中的 <h1> 表示一级标题，<img> 表示图像元素，<p> 表示段落，<h2> 表示二级标题，<em> 是一个短语元素，常用来表示强调文本。

（3）上述 HTML 代码在 Chrome 浏览器中显示的页面效果如图 1-3 所示。

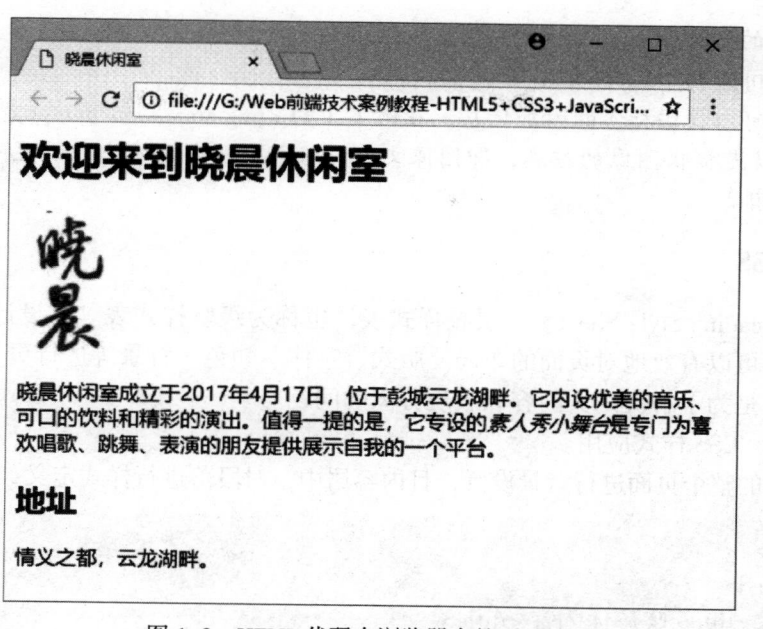

图 1-3　HTML 代码在浏览器中的页面效果

页面效果

元素	✓ \<title\> 元素：浏览器标题	✓ \<p\> 元素：段落；	✓ \<img\> 元素：图像
	✓ \<h1\> 元素：一级标题	✓ \<h2\> 元素：二级标题	✓ \<em\> 元素：强调文本

思考与验证

将例 1-1 中的代码改成 HTML5 标准，保存并查看页面效果。

问与答

问：在上面 HTML 应用实例中，有很多缩进和空格，可是在浏览器上显示时，我没有看到这些缩进和空格，怎么回事？

答：浏览器会忽略 HTML 文档中的制表符、回车和大部分空格。要想实现这些特殊字符，需要通过 HTML 实体来实现。比如，\ 表示空格，\< 表示 <。

问：有没有办法在 HTML 中加入自己的注释？

答：当然有。如果把注释放在 \<!-- 和 --\> 之间，浏览器就不会显示 \<!--...--\> 之间的内容。比如，\<!-- 设置文字效果 --\>。

问：像 \<h1\>...\</h1\> 一样，HTML 元素都是成对出现的吗？如果忘记写 "/" 这样的标记呢？

答：\<h1\> 和 \</h1\> 这样的标签分别表示开始和结束。大部分的 HTML 元素都是这样成对出现的，但是有一些标记会使用一些简写记法，只有一个开始标记。比如表示图像元素的 \<img\>、换行元素 \<br\> 和下一章介绍的 \<meta\> 元素。对于成对出现的元素，如果忘记写 "/" 这样的标记，浏览器也可能正常显示。但是，随着学习的深入，越来越了解到写出完全

无误的 HTML 的好处。

问：标签可以有"属性"，这是什么意思？

答：属性可以提供标签的附加信息。在例 1-1 的 <img src="xiaochen.png"> 中，<img> 标签的 src 属性就是提供图像的信息，即图像文件的路径。一个元素中若设置两个属性，先后顺序可自行安排。

1.1.2　CSS

CSS（Cascading Style Sheet）是层叠样式表，也称为级联样式表。在设计 Web 网页时采用 CSS 技术，可以有效地对页面的布局、版式、字体、颜色、背景等进行更加精确的控制。采用 CSS 技术是为了解决网页内容和表现分离的问题。

【例 1-2】 CSS 样式应用。

对例 1-1 的整个页面进行背景设置，且内容居中，对段落进行样式定义，代码如下所示。

```
1   <html>
2     <head>
3         <title> 晓晨休闲室 </title>
4       <style type="text/css">
5           body {
6           background-color:#d2b48c;
7           margin-left:20%;
8           margin-right:20%;
9           }
10        p {
11          text-indent:2em;
12          }
13      </style>
14    </head>
15    <body>
16          <h1> 欢迎来到晓晨休闲室 </h1>
17          <img src="xiaochen.png">
18          <p>
19    晓晨休闲室成立于 2017 年 4 月 17 日，位于彭城云龙湖畔。它内设优美的音乐、
20    可口的饮料和精彩的演出。值得一提的是，它专设的 <em> 素人秀小舞台 </em> 是
21    专门为喜欢唱歌、跳舞、表演的朋友提供展示自我的一个平台。
22          </p>
23          <h2> 地址 </h2>
24          <p>
25    情义之都，云龙湖畔。
26          </p>
27    </body>
28  </html>
```

代码说明：

（1）代码中 <style type="text/css"> ... </style> 就是对页面进行的 CSS 样式设置。

（2）第 6 行中的 background-color:#d2b48c; 就是对这个 <body> 即页面的背景颜色进行设置；第 11 行中的 text-indent:2em; 就是对 <p> 即段落的文本进行缩进设置。CSS 的具体内容将在第二部分 CSS 中详述。

（3）增加 CSS 样式设置后，在 Chrome 浏览器中的页面效果如图 1-4 所示。

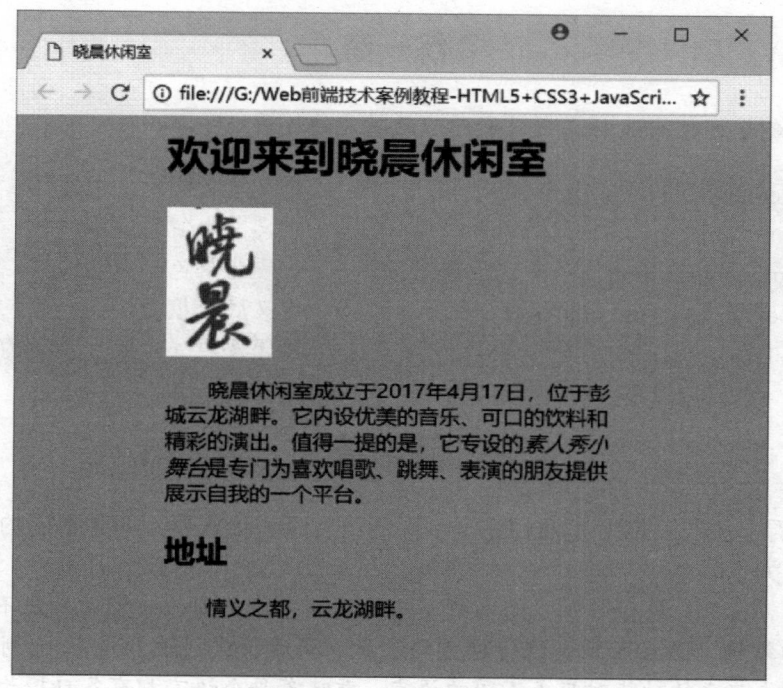

图 1-4　CSS 样式应用效果

页面效果

CSS 语言是一种标记语言，不需要编译，属于浏览器解释型语言，可以直接由浏览器解释执行。CSS 标准由 W3C 的 CSS 工作组制定和维护。

通过表 1-3 简要说明 CSS 的发展历史。

表 1-3　CSS 的发展历史

版本	发布年月	发布机构	发布情况
CSS 1	1996 年 12 月	万维网联盟（W3C）	W3C 推荐标准
CSS 2	1999 年 1 月	万维网联盟（W3C）	W3C 推荐标准，增加了对媒介、可下载字体的支持
CSS 3	自 1999 年起	万维网联盟（W3C）	W3C 推荐标准，CSS3 的模块化包括盒子模型、列表模块、超链接方式、文字特效、语言模块、背景和边框、多栏布局等

思考与验证

text-indent:2em; 表示段落的首行文本的缩进。如果改成 4 em，效果会有什么变化？因此得出 em 单位的含义是什么？

---

^练一练^

根据上面例子，把 CSS 样式定义和对应的功能连连看。

margin-left:10%; margin-right:10%;	定义首行文本的缩进
text-indent:2em;	定义文本使用的字体
background-color:white;	设置背景色为白色
border-bottom:1px solid black;	定义底边框是实线，颜色为黑色
font-family:sans-serif;	设置左右外边距占页面的 10%

问与答

问：CSS 看上去与 HTML 是两种完全不同的语言。为什么要用两种不同的语言？这样学习难度不是更大了吗？

答：是的，HTML 和 CSS 确实是两种不同的语言，这是因为它们的功能不同。HTML 是专注于页面的结构，而 CSS 则是进行样式的设置。而后面提到的 JavaScript 则专注于页面的行为，这样独立起来的功能对应着不同的语言，意味着每个语言都有各自擅长的方面，语言各司其职反而会使学习更为容易。

问：在例 1-2 中，为什么 CSS 规则中有一个 "body"？这是什么意思？

答：CSS 中的 "body" 表示 "{" 和 "}" 之间的所有 CSS 规则要应用于 HTML 的 <body>...</body> 元素中的内容。所以，此处将字体设置为 sans-serif，就是说页面主体中的默认字体是 sans-serif。

问：Web 设计一般用什么软件？

答：Web 设计的软件有很多，常用的有 Dreamweaver、VS Code、WebStorm、EditPlus 等。

1.1.3 JavaScript

Web 前端技术中 HTML 代表着 Web 页面的结构，CSS 代表着 Web 页面的表现，而 JavaScript 则代表着 Web 页面的行为。在 HTML 基础上，使用 JavaScript 可以开发交互式 Web 页面。JavaScript 使网页和用户之间实现了一种实时的、动态的、交互的关系，实现了更加丰富多彩的 Web 页面内容。

一个完整的 JavaScript 实现是由三部分组成：ECMAScript、DOM（Document Object Model）和 BOM（Browser Object Model）。见表 1-4。

表 1-4　JavaScript 的三个组成部分

序号	组成	功能
1	ECMAScript	JavaScript 的核心，描述了语言的基本语法和对象
2	DOM	文档对象模型，描述了作用于网页内容的方法和接口
3	BOM	浏览器对象模型，描述了和浏览器交互的方法和接口

【例 1-3】　JavaScript 初步应用。

打开页面时，文档输出"你好，欢迎光临！"，并弹出标有"Hello, You're Welcome!"字样的对话框。

```
1    <html>
2      <head>
3        <title>JavaScript 初步应用 </title>
4      </head>
5      <body>
6        <script type="text/javascript">
7            document.write(" 你好，欢迎光临 !");   // 该方法表示向 HTML 文档中输出内容
8            alert("Hello, You're Welcome!");
9        </script>
10     </body>
11   </html>
```

代码说明：

（1）代码中第 7 行向网页输出"你好，欢迎光临！"。

（2）第 8 行通过警告消息框输出"Hello, You're Welcome！"。

（3）document.write( ) 方法是由 W3C 定义的 DOM 方法，表示向 HTML 文档中输出内容。可参考第 21 章 DOM 基础（21.1DOM 概述）。

（4）alert( ) 是 window 对象的常用方法，此写法中也可以写成 window.alert( )。可参考第 20 章 window 对象（20.1window 对象概述）。

（5）在 Chrome 浏览器中的页面效果如图 1-5 所示。

除了上述的 HTML、CSS、JavaScript 之外，DOM、Ajax、jQuery 等也是 Web 前端设计常用的技术手段。在本章的教材实例中，提供了简单的源文件实例（在 CH01 文件夹中），有兴趣的同学可以上机调试并查看代码。

JavaScript 与 HTML 的融合	例 1-3 是在 HTML 中嵌入 JavaScript 脚本。其实，在 JavaScript 代码中也可以嵌入 HTML 元素。比如： document.write("<h1> 这是一号标题 </h1>"); document.write("<p> 这是一个段落 </p>");

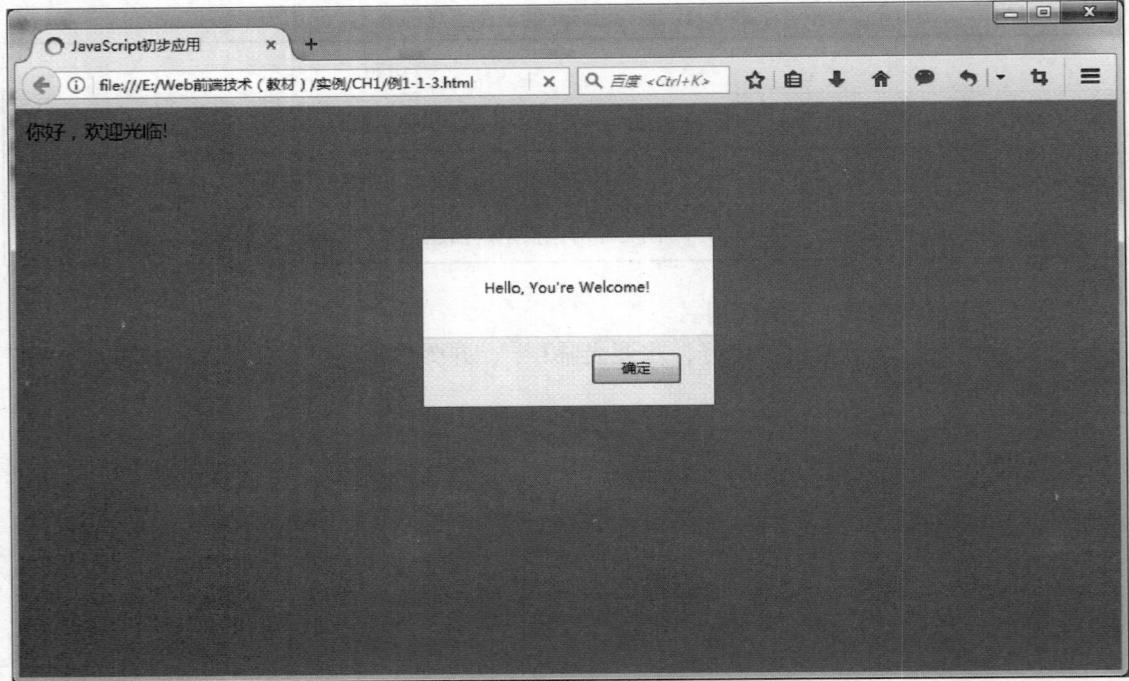

图 1-5　JavaScript 初步应用

页面效果

思考与验证

有如下代码：

```
<body>
    <p> 这是段落 1</p>
    <script type="text/javascript">
        document.write("<p> 这是段落 2</p>");
    </script>
</body>
```

预估上述代码的页面效果并说明原因。

1.2　Web 服务器与 Web 浏览器

　　Web 服务器是在互联网上提供 Web 访问服务的站点，是由计算机软件和硬件组成的有机整体。在软件层面，Web 服务器一般指可以向浏览器等 Web 客户端提供文档的计算机软件，如 Apache、XAMPP、IIS 等；在硬件层面，Web 服务器指的是提供 Web 页面的机器。

Web 访问过程如图 1-6 所示。

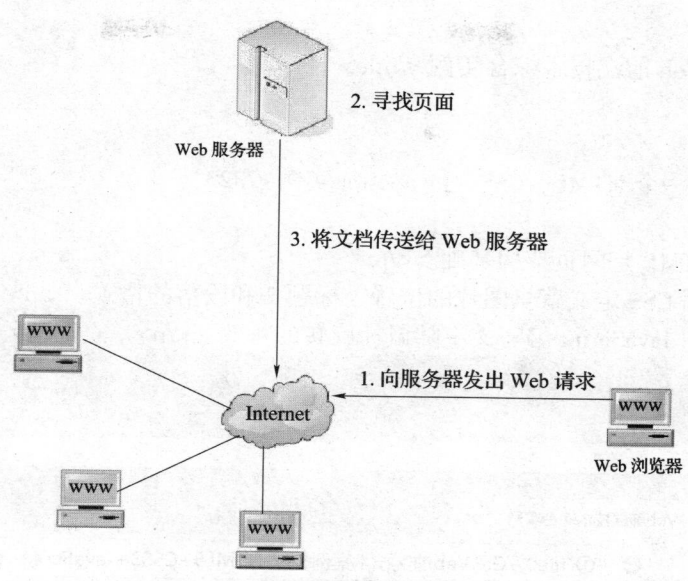

图 1-6　Web 访问过程

　　Web 页面访问主要是通过客户端的 Web 浏览器来完成的。基于 Internet 的浏览器有很多，全球应用较为广泛的包括 Microsoft IE、Google Chrome、Mozilla Firefox 和 Opera 等。主流浏览器的 Logo 标识如图 1-7 所示。

图 1-7　主流浏览器的 Logo 标识

　　Web 前端开发人员需要了解常用浏览器的性能和特点，了解它们的差异性，在编写 Web 页面时充分考虑到浏览器的兼容性，以求所设计的页面在不同的浏览器中显示相同。

1.3　Web 前端综合实例

【例 1-4】HTML、CSS、JavaScript 的综合应用。

　　运用 HTML、CSS、JavaScript 基础知识创建一个 Web 页面，页面效果如图 1-8 所示。

　　该综合实例的实现主要分为如下 3 个步骤。

　　（1）HTML 基本结构创建。输入 <p>、<title> 等 HTML 元素和文字。这里主要用到了二号标题 <h2>、水平线 <hr>、段落 <p> 等。此时页面效果如图 1-9（a）所示。代码如下：

```
1    <html>
2      <head>
3        <title>Web 前端技术综合实例 </title>
4      </head>
5      <body>
6        <h2> 第一个 HTML、CSS、JavaScript 实例 </h2>
7        <hr>
8        <p>1.HTML 是网页架构基础。</p>
9        <p>2. 用 CSS 定义背景图片的位置、标题 2 和段落的格式。</p>
10       <p>3. 用 JavaScript 编写文字随鼠标旋转的特效。</p>
11     </body>
12   </html>
```

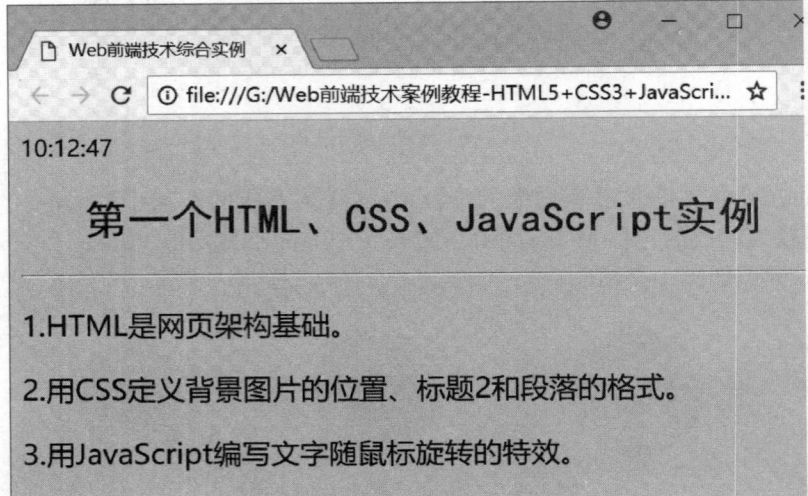

图 1-8　综合实例的页面效果

（2）CSS 实现页面修饰。CSS 实现字体颜色、文本居中等效果。代码如下：

```
1      <style type="text/css">
2          body{
3            background-color:#bbff88;
4            }
5          h2{
6            font-family: 黑体 ;
7            font-size:22pt;
8            color:red;
9            text-align:center;
10           }
```

```
11              .p1{
12                  font-size:20px;
13                  color:#000000;
14                  text-align:left;
15                  }
16          </style>
```

将上述 <style>…</style> 代码输入 <head>…</head> 之间，重新加载页面，此时页面效果如图 1-9（b）所示。

（3）应用 JavaScript 实现时间的显示。代码如下：

```
1   <script type="text/javascript">
2       function startTime( )
3       {
4               var today=new Date( ); // 可参阅第 19 章 JavaScript 内置对象（19.4 日期对象）
5               var h=today.getHours( );
6               var m=today.getMinutes( );
7               var s=today.getSeconds( );
8               // add a zero in front of numbers<10
9               m=checkTime(m);
10              s=checkTime(s);
11              document.getElementById('txt').innerHTML=h+":"+m+":"+s;
                // 可参阅第 21 章 DOM 基础
12              t=setTimeout('startTime( )',500);
                // 可参阅第 20 章 window 对象（20.3 定时器）
13      }
14      function checkTime(i)
15      {
16              if (i<10)
17              {i="0" + i;}
18              return i;
19      }
20      </script>
21  </head>
22  <body onload="startTime( )">
23      <div id="txt"></div>
24      …
```

现在知道这些代码所放置的位置就行了，以后在 JavaScript 部分中会有更为详细的介绍。将上述 <script>…</script> 代码输入 <head>…</head> 之间，在 <body>…</body> 中增加一

个 <div> 元素，并注册 onload 事件，如上代码所示。重新加载页面，页面效果如图 1–9（c）所示。

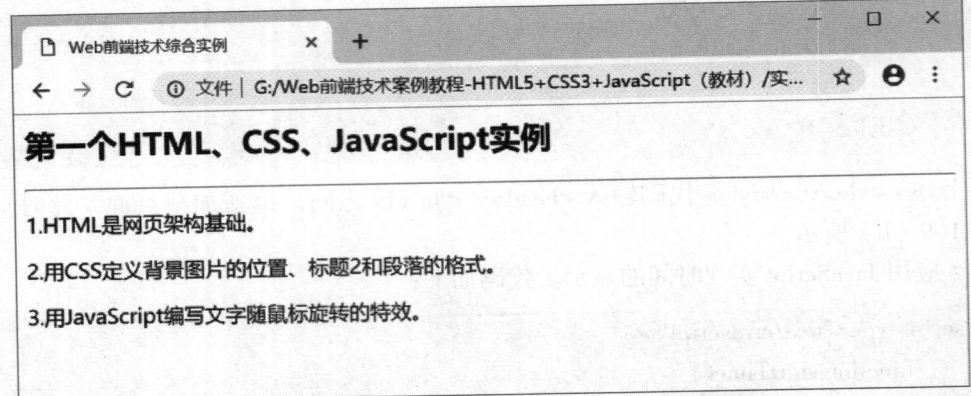

页面效果

（a）

页面效果

（b）

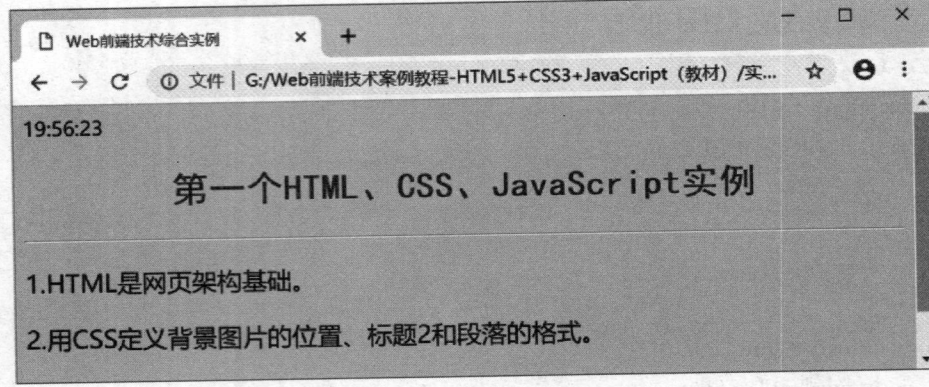

页面效果

（c）

图 1–9　嵌入代码后的页面效果

（a）HTML 代码；（b）CSS 代码；（c）JavaScript 代码

完成 HTML、CSS 和 JavaScript 的代码编辑后，文档在 Chrome 浏览器中的页面效果如图 1-10 所示。

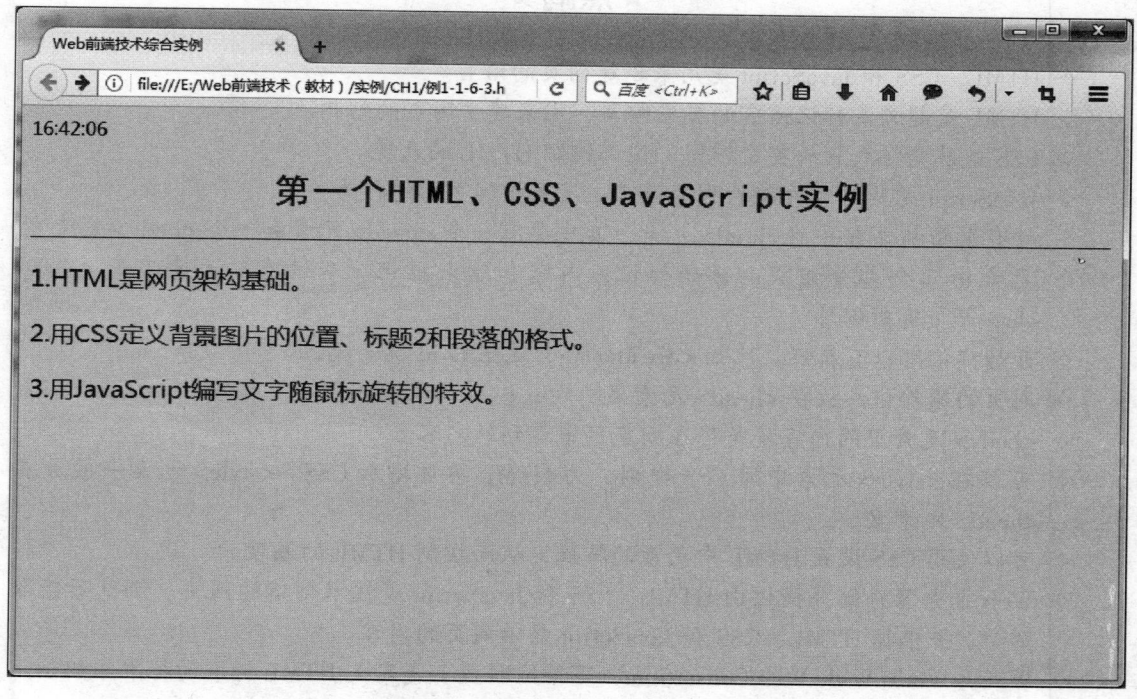

图 1-10 HTML+CSS+JavaScript 页面效果

^练一练^

查阅第 10 章 CSS 初识，为例 1-4 中 CSS 代码的 body、h2 和 .p1 连接对应的选择器类型。

body	元素选择器
h2	id 选择器
.p1	class 选择器

思考与验证

在例 1-4 中，将 JavaScript 代码的第 9 行和第 10 行：m=checkTime(m); s=checkTime(s); 都设置为注释，页面效果会有什么变化？为什么？

★点睛★

◇ HTML、CSS 和 JavaScript 是用来创建网页的语言。

◇ HTML 是超文本标记语言的英文缩写，用来建立网页的结构。

◇ CSS 是层叠样式表的英文缩写，用来控制 HTML 的表现。

◇ JavaScript 是网络客户端的脚本语言，用来控制页面的行为。

◇ 所有页面都要有一个 <html> 元素，其中要有一个 <head> 元素和一个 <body> 元素。

◇ 元素由三个部分组成：开始标记、内容和结束标记。不过有些元素（如 <img>、<hr> 等）有所例外。

◇ 开始标记可以有属性。比如 <div id=…>，这里的 id 就是属性。

◇ 网页的额外信息放在 <head> 元素里。

◇ <body> 元素里的内容就是将在浏览器中看到的内容。

◇ 可以在 <style> 元素中写 CSS 规则，为 HTML 网页增加 CSS。<style> 元素一般放在 <head> 元素里。

◇ 可以使用 CSS 设置 HTML 中元素的特性，从而控制 HTML 的表现。

◇ Web 服务器存储并提供由 HTML、CSS 和 JavaScript 等技术创建的网页。浏览器获取页面，并根据 HTML、CSS 和 JavaScript 显示网页的内容。

◇ W3C（World Wide Web Consortium，万维网联盟）是定义 HTML 标准的标准组织。

◇ 文档类型定义 doctype 用来告诉浏览器你使用的 HTML 版本。

★章节测试★

一、连线

1. 将如下右边的描述和它对应的 HTML 元素连线。

<body>	超链接
<img>	HTML 中二号标题
<title>	段落
<a>	图像
<p>	文档标题
<h2>	正文

2. 将如下右边的描述和它对应的 CSS 属性连线。

margin–left	背景色
background–color	文本缩进
text–indent	文本对齐

font-family	左边距
text-align	字体大小
font-size	字体

二、填空

写出如下术语的英文简称：

（1）超文本标记语言_____

（2）统一资源定位地址_____

（3）层叠样式表_____

（4）万维网联盟_____

三、写出 JavaScript 代码

1. 在页面文档中输出 "Hello, World"。

2. 在页面文档中以三号标题的形式输出 "Hello,World"。

3. 弹出显示 "欢迎来到 JavaScript 世界" 的提示对话框。

四、实践

设计一个页面，为你喜欢的动漫卡通做一个简要的文字介绍。要用到 <h1>、<img>、<p> 等元素。图 1-11 就是一个初学者的作品。

图 1-11　我喜欢的动漫

页面效果

第 2 章
HTML 文档基本结构

本章主要介绍 HTML 文档的基本结构。HTML 文档是由各种元素（或称为标签）组成的。学习 HTML 首先应该了解构成它的基本元素，如 <html>、<head>、<title>、<body> 等。

学习目标：

序号	基本要求
1	了解 HTML 文档的基本结构，即 <html><head>…</head><body>…</body></html>
2	了解 <head> 元素的功能
3	会用 <head> 元素下的元素 <title>
4	会用 <head> 元素下的元素 <meta>
5	了解 <head> 元素下的元素 <link>、<style>、<script>
6	了解 <body> 元素的功能

2.1　HTML 文档基本结构

HTML 文档一般以 <html> 标签开始，以 </html> 标签结束。在 <html> 和 </html> 之间，包含头部 head 和主体 body 两部分。一个 HTML 文档的基本结构如下：

```
1    <html>
2        <head>
3        </head>
4        <body>
5        </body>
6    </html>
```

头部 <head> 中可包含标题、样式等，头部信息一般不显示在网页上；主体 <body> 元素中可以定义段落、图片、表格、超链接、表单、脚本等，主体内容是网页要显示的信息。

<!DOCTYPE> 声明位于文档的最前面，处于 <html> 标签之前。一般不把 <!DOCTYPE> 看作 HTML 标签，它是一条指令，告诉浏览器编写页面所用的 HTML 版本。

2.2　头部 <head>

头部 <head> 主要是表达页面的基本信息，它包括页面标题、元信息、样式、脚本等。头部 <head> 元素所包含的信息一般不会显示在网页上。

<head> 和 </head> 标签之间常见的元素有 <title>、<meta>、<style>、<link> 和 <script> 等。

2.2.1　<title> 元素

<title> 表示在浏览器的标题栏中的信息。它是 <head> 中唯一必需的元素。
语法格式：

<title> 标题名称 </title>

语法说明：
（1）<title> 元素对搜索引擎来说是非常重要的信息。
（2）提供页面被添加到收藏夹时的标题。
（3）显示在搜索引擎结果中的页面标题。

2.2.2　<meta> 元素

它描述一个 HTML 文档的属性，也称为元信息，包括作者、日期、网页描述等。这些信息并不会显示在浏览器的页面中。<meta> 元素放在 <head> 元素中，一般放在 <title> 元素上面。<meta> 元素的属性定义了与文档相关联的"名称/值"一对属性。
语法格式：

<meta name = " " content = " ">
<meta http-equiv = " " content = " ">

语法说明：
（1）<meta> 是只有开始标记的元素。
（2）如上所述，<meta> 元素的属性主要分为两组：
① name=" " 和 content = " "
name 属性用于描述网页，name 属性的值所描述的内容通过另一个属性 content 来表示。较为常用的 name 属性值包括 description、keywords 等。比如，keywords 为文档定义了一组关键字，搜索引擎在遇到这些关键字时，会用这些关键字对文档进行分类。

<meta name="keywords" content="HTML,PHP,SQL">

② http-equiv = " " 和 content = " "
http-equiv 属性可以向浏览器传回一些有用的信息，以帮助正确和精确地显示网页内容，与之对应的属性值为 content，content 中的内容其实就是各个参数的变量值。

```
<meta http-equiv="content-type" content="text/html; charset=utf-8">
<meta http-equiv="expires" content="31 Dec 2018">
```

上述代码中，第一行设置 <meta> 元素的 charset（字符集）；第二行设置 <meta> 元素的 expires（期限），即网页在缓存中的过期时间。这样发送到浏览器的头部就应该包含：

```
charset: utf-8
expires: 31 Dec 2018
```

需要说明的是，HTML5 中 <meta> 设置 charset 的方式更加简洁：<meta charset="utf-8">。

| UTF-8 | utf-8（8-bit Unicode Transformation Format）是 Unicode 编码系列中的一个编码，又称万国码。Unicode 是很多常用软件和操作系统都支持的一个字符集，它极大地缓解了特殊字符问题，也是 Web 选择的编码，因为它支持所有语言和多语种文档。 |

<meta> 元素的属性、取值和说明见表 2-1。

表 2-1　<meta> 元素的属性、取值和说明

元素	属性	值	说明
<meta>	name=" "	author	定义网页作者
		description	定义网页描述
		keywords	定义网页关键词
		generator	定义编辑器
	http-equiv=" "	content-type	内容类型
		expires	网页缓存过期时间
		refresh	刷新和跳转（重定向）页面
		set-cookie	若网页过期，存盘的 cookie 将被删除
	content=" "	某字符串	定义与 http-equiv 或 name 属性相关的元信息

【例 2-1】　<meta> 元素的应用。

<head> 中的 <meta> 元素描述 HTML 文档，提供有关页面的元信息。代码如下：

```
1    <html>
2    <head>
3        <meta http-equiv="Content-Type" content="text/html; charset=gb2312" />
4        <meta name="author" content="dalongxia.com.cn">
5        <meta name="revised" content="Zhang,8/1/17">
```

```
6            <meta name="generator" content="WebStorm en">
7            <meta name="keywords" content="meta, 软件 " >
8        </head>
9        <body>
10           <p> 本文档的 meta 元素标识了创作者和编辑软件。</p>
11       </body>
12   </html>
```

代码说明：

（1）用 <meta> 进行网页的描述和关键词设计，也进行作者和编辑软件的描述。

（2）这些 <meta> 表达的信息将在搜索引擎注册、搜索引擎优化排名等互联网关联中使用，增加网站的用户体验度。

（3）图 2-1 是页面在 Chrome 浏览器中的显示效果。

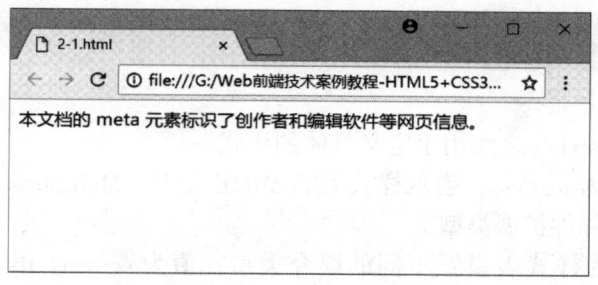

图 2-1　<meta> 元素

页面效果

> **纳税**　用 <meta> 元素指定字符编码和 doctype 声明类似，有点儿像纳税：这是你的义务，必须履行。比如，<!DOCTYPE html> 和 <meta charset="utf-8">。注意，这两种比较精简的写法都是 HTML5 中的写法。

问与答

问：我还看见过这样的 <meta> 写法：<meta charset="utf-8"> ，这和您刚刚讲过的 <meta> 写法：<meta http-equiv="content-type" content="text/html;charset=utf-8"> 不太一样，怎么回事？

答：在 HTML4.01 和更早版本中，要用 http-equiv 属性和 content 属性结合定义；在 HTML5 中，可以直接写成 <meta charset="utf-8">。

问：<title> 表示标题，我在上个章节中看到 <h1>、<h2> 也表示标题，这是怎么回事？

答：<title> 是一个页面的标题，并不显示在网页中，显示在浏览器的标题栏，并且它对于搜索引擎比较重要。而 <h1> 是页面内的一级标题，用于定义页面中内容的层次结构。

问：像 <meta>、<img>、
 这样的元素都只有开始标记，那到底有多少元素是只有开始标记的呢？

答：第 1 章的问答中，我们说过大部分 HTML 的元素都是有开始标记和结束标记的。

我们姑且把这样的没有结束标记的元素称为单元素（void 类型标签），把成对出现的标签称为双元素。单元素多数是用来占位的，如 \<input type=" "\>，单元素多数是用来占位的，在第 7 章介绍的 \<input\> 元素类型也都是单元素的写法。另外，有些页面上没有使用 \<br\> 而用了 \<br/\>，意思完全一样。

问：浏览自己做的页面时，地址栏显示 file:/// 开头的地址，怎么回事？

答：使用 Web 服务器之前，浏览器从计算机本地读取文件时会使用 file 协议。

2.2.3　\<style\> 元素

\<style\> 用于为 HTML 文档定义 CSS 样式信息。

语法格式：

```
<style type="text/css"> … </style>
```

或

```
< style type="text/css" media=""> … </style>
```

语法说明：

（1）\<style\> 与 \</style\> 之间用于定义具体的样式。

（2）type 属性值为 text/css，表示样式表的 MIME 类型（Multipurpose Internet Mail Extensions，多用途互联网邮件扩展类型）。

（3）media 属性为样式表设置不同的媒介类型，值为 screen、tty、tv、print、handheld、arual、braille、all 等。

这种 \<style\> 写法是引用 CSS 的方式之一，我们称为嵌入式。具体介绍可参考 10.3.1 节。

> **MIME**　MIME（Multipurpose Internet Mail Extensions）：多用途互联网邮件扩展类型。（1）设定某种扩展名的文件用一种应用程序来打开的方式类型，当该扩展名文件被访问时，浏览器会自动使用指定应用程序来打开。（2）多用于指定一些客户端自定义的文件，以及媒体文件的打开方式。（3）常见的 MIME 类型：.html（text/html）、.xml（text/xml）。

2.2.4　\<link\> 元素

\<link\> 用于定义文档与外部资源的关系，主要用于 HTML 文档链接 CSS 文档。

语法格式：

```
<link rel="" href=" 文件路径 ">
```

或

```
<link rel="" type="" href=" 文件路径 ">
```

语法说明：

（1）href 属性设置被链接文档的路径，它是 <link> 元素最重要的属性。

（2）和 <meta> 一样，<link> 也是没有结束标签的元素。

（3）rel 属性设置当前文档与被链接文档之间的关系。当链接文档为 CSS 文档时，rel="stylesheet"。

（4）<link> 具体应用可参阅第 10 章 CSS 初识（10.3 将 CSS 和 HTML 联系起来）。

2.2.5 <script> 元素

<script> 用于定义客户端 JavaScript 脚本。它既可以包含脚本语句，也可以通过 src 属性引入外部脚本文件。

语法格式：

```
<script type="text/javascript"> …JavaScript 代码 </script>
```

或

```
<script src="JavaScript 文件路径 " > </script>
```

语法说明：

（1）type 属性规定脚本的 MIME 类型。

（2）src 属性规定外部脚本文件的路径。

（3）这里需要注意的是，<script> 可以嵌在 <head> 元素中，也可以嵌在 <body> 元素中。

关于 <script> 的详细介绍，可参阅第 18 章 JavaScript 基础（18.1 JavaScript 引入方式）。

2.3 主体 <body>

主体 <body> 是网页的主要部分，其设置内容是浏览者实际看到的网页信息，如图像、文字、表格、超链接等。

2.3.1 <body> 元素

<body> 元素和 <head> 元素一样，都是 <html> 元素下的同等级别的元素。

语法格式：

```
<body>
   网页的内容
</body>
```

2.3.2 <body> 元素的属性

和很多元素一样，<body> 元素也有一些属性。设置 <body> 元素属性可以改变 HTML 页面效果。<body> 的主要属性有 background、bgcolor、text、link、alink 等。见表 2-2。

表 2-2　<body> 元素的属性及说明

属性	值	说明
bgcolor	#xxxxxx	定义文档的背景颜色，其值也可为 rgb(x,x,x) 或 colorname 形式
background	URL	定义文档的背景图像
alink	#xxxxxx	定义文档中活动链接的颜色
link	#xxxxxx	定义文档中未访问链接的颜色
vlink	#xxxxxx	定义文档中已被访问链接的颜色
text	#xxxxxx	定义文档中所有文本的颜色

比如，为 <body> 元素增加 bgcolor 属性和属性值的代码是：<body bgcolor="#ffb6c1">，该代码会为整个 HTML 页面设置背景色。

需要说明的是，在较为高效和标准的 Web 开发中，W3C 不建议使用这些属性，而是通过 CSS 样式设置来实现。

【例 2-2】　关于 <body> 元素的例子。

为一个页面的两个段落分别插入一个超链接，并设置整个页面的背景色为 #ffb6c1。

```
1   <html>
2     <head>
3       <title>body 元素 </title>
4     </head>
5     <body bgcolor="#ffb6c1">
6         <p><a href="http://www.w3school.com.cn">W3School.com.cn</a></p>
7         <p><a href="http://www.runoob.com/"> 菜鸟教程 </a></p>
8     </body>
9   </html>
```

代码说明：

（1）bgcolor 是 <body> 元素的可选属性，可设置整个页面的背景色。

（2）<p> 元素表示段落，<a> 表示超链接，这两个元素分别在第 3 章和第 4 章中介绍。

（3）如果写成 HTML5 标准的文档，则在 <html> 之前添加声明 <!DOCTYPE html> 即可。

（4）图 2-2 是页面在 Chrome 浏览器中的显示效果。

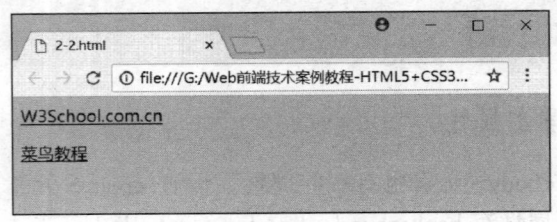
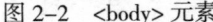

图 2-2　<body> 元素

页面效果

再一次强调，在较为高效和标准的 Web 开发中，W3C 不建议使用 \<body\> 元素的 bgcolor 等属性，而是通过 CSS 样式设置来实现。CSS 方面的内容将在后面的章节中介绍。

思考与验证

根据第 1 章有关 CSS 的简要介绍或查阅第二部分 CSS 的章节，将例 2-2 中关于页面背景色的设置改用 CSS 来实现。

问与答

问：编写 HTML 时，有时候直接写 \<body\> 里面的内容，而不写 \<html\>、\<head\> 这些元素，也可以预览吗?

答：是的。\<html\>、\<head\>、\<body\> 这些元素是一个完整的网页必不可少的部分。但毕竟 HTML 语法要求不高，加之现在浏览器容错性很好，所以即使很多元素省略掉，也能够执行。但不赞成这样做。

问：颜色值 #ffb6c1 怎么回事?

答：这是以 # 开头的 6 位十六进制数表示一种颜色的方法。6 位数字分为 3 组，每组 2 位，依次表示红、绿、蓝 3 种颜色的强度。

问：我看到注释有的地方用 \<!--……--\> 写法，有的地方用 /*…*/ 写法，怎么回事?

答：前者是 HTML 的注释写法，后者是 CSS 的注释写法。JavaScript 单行注释用 //，多行注释用 /*…*/。

问：应用 \<meta\> 元素，允许手机用户放大页面或缩小页面的代码怎么写的?

答：比如 \<meta name="viewport" content="width=device-width, maximum-scale=3, minimum-scale=0.5"\>。允许放大页面最大至设备宽度的 3 倍，缩小至设备宽度的一半。

★点睛★

✧ \<head\> 元素中的 \<title\> 元素指示页面的浏览器标题名。

✧ \<meta\> 元素用于设置一个 Web 页面的额外信息，如内容类型、字符编码等。

✧ \<style\> 元素用于设置本页面的 CSS 样式。

✧ \<link\> 元素用于定义文档与外部资源的关系，主要用于 HTML 文档链接 CSS 文档（通过 href 属性）。

✧ \<script\> 用于定义客户端 JavaScript 脚本。它既可以包含脚本语句，也可以通过 src 属性引入外部脚本文件。

✧ 主体 \<body\> 是一个网页的主要部分，其设置内容是浏览者实际看到的网页信息，如图像、文字、表格、超链接等。

★章节测试★

一、连线

将如下第二行元素和它应该在的第一行元素（父元素）连线。

<head>					<body>				
<p>	<h2>	<meta>	<title>	<style>	<img>	<link>	<div>	<ul>	<li>

二、填空

写出如下术语的英文简称：

（1）多用途互联网邮件扩展类型_____

（2）万国码_____

（3）超文本传输协议_____

三、写出 HTML 代码

1. 写出 HTML 的基本结构代码。

2. 写出 HTML5 标准下的 HTML 结构代码。

3. 写出你所了解的所有单元素，即没有结束标记的元素，比如 <meta>。

单元素：_____

4. 一个页面想把 HTML、CSS、JavaScript 三个单词作为关键字，请写出用 <meta> 表述这三个关键字的代码。

_____

5. 关于元素的属性。

（1）写出为 <body> 设置红色背景的代码：_____

（2）写出为 <img> 设置目标路径为 "images/bg.jpg" 的代码：_____

注：题（1）可参考例 2-2；题（2）可参考例 1-1。

四、绘制 HTML 结构树

根据代码绘制完成如图 2-3 所示的结构树。

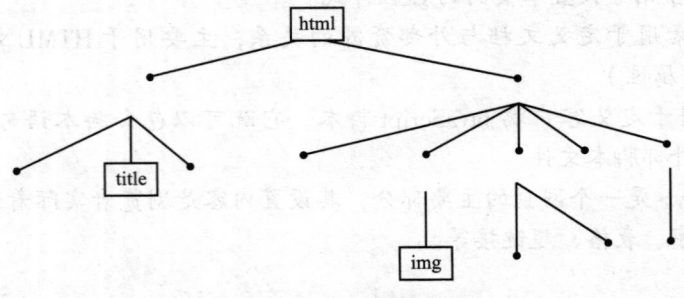

图 2-3　HTML 元素结构树

```
1      <! doctype html>
2      <html>
3        <head>
4        <meta charset="utf-8">
5        <title>CSS 入门 </title>
6        <style>
7           h1, h2 { font-family: sans-serif;    color: gray; }
8           h1 { border-bottom:    1px solid black; }
9           p { color: maroon; }
10       </style>
11       </head>
12       <body>
13         <h1>CSS 学习教程 </h1>
14         <p>
15         <img src="images/logo.jpg" alt="css">
16         </p>
17         <p>
18         加入我们，一起走入 CSS 的 Web 前端世界。<a href="#"> 报名 </a> 有的人从小
19      立志做科学家，有的人从小立志做企业家，有的人从小立志做大明星。而我们，从
20      小就立志做个 <em> 学习家 </em>。如果你在学习上有需要帮助或分享的，比如学
21      习兴趣、升学苦恼、业余爱好的分享等，可以联系我们。
22         </p>
23         <h2> 联系方式 </h2>
24         <p>    你可以在 QQ 群 215289691 中找到我们，也可以通过 <a href="#"> 个人微
25               博 </a> 联系我们
26         </p>
       </body>
     </html>
```

页面效果

第 3 章

HTML 文字、段落与列表

文字是网页中的信息载体，网页中的文字可以通过不同的元素以不同的形式呈现，当然，这些元素往往也表达不同的用途（即语义）。

在前面的介绍中，初步了解了一些 HTML 元素，如 <head>、<body>、<a>、<img>、<p> 和 <h2> 等。本章主要为大家介绍 HTML 文档中关于文字、段落与列表的一些元素。

学习目标：

序号	基本要求
1	掌握 <p> 的基本用法，在页面中能实现多个段落；了解 和 <p> 的各自用途
2	了解 <pre> 的用途，掌握页面中 <、>、空格、版权符号等常见的特殊字符的输入
3	了解 <q> 和 <blockquote> 的用法，了解两者的区别
4	了解 <span> 的用途；了解 <hr>、<h1>、<h2>、…、<h6> 的用途
5	会通过 <ul>+<li> 和 <ol>+<li> 创建列表；了解 <dl>+<dt>+<dd> 的含义
6	了解 <bdo> 元素的用途
7	了解这些 HTML5 元素：<ruby>、<rt>、<mark>、<figure>、<figcaption>、<details>、<summary>

3.1　<p> 元素

<p> 元素定义段落。和 <a>、<img> 等元素相比，<p> 元素会自动在其前后创建一些空白，打开页面时，浏览器会自动添加这些空间，形成一个独立段落。

语法格式：

<p> 段落文字 </p>

语法说明：

<p> 元素中不仅可以包含文字，还可以包含图像、超链接等元素。

【例 3-1】 <p> 元素的应用。

创建 7 个段落，每个段落是一部华语电影的文字介绍。

```
1    <body>
2        <p>《霸王别姬》是汤臣电影有限公司出品的文艺片，该片改编自李碧华的同名
     小说…… </p>
3        <p>《活着》是由年代国际有限公司 1994 年出品的剧情片，该片改编自余华的
     同名小说…… </p>
4        <p>《饮食男女》是一部于 1994 年出品的台湾剧情片……</p>
5        <p>《阳光灿烂的日子》是 1993 年出品、1995 上映的一部电影……</p>
6        <p>《喜宴》是由李安执导，赵文瑄、郎雄、金素梅主演的同性题材电影……</p>
7        <p>《新龙门客栈》由徐克监制，李惠民导演……</p>
8        <p>《一个都不能少》是 1999 年上映的一部剧情片，根据施祥生小说……</p>
9    </body>
```

代码说明：

（1）<p> 表示段落，在默认情况下，浏览器显示的 <p> 中的文字会在前后创建一些空白空间，以突显这是一个独立的段落。

（2）图 3-1 是在 Chrome 浏览器中显示的效果。

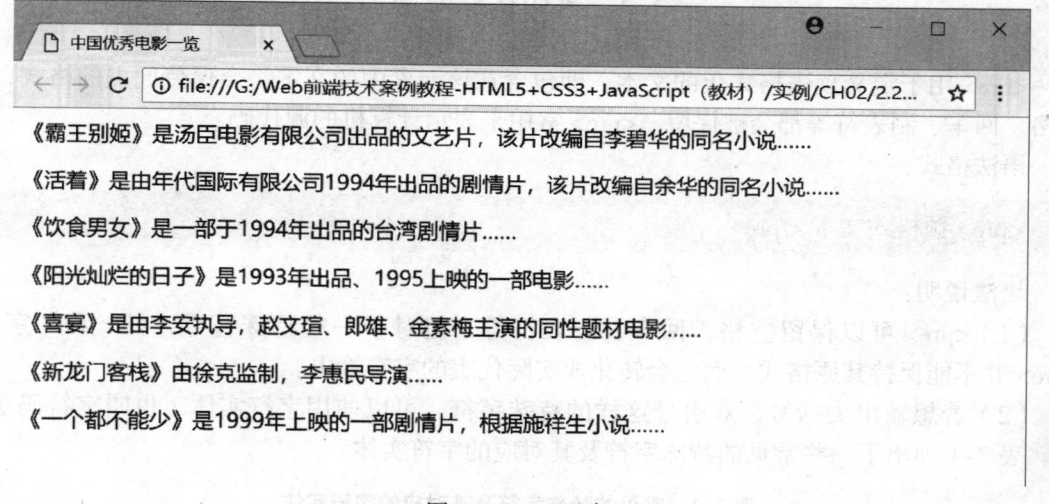

图 3-1　<p> 元素

页面效果

3.2　
 元素

<p> 会自动地在段落前后插入空白空间，通常两个段落之间的间距比较大。如果不想创建一个段落，而只是想将内容换行显示，可以使用
 元素。多个换行可以使用多个
。

和 <meta>、<link> 等元素一样，
 元素也是一个没有结束标签的单元素。

语法格式：

　或　

语法说明：

这两种写法都可以。本书中都采用第一种写法。

问与答

问：既然说浏览器不会显示 HTML 代码中的换行与空格，要想换行的话，可以用 \<br\> 元素实现，如果要在页面中实现空格呢？用什么实现？

答：HTML 提供了字符实体（character entity）的简单缩写来指定一些特殊字符。比如，空格字符用   表示，＞字符用 > 表示，＜字符用 < 表示，版权符号用 © 表示。

问：曾经看到过 \<p align="center"\> 这样的写法，请问这里的 align 是设置段落对齐方式的属性吗？

答：是的。不过 align 属性这样的写法在 HTML5 中已不建议使用，而是建议用 CSS 设置。就像 HTML5 中设置 \<body\> 背景色一般不用 bgcolor 属性，也是在 CSS 中设置。在第 11 章 CSS 文本样式（11.2CSS 文本属性）中会讲到如何应用 CSS 配置对齐。

3.3 \<pre\> 元素

\<pre\> 用于定义预先格式化的文本，即包含在该元素中的文本将会保持原先的格式，如空格、回车、制表符等都会被保留。\<pre\> 常用来表示计算机的源代码。

语法格式：

> \<pre\> 预格式文本 \</pre\>

语法说明：

（1）\<pre\> 可以保留空格、回车、制表符等，但对于一些特殊符号，如＜和"字符，\<pre\> 并不能保持其原格式，而是会转化成实际代表的字符输出。

（2）若想输出尖括号、双引号这样的特殊字符，可以使用字符实体（也叫字符码）实现。表 3-1 列出了一些常见的特殊字符及其对应的字符实体。

表 3-1　常见的特殊字符及其对应的字符实体

显示结果	描述	实体名称（字符码）
＜	小于号	&lt;
＞	大于号	&gt;
&	和号	&amp;
€	欧元	&euro;
£	镑	&pound;

续表

显示结果	描述	实体名称（字符码）
§	小节	&sect;
©	版权	&copy;
®	注册商标	&reg;
TM	商标	&trade;
	空格	
'	单引号	&apos;
"	双引号	&quot;

　　需要说明的是，目前主流浏览器也逐渐支持直接输出一些特殊字符，而不必通过字符码实现。但很多时候要求特定的输入格式。

【例 3-2】　<pre> 元素的应用。

在浏览器上显示一段含有 JavaScript 脚本的 HTML 代码。

```
1    <body>
2      <h1> 哪部分是 JavaScript 代码？ </h1>
3      <pre>
4         &lt;html&gt;
5         &lt;head&gt;
6           &lt;script type=&quot;text/javascript&quot; src=&quot;loadxmldoc.js&quot;&gt;
7           &lt;/script&gt;
8         &lt;/head&gt;
9         &lt;body&gt;
10          &lt;script type=&quot;text/JavaScript&quot;&gt;
11             document.write(&quot; 你好，世界！ &quot;);
12          &lt;/script&gt;
13        &lt;/body&gt;
14        &lt;/html&gt;
15      </pre>
16    </body>
```

代码说明：

（1）字符实体 < 代表左尖括号 <，> 代表右尖括号 >，" 代表引号"。

（2）图 3-2 是在 Chrome 浏览器中显示的效果。

图 3-2 <pre> 元素   页面效果

3.4 <q>、<blockquote> 元素

<q> 和 <blockquote> 元素都用来在文档中插入一段引文。<q> 元素可以实现简短的引用（行内引文）。有的浏览器会在这种引用的周围加上双引号。

语法格式：

<q cite="url"> 引用文字 </q>

语法说明：

（1）行内引文 <q> 元素的可选属性 cite 用于设置引文的出处（通常是 URL 地址）。

（2）<q> 与 </q> 之间的内容在浏览器中通常会显示出双引号。

【例 3-3】 <q> 元素的应用。

```
1  <p> 这部电影的主题词是：
2  <q>Fear can hold you prisoner. Hope can set you free.</q>
3  几乎没有观众不被这部电影所打动。
4  </p>
```

代码说明：

（1）在 Chrome 和 Firefox 浏览器中，<q> 元素中的内容会自动加上双引号，而在 IE10 中则没有变化。

（2）<q> 元素的可选属性 cite 可用于设置引文的出处。

（3）图 3-3 为在 Chrome 浏览器中的页面效果。

语义化元素　要尽可能使用元素来告诉浏览器你的内容的含义！
比如，段落中出现引用部分，建议使用 <q> 元素而不用 <span> 元素。此外，HTML5 中新增了 <article>、<section>、<nav>、<aside>、<header>、<footer> 等语义化元素，以减少使用 <div> 的次数。

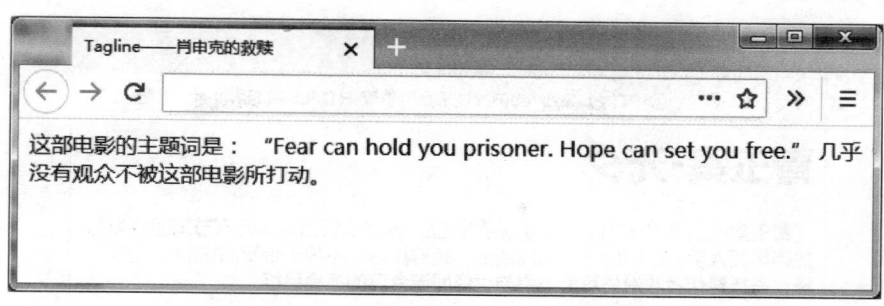

图 3-3　<q> 元素　　　　　　　　　　　　　　　　页面效果

<blockquote> 元素是长引用（块引文），它会单独创建一个引文块——左右两边都缩进。引文块包含在 <blockquote> 和 </blockquote> 之间。和 <q> 元素一样，可选属性 cite 用于设置引文的出处（通常是 URL 地址）。

语法格式：

<blockquote cite="url"> 引用文字 </blockquote>

【例 3-4】　<blockquote> 元素的应用。
在两个段落文字之间插入一首诗词的引用。

```
1  <p>《青玉案·元夕》为宋代词人辛弃疾的作品。此词从极力渲染元宵节绚丽多彩的
2  热闹场面入手，反衬出一个孤高淡泊、超群拔俗，不同于金翠脂粉的女性形象，寄托
3  着作者政治失意后不愿与世俗同流合污的孤高品格。</p>
4  <blockquote> 东风夜放花千树，更吹落，星如雨。<br>宝马雕车香满路。<br>风箫声动，
5  玉壶光转，一夜鱼龙舞。<br>蛾儿雪柳黄金缕，笑语盈盈暗香去。<br>众里寻他千百
6  度，蓦然回首，那人却在，灯火阑珊处。</blockquote>
7  <p> 全词采用对比手法，上阕极写花灯耀眼、乐声盈耳的元夕盛况，下阕着意描写主
8  人公在好女如云之中寻觅一位立于灯火零落处的孤高女子，构思精妙，语言精致，含
9  蓄婉转，余味无穷。当然，也有人解读为作者说的那人是他自己。</p>
```

代码说明：

（1）<blockquote> 元素中的文字前后段落都有空白行，同时离浏览器两边都有间距。

（2）为了使引用分行显示，在 <blockquote> 元素内部增加了
。

（3）可以在 <blockquote> 中添加 <p> 段落元素，即 <blockquote><p> 东风夜放花千树，更吹落，星如雨。
 宝马雕车香满路……</p></blockquote>，页面效果不变。

（4）图 3-4 是在 Chrome 浏览器中显示的效果。

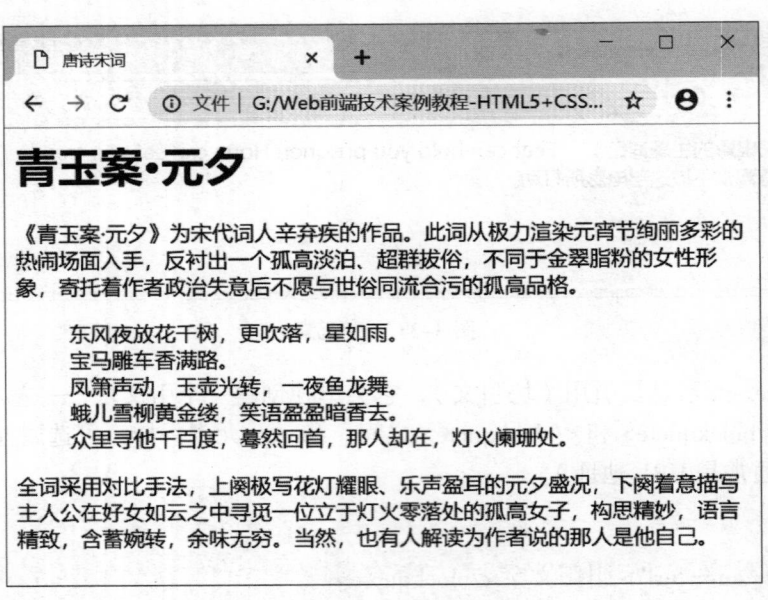

图 3-4 <blockquote> 元素

页面效果

思考与验证

请结合第 5 章 HTML 图像（5.2 内联元素与块元素）分析 <q> 和 <blockquote> 的元素类别。请连线。

<q>	块元素
<blockquote>	内联元素

3.5　<span> 元素

<span> 是 HTML 中常用的一个元素，它主要用于对文本中的一部分进行差异化设置。<span> 元素本身没有任何显示效果，一般和 CSS 设置一起使用。

语法格式：

<span> 元素内容 </span>

该元素除了 HTML 全局属性之外，没有自己的属性。它就是为了让开发人员自由地使用 CSS 对 <span> 元素中的文本进行格式差异化设置。<span> 结合 CSS 使用的例子可以参考第 11 章 CSS 文本样式（例 11-1 文字的 CSS 设置）。

思考与验证

请结合第 5 章 HTML 图像（5.2 内联元素与块元素）分析 <span> 的元素类别。

3.6　\<hr\> 元素

\<hr\> 元素用于创建一条水平线。和 \<br\>、\<meta\> 等元素一样，\<hr\> 元素也是一个没有结束标签的单元素。

语法格式：

> \<hr\> 或 \<hr /\>

语法说明：

（1）水平线可以从视觉上将文档分割成两个部分。

（2）水平线的长短、颜色、式样等可通过 CSS 进行设置。

3.7　标题字元素

HTML 提供了六个标题字级别，即 \<h1\> ~ \<h6\>。其中，\<h1\> 是最重要的一级，\<h2\> 是 \<h1\> 的子标题，\<h3\> 是 \<h2\> 的子标题，依此类推。

语法格式：

> \<h1\> 一级标题 \< / h1\>
>
> \<h2\> 二级标题 \< / h2\>
>
> \<h3\> 三级标题 \< / h3\>
>
> \<h4\> 四级标题 \< / h4\>
>
> \<h5\> 五级标题 \< / h5\>
>
> \<h6\> 六级标题 \< / h6\>

这些标题元素的默认字体大小取决于浏览器。一般来说，\<h1\> 是默认的文本字体大小的 200%，\<h2\> 是 150%，\<h3\> 是 120%，\<h4\> 是 100%，\<h5\> 是 90%，\<h6\> 是 60%。默认情况下，\<h4\> 字体大小与 \<body\> 字体大小相同。同样，\<body\> 默认字体大小也取决于你的浏览器，不过，大多数情况下默认的 \<body\> 字体大小都为 16 px。

3.8　短语元素

短语元素是专门为特定语义环境设计的标签，虽然一些标签的显示方式类似于其他基本标签，如 \<b\>、\<i\>、\<strong\> 和 \<tt\>。短语元素嵌入它周围的文本中，可应用于一个文本区域，也可应用于单个字符。这类元素大致又可以分为物理样式元素和基于内容的样式元素。

所谓物理样式元素，就是对文字进行加粗、斜体等方式显示，和内容并无太大关系。而基于内容的样式元素，就是元素内的内容和元素本身有比较大的关系。一般尽量使用基于内容的样式元素。如 \<i\> 和 \<em\> 都表示斜体，但 \<em\> 强调内容的重要性，而 \<i\> 只表示斜体。见表 3-2。

表 3-2　短语元素

元素	例子	用法	备注
<b>	加粗文本	文本没有额外的重要性，但样式采用加粗字体	①
<cite>	引用文本	标识文本是引文或参考，通常倾斜显示	②
<code>	代码文本	标识文本是程序代码，通常使用等宽字体	②
<dfn>	定义文本	标识文本是词汇或术语定义，通常倾斜显示	②
<em>	强调文本	使文本强调或突出于周边的普通文本，通常倾斜显示	②
<i>	倾斜文本	文本没有额外的重要性，但样式采用倾斜字体	①
<kbd>	输入文本	标识用户输入的文本，通常用等宽字体显示	②
<mark>	记号文本	文本高亮显示，以便参考（仅 HTML5）	②
<samp>	sample 文本	标识是程序的示例输出，通常使用等宽字体	②
<small>	小文本	用小字号显示的免责声明等	①
<strong>	强调文本	使文本强调或突出于周边的普通文本，通常加粗显示	②
<sub>	下标文本	在基线以下用小文本显示的下标	①
<sup>	上标文本	在基线以上用小文本显示的上标	①
<var>	变量文本	标识并显示变量或程序输出，通常倾斜显示	②

①物理样式元素；
②基于内容的样式元素。

　　HTML 描述的是内容的含义，而不是样式上的说明。举例来说，<em> 代表的是语义上的强调，而非视觉上的，不过大部分浏览器通常会用斜体表示 <em> 文本（也可以使用 CSS 改变这一样式）。此外，<em> 用来强调结构，而不要指望用 <em> 来表示斜体。

【例 3-5】　短语元素的应用。
　　在一个段落中将电话号码文本加以强调。

```
1    <p> 这部电影的主题词是：
2    <q>Fear can hod you prisoner. Hope can set you free.</q>
3    几乎没有观众不被这部电影所打动。请拨打免费电话表达你对这部电影的看法：
4    <strong>10086123</stong>
5    </p>
```

代码说明：
　　（1）<strong> 包含在 <p> 中，这是好的嵌套方式，被认为是良构（well formed）代码。
　　（2）<strong> 通常用于定义重要的文本。在语义化的环境中，最好使用 <strong> 而不是 <b>，使用 <em> 而不是 <i>，这样的书写格式能在未来更好地支持形形色色的浏览器、阅读器或其他载体。

（3）图 3-5 是在 Chrome 浏览器中显示的效果。

图 3-5 短语元素

页面效果

一般来说，短语元素除了全局属性之外，没有其他属性。另外，W3C 推荐使用 CSS 来格式化文本，不建议过多采用短语元素实现文本的设置。

问与答

问：HTML 实体的应用场景有哪些？

答：HTML 实体有三种定义方式：名称、十进制和十六进制。如果要在 HTML 文档中显示特殊字符（如 >、< 等），那么就可以使用 HTML 实体。HTML 实体还能预防 XSS（跨站脚本攻击）攻击。XSS 通常会将脚本代码注入 HTML 文档中，再解析执行。但使用了 HTML 实体后，就可以让相关代码只打印而不执行。

问：HTML4.01 与 HTML5 中 <strong> 元素的差异是什么？

答：在 HTML4.01 中，<strong> 元素定义加粗的被强调的文本；在 HTML5 中，<strong> 元素定义重要的文本。我们不反对使用这个元素，但是如果只是为了达到某种视觉效果而使用这个元素，建议使用 CSS，这样可以取得更丰富的效果。

> **em 与 <em>**
>
> 在例 1-2 中就见过 em 这个单位。显然，em 与 <em> 是不同的。
> ① em 是一个相对单位，如 h3 {font-size:1.2em;} 表示 <h3> 元素字体大小设置为其父元素字体大小的 1.2 倍。（这是 CSS 规则，后面会详述。）
> ② <em> 是一个元素，用于一些需要强调的文字。再强调一次，<em> 元素用来强调结构，而不要指望用 <em> 来表示斜体。

3.9 <ol>、<li> 元素和 <ul>、<li> 元素

创建一个 HTML 列表需要两个元素，这两个元素结合起来就构成了列表。<ol> 和 <ul> 分别表示有序列表和无序列表。<li> 表示列表中的每一个列表项，嵌套于 <ol> 或 <ul> 的内部。

<ol> 列表中的项目有先后顺序，<ol> 中的各个列表项会自动使用编号排列，一般采用数字或字母作为顺序号。

语法格式：

```
<ol>
    <li> 列表项 < /li>
    <li> 列表项 < /li>
    <li> 列表项 < /li>
    ……
</ol>
```

<ul> 表示无序列表，在默认情况下以符号作为列表项标识。和 <ol> 一样，<ul> 也需要和 <li> 元素配合使用。

语法格式：

```
<ul>
    <li> 列表项 < /li>
    <li> 列表项 < /li>
    <li> 列表项 < /li>
    ……
</ul>
```

显然，无论是 <ol> 还是 <ul>，都离不开 <li> 元素的支持。为了表述的方便，在本书中常用 <ol>+<li> 或 <ul>+<li> 这样的写法。

【例 3-6】 列表元素的应用。

分别应用有序列表和无序列表列出多个"最……的人"表项。

```
1    <body>
2        <ol>
3            <li> 最瘦的人——帘卷西风，人比黄花瘦。</li>
4            ……
5            <li> 最害羞的人——千呼万唤始出来，犹抱琵琶半遮面。</li>
6        </ol>
7        <ul>
8            <li> 最憔悴的人——衣带渐宽终不悔，为伊消得人憔悴。</li>
9            ……
10           <li> 架子最大的人——天子呼来不上船，自称臣是酒中仙。</li>
11       </ul>
12   </body>
```

代码说明：

（1）上述代码中，<ol> 表示有序列表，浏览器会自动在每个列表项前设置 1、2、3、…。

（2）<ul> 表示无序列表，浏览器会自动在每个列表项前设置项目符号（实心点）。

（3）图 3-6 是在 Chrome 浏览器中显示的效果。

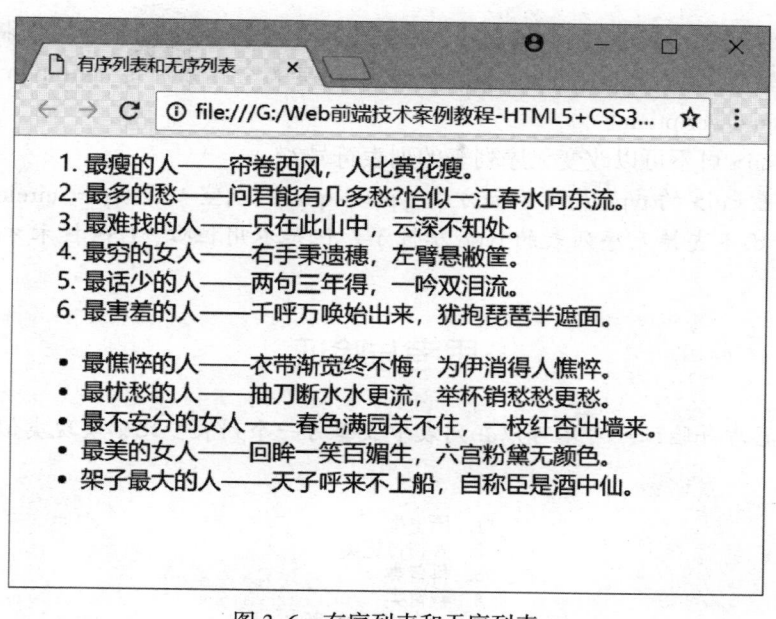

图 3-6 有序列表和无序列表

页面效果

除了 \<ol\>、\<ul\> 之外，还有 \<dl\>，它表示定义列表。它由两部分组成：\<dt\> 表示制定项目名称，\<dd\> 表示具体的解释或项目内容。

语法格式：

```
<dl>
    <dt> 定义项目 </dt>
    <dd> 定义描述 </dd>
    <dt> 定义项目 </dt>
    <dd> 定义描述 </dd>
    ……
</dl>
```

在该语法中，\<dl\>+\<dt\>+\<dd\> 三个元素要配合着使用。

语义化元素 一定要使用与内容含义最接近的元素。
比如，如果需要一个列表，就不要使用段落元素，尽管它也能实现同样的效果。

问与答

问：\<ol\> 表示有序列表，\<ul\> 表示无序列表，可有时候会记混，怎么办？

答：可以试着弄清这些元素的英文全称：ordered list = ol，unordered list = ul，list item = li。

问：HTML 中除了有序列表和无序列表，还有没有其他类型的列表？

Web 前端技术案例教程（HTML5+CSS3+JavaScript）

答： 第三种列表：定义列表 \<dl\>。它主要是结合定义术语 \<dt\> 和定义描述 \<dd\> 来进行列表的定义，即 \<dl\>+\<dt\>+\<dd\>。dl、dt 和 dd 的英文全称分别是 definition list、definition term 和 definition description。

问： \<ul\>+\<li\> 可不可以改变无序列表的列表符号？

答： 可设置 \<ul\> 的 type 属性（如方块 type="square" 或空心圆 type="circle"）。需要注意的是，HTML5 已不支持无序列表的 type 属性了。但是不用担心，CSS 技术才是配置这些装饰的最好方法。

思考与验证

根据所学思考并验证：可不可以在列表中嵌套另一个列表？比如实现类似于图 3-7 所示的效果。

1. 历史类
2. 人物传记类
3. 科普类
4. 教育类
   ○ 家庭教育类
   ○ 学校教育类
5. 小说类
6. 散文类

图 3-7　有序列表与无序列表的嵌套

3.10　\<menu\> 元素

\<menu\> 元素主要用于设计单列的菜单列表。菜单列表在浏览器中显示的效果和无序列表（即 \<ul\>）是类似的。在 HTML5 中，该元素被重新定义，主要用于排列表单控件。

语法格式：

```
<menu>
    <li> 菜单列表项 </li>
    <li> 菜单列表项 </li>
    <li> 菜单列表项 </li>
    ……
</menu>
```

和 \<ol\>、\<ul\> 一样，\<menu\> 元素也需要 \<li\> 元素的配合进行使用。

【例 3-7】 \<menu\> 元素在 HTML5 中的应用。

```
1    <!DOCTYPE html>
2    <html>
3        <head>
4            <meta charset="utf-8">
```

```
5              <title><menu> 元素的应用 </title>
6          </head>
7          <body>
8              <menu>
9                  <li><input type="checkbox">HTML</li>
10                 <li><input type="checkbox">CSS</li>
11                 <li><input type="checkbox">JavaScript</li>
12             </menu>
13         </body>
14     </html>
```

代码说明：

（1）从浏览器显示效果上看，<menu>+<li> 和 <ul>+<li> 的效果基本无异。

（2）在 HTML4 中已有 <menu> 元素，但是不推荐使用。<menu> 在 HTML5 的标准下主要用于表单控件列表的创建。

（3）图 3-8 所示是在 Chrome 浏览器中显示的效果。

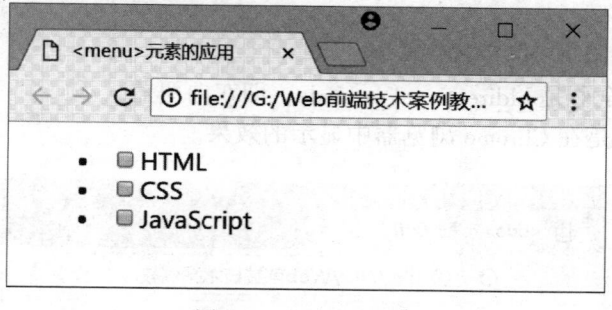

图 3-8　<menu> 元素

页面效果

^练一练^

将下面常与 <li> 结合使用的元素与 <li> 连线。

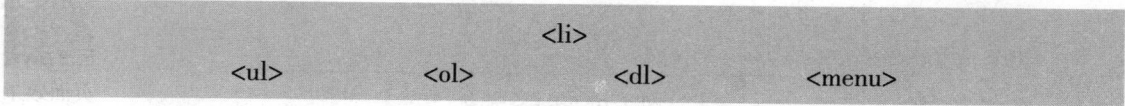

		<li>		
<ul>		<ol>	<dl>	<menu>

3.11　<bdo> 元素

<bdo> 元素用于设置文本的显示方向，故称为双向覆盖元素。

语法格式：

```
<bdo dir="ltr | rtl"> 文本 </bdo>
```

<bdo> 元素有一个必选属性 dir，该属性可以设置为两个值：ltr 和 rtl。ltr 表示从左到右显示文本，rtl 表示从右到左显示文本。

【例 3-8】 <bdo> 元素的应用。

```
1    <!DOCTYPE html>
2    <html>
3        <head>
4            <meta charset="utf-8">
5            <title><bdo> 元素的应用 </title>
6        </head>
7        <body>
8            <p><bdo dir="rtl">HTML5/CSS3/JavaScript</bdo></p>
9            <p><bdo dir="ltr">HTML5/CSS3/JavaScript</bdo></p>
10           <p><bdo dir="rtl">Web 前端技术 </bdo></p>
11           <p><bdo dir="ltr">Web 前端技术 </bdo></p>
12       </body>
13   </html>
```

代码说明：
（1）bdo 的英文全称是 bidirectional override，即双向覆盖。
（2）图 3-9 所示是在 Chrome 浏览器中显示的效果。

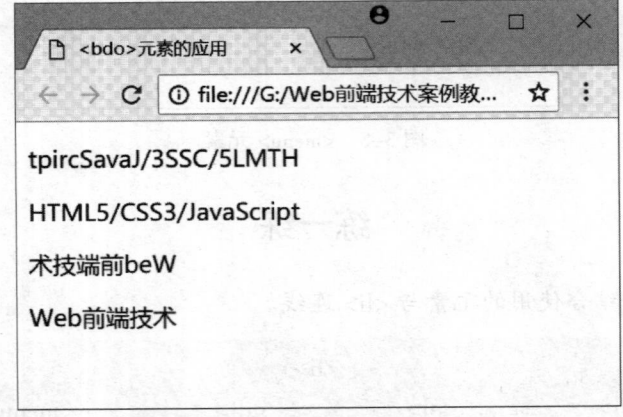

图 3-9 <bdo> 元素

页面效果

3.12 HTML5 新增元素

本小节将介绍 HTML5 中与文档和段落有关的新增元素，试着通过这些元素体会 HTML5 带来的网页设计的变革。

3.12.1　<ruby>、<rt> 元素

在 HTML5 中提供了专门用于为文字标注拼音或音标的元素。<ruby> 用于定义被标注的文字，<rt> 用于标注的拼音或音标。

语法格式：

<ruby> 被标注的文字 <rt> 音标或拼音 </rt> </ruby>

语法说明：

（1）<rt> 和 <ruby> 通常配合使用，<rt> 嵌在 <ruby> 里，文字显示效果通常是在 <ruby> 的文字上方，且 <rt> 的文字缩小显示。

（2）HTML5 中还有一个 <rp> 元素，主要用于不支持 <ruby> 的浏览器。

【例 3–9】 <ruby>、<rt> 元素的应用。

```
1    <!DOCTYPE html>
2    <html>
3        <head>
4            <meta charset="utf-8">
5            <title> 标注元素 </title>
6        </head>
7        <body>
8            <ruby> 霸王别姬
9                       <rt>ba wang bie ji</rt>
10           </ruby>
11           <hr>
12           <ruby> 霸王别姬
13               <rt>Farewell My Concubine</rt>
14           </ruby>
15           <hr>
16           <ruby>
17               霸王别姬
18               <rt> 패왕별희 </rt>
19           </ruby>
20       </body>
21   </html>
```

代码说明：

（1）本例中被标注的文字是"霸王别姬"，分别用拼音、英文和韩文进行标注。所以 <ruby> 中放的是"霸王别姬"文本和 <rt> 元素，<rt> 元素中分别放的是拼音、英文和韩文。

（2）在默认情况下，标注文本总是显示在被标注文本的上面。

（3）在 Chrome 浏览器中的页面效果如图 3-10 所示。

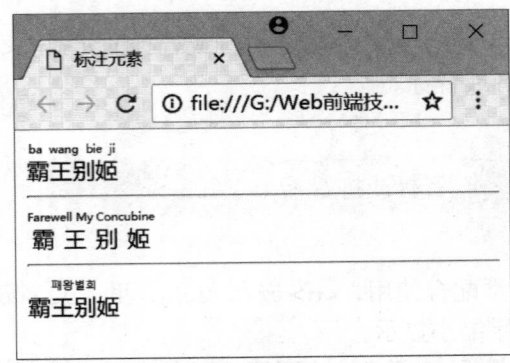

图 3-10　标注元素

页面效果

3.12.2　\<mark\> 元素

\<mark\> 定义带有记号的文本。
语法格式：

> \<mark\> 需要标记的文字 \</mark\>

语法说明：
（1）\<mark\> 表示为某些重要文字添加标记。
（2）\<mark\> 内的文字通常会以黄色背景显示。

3.12.3　\<figure\>、\<figcaption\> 元素

\<figure\> 表示流动的相对独立的内容体，它可以包括图像、图表、照片、代码等内容。\<figure\> 中的内容应该与主文档内容相关，但如果被删除，也不应对主文档流产生影响。
\<figcaption\> 用于给 \<figure\> 添加标题。\<figure\> 中也可以不加 \<figcaption\> 子元素。
语法格式：

> \<figure\> 内容组合如标题、段落、图像等 \</figure\>

或

> \<figure\>
> 　　\<figcaption\> 标题信息 \</figcaption\>
> 　　内容组合如标题、段落、图像等
> \</figure\>

语法说明：
（1）\<figure\> 中的内容会自动与周边的内容或浏览器边框保持一段间距。
（2）在 \<figure\> 中可以添加其他各种元素，如标题、段落、图像等。

（3）<figcaption> 一般放在 <figure> 元素的第一个或最后一个子元素的位置。

【例 3-10】　<figure> 元素的应用。

```
1    <body>
2        <figure>
3            <figcaption> 汪洋中的一条船 </figcaption>
4            <img src="images/boat.jpg">
5            <p> 该片改编自 <mark> 郑丰喜 </mark> 的同名自传，讲述了先天性小腿萎
6            缩而不能行走的残疾人郑丰喜通过努力奋斗成为一名大学生，最后成为一
             名对社会有所贡献的中学老师的故事。</p>
7        </figure>
8    </body>
```

代码说明：

（1）本例中 <figure> 独立元素中有标题、图像和段落等子元素。

（2）<figcaption> 元素表示 <figure> 元素的标题，也可以省略不用。

（3）对"郑丰喜"三个字通过 <mark> 元素加以强调，效果为黄色背景显示。

（4）在 Chrome 浏览器中的页面效果如图 3-11 所示。

图 3-11　<figure> 元素

页面效果

3.12.4　<details>、<summary> 元素

<details> 用于包含文档或文档某个部分的细节。<summary> 则表示 <details> 元素的标题。

这两个元素配合使用，可以方便地展开或收缩网页的内容。

语法格式：

> `<details>` 文档内容 `</details>`

或

> `<details>` `<summary>` 文档标题 `</summary>` 文档内容 `</details>`

语法说明：

（1）`<details>` 中可以包含图像、表格等网页元素。

（2）`<details>` 只有一个可选属性 open，该属性定义 `<details>` 是否可见，设置为 open 或 open="open" 表示可见，不设置则表示不可见。

（3）`<summary>` 为可选元素，必须包含在 `<details>` 元素中，并且必须是第一个子元素。

（4）当使用 `<summary>` 设置标题时，标题可见，单击标题可以显示或隐藏 `<details>`。

（5）如果不使用 `<summary>` 设置标题，则浏览器会自动为 `<details>` 设置一个标题。在 Chrome 浏览器（中文版）中，这个自动设置的标题是"详细信息"。

【例 3-11】 `<details>` 元素的应用。

为诗歌实现展开或收缩内容。

```
1    <body>
2        <details>
3            <summary> 初春小雨 </summary>
4            <p> 天街小雨润如酥，草色遥看近却无。</p>
5            <p> 最是一年春好处，绝胜烟柳满皇都。</p>
6        </details>
7        <details open>
8            <summary> 独坐敬亭山 </summary>
9            <p> 众鸟高飞尽，孤云独去闲。</p>
10           <p> 相看两不厌，只有敬亭山。</p>
11       </details>
12       <details>
13           <p> 草树知春不久归，百般红紫斗芳菲。</p>
14           <p> 杨花榆荚无才思，唯解漫天作雪飞。</p>
15       </details>
16   </body>
```

代码说明：

（1）本例在 Chrome 浏览器中的页面效果如图 3-12 所示。

（2）`<details>` 的 open 属性没有设置时，不显示内容。单击三角箭头可以展开内容。

（3）`<details>` 下没有 `<summary>` 元素时，默认的标题是"详细信息"。

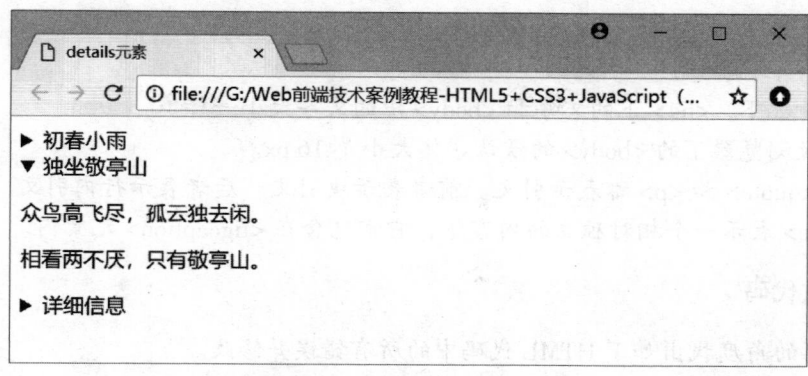

图 3-12　<details> 元素

页面效果

★点睛★

◇ <p> 表示段落，其中可以放置文本、图像等内容。

◇
 表示换行，<hr> 表示水平线，它们都是单元素。

◇ <pre> 用于定义预先格式化的文本，常和特殊字符实体结合使用。

◇ 要对 HTML 页面中的特殊字符使用字符实体。如   表示空格，< 表示 <。

◇ <ol>+<li> 可以建立有序列表；<ul>+<li> 可以建立无序列表；<dl>+<dt>+<dd> 可以建立自定义列表；<menu>+<li> 常用于设计单列的菜单列表。

◇ 可以在列表中建立嵌套列表，将 <ul> 或 <ol> 放在 <li> 元素中。

◇ <q> 用于行内引文；<blockquote> 用于块引文。

◇ 默认情况下，<h4> 与 <body> 中的字体大小相同。

◇ 短语元素是专门为特定语义环境设计的。

◇ HTML 字符实体可以实现一些特殊字符的插入，如   和 > 等。

◇ <span> 常用于对文本中的一部分进行差异化设置，常和 CSS 结合使用。

◇ <bdo> 用于设置文本的显示方向，和 dir 属性结合使用。

◇ <ruby>+<rt> 常用来为文字标注拼音或音标。

◇ <figure>+<figcaption> 常用来表示流动的相对独立的内容体。<figcaption> 为可选元素。

◇ <details>+<summary> 用于展开或收缩内容细节。<summary> 为可选元素。

★章节测试★

一、写出 HTML 代码

1. 为文字"末代皇帝"标注拼音和英文（The Last Emperor）。

2. 通过 <details>+<summary> 为以下古诗（含诗名和内容）实现内容的展开或收缩。

《春日》——朱熹

胜日寻芳泗水滨，无边光景一时新。

等闲识得东风面，万紫千红总是春。

Web 前端技术案例教程（HTML5+CSS3+JavaScript）

二、判断

1. 默认情况下，<h4> 下的文字和 <body> 中的文字大小一样。
2. 大多数浏览器下的 <body> 的默认字体大小是 16 px。
3. <blockquote> 和 <p> 都表示引文。前者表示块引文，后者表示行内引文。
4. <figure> 表示一个相对独立的内容体，它常包含在 <figcaption> 元素内。

三、修改代码

从浏览器的角度找出如下 HTML 代码中的所有错误并修改。

```
1   <html>
2   <head>
3       <title> 教育类图书（一）</title>
4   <body>
5   <p>
6       1774 年，斐斯塔洛奇在他位于瑞士 Neuhof 的农庄中兴学，收容 50 名小乞丐，教
7   他们读写算与做人的道理，训练他们农事与制造乳酪的技术，他与妻子两人为此而
8   倾家荡产，在农庄中与 50 名孩童过着清贫的生活。他自述到：<q> 我过得像乞丐，
    只为了要了解如何使乞丐过得像人。</p></q>
9   <p>
10      如果说卢梭与巴士铎是自然主义的倡导者，那么斐斯塔洛齐便是自然主义教育的
11  实践者，更是人道主义的化身。</p>
12  <h2> 教育类图书推荐
13  <ul>
14      <li> 童年与解放（黄武雄）
15      <li> 给青少年的十二封信（朱光潜）
16      <li> 乖孩子的伤，最重（李雅卿）
17      <li> 学校在窗外（黄武雄）
18      <li> 教育过程（布鲁纳）
19  </ol>
20  </body>
21  </head>
```

四、实践

1. 根据所学的列表元素，上机实现如图 3-13 所示的页面效果。

2. 根据所学的段落、标题等元素，将提供的文字素材（CH03/data/ 中国电影 .txt）以网页的形式呈现，效果如图 3-14 所示。

- 学院概况
  - 学院简介
  - 信息公开
- 学院新闻
- 系部设置
  - 计算机系
  - 软件工程系
  - 基础学科部

图 3-13　学院　页面效果

中国优秀电影一览（1990——1999）

《霸王别姬》

《霸王别姬》是汤臣电影有限公司出品的文艺片，该片改编自李碧华的同名小说，由陈凯歌执导，李碧华、芦苇编剧；张国荣、巩俐、张丰毅领衔主演。影片围绕两位京剧伶人半个世纪的悲欢离合，展现了对传统文化、人的生存状态及人性的思考与领悟。1993年该片在中国内地以及中国香港上映，此后在世界多个国家和地区公映，并且打破中国内地文艺片在美国的票房纪录。1993年该片荣获法国戛纳国际电影节最高奖项金棕榈大奖，成为首部获此殊荣的中国影片；此外这部电影还获得了美国金球奖最佳外语片奖、国际影评人联盟大奖等多项国际大奖，并且是唯一一部同时获得戛纳国际电影节金棕榈大奖、美国金球奖最佳外语片的华语电影。1994年张国荣凭借此片获得第4届中国电影表演艺术学会特别贡献奖。2005年《霸王别姬》入选美国《时代周刊》评出的"全球史上百部最佳电影"。

《活着》

《活着》是由年代国际有限公司1994年出品的剧情片。该片改编自余华的同名小说，由张艺谋执导，葛优、巩俐等主演。影片以中国内战和新中国成立后历次政治运动为背景，通过男主人公福贵一生的坎坷经历，反映了一代中国人的命运。1994年，该片在第47届戛纳国际电影节上获得了评委会大奖、最佳男演员奖等奖项。

《饮食男女》

《饮食男女》是一部于1994年出品的台湾剧情片，本片是李安担任导演的"父亲三部曲"之第三部曲，主要演员有郎雄、吴倩莲、杨贵媚和王渝文。该片讲述了90年代台北都会，一位每周末等待三位女儿回家吃

图 3-14　中国优秀电影一览　　　　　　　　　　　页面效果

第 4 章
HTML 超链接

超链接的语法根据链接对象的不同而有所变化，但都是基于 <a> 元素的，英文叫 anchor。<a> 可以链接任何一个文件源：一个 HTML 页面、一张图片、一个 E-mail 地址等。

学习目标：

序号	基本要求
1	掌握 <a> 的基本写法，弄清 href、target 等属性的功能
2	掌握绝对路径和相对路径，弄懂 "about/index.html" "../about/index.html" "/about/index.html" 三种写法的区别
3	掌握锚点链接、E-mail 链接、ftp 链接的创建方法
4	会创建多个分行显示的超链接
5	结合第 5 章内容，会创建图片超链接

4.1　<a> 元素

<a> 元素定义超链接，用于从一个页面链接到另一个页面。<a> 元素最重要的属性是 href 属性，它指定链接的目标。

语法格式：

```
<a href="URL"> 链接区 </a>
```

或

```
<a href="URL" target=""> 链接区 </a>
```

语法说明：

（1）在该语法中，链接区可以是文字、图片或其他页面元素，文字最为常见。

（2）属性 href 是 hypertext reference 的缩写，它的值是链接的地址。链接地址可以是绝对路径，也可以是相对路径。

（3）如果希望在新的窗口中打开链接目标页面，可以增加 target 属性，其值设置为 _blank。代码如下：

```
<a href="http://www.nju.edu.cn" target="_blank"> 访问南京大学首页 </a>
```

（4）<a> 的部分属性可参考表 4–1。

表 4–1　<a> 元素的部分属性

属性	说明	备注
href	超链接的路径设置	HTML4、HTML5 都支持
hreflang	URL 的基准语言，仅在设置了 href 属性时有效	HTML4、HTML5 都支持
media	URL 的媒介类型，仅在设置了 href 属性时有效	HTML5 支持
rel	源文件到目标 URL 的关系	HTML4、HTML5 都支持
target	打开目标链接的方式（值为 _self、_blank 等）	HTML4、HTML5 都支持
type	目标链接的 MIME 类型	HTML5 支持

（5）HTML5 中还新增了 media 属性。和前面介绍的 <link> 或 <style> 元素的 media 属性类似，可参阅第 2 章 HTML 文档基本结构（2.2 头部 <head>）。<a> 元素的 media 属性用于设置目标 URL 文档所适合的媒体类型，它表明目标 URL 文档是为某些特殊设备（如 iPhone）、语音或打印媒介设计的。代码如下：

```
<a href=" 链接地址 " media="print and (resolution:300dpi)"> 链接文字 </a>
```

上述代码中，print 表示打印机设备，resolution:300dpi 表示分辨率，and 表示连接符，media 属性的默认值是 all，表示适合所有设备。

href　　href 是 hypertext reference 的缩写，表示对超文本的引用。应用 href 属性的元素有 <a>、<link>。

4.2　绝对路径和相对路径

所谓绝对路径，就是主页上的文件或目录在硬盘上的真正路径。它是根文件夹到一个文件的路径。页面跳转到当前网站外部，与其他网站中页面或其他元素链接时（可称为外部链接），这种链接需要设置绝对的链接地址。

相对路径是最适合网站内部链接的，它构建的是两个文件之间的相对关系。相对链接使用的方法：

◇ 若链接到同一目录下，则只需要输入要链接文档的名称，如 index.html。
◇ 若链接到下一级目录中的文件，需要输入目录名，加上 "/"，再输入文件名，如 about/dir.html。
◇ 若链接到上一级目录中的文件，则先输入 "../"，加上目录名、文件名，如 ../about/dir.html。

注：这里的 ".." 表示 "父文件夹"。有时会看到 href 属性值的第 1 个字符为 "/"，它表示根目录。比如：

```
<a href="/chap04/index.html" > 访问根路径下 chap04/index.html 文件 </a>
```

【例 4-1】 <a> 元素的应用。

创建三个超链接，链接地址有的是绝对路径，有的是相对路径。

```
1   <!DOCTYPE html> <html>
2   <head>
3     <meta charset="utf-8">
4     <title> 超链接 </title>
5   </head>
6   <body>
7     <p><a href="4-2.html"> 电影介绍（相对路径的链接）</a></p>
8     <p><a href="http://www.baidu.com"> 百度网站（绝对路径的链接）</a></p>
9     <p><a href="http://www.baidu.com" target="_blank"> 百度网站 </a></p>
10  </body>
11  </html>
```

代码说明：

（1）三个超链接分别放在 <p> 元素中，以保持每个超链接文字单独占据一行。

（2）第 1 个超链接的地址是相对路径，第 2 个和第 3 个都是绝对路径。

（3）当相对路径下的文件 4-2.html 不存在时，此超链接为无效链接。

（4）第一次浏览页面时，超链接都是蓝色字体且有下划线。

（5）图 4-1 是页面在 Chrome 浏览器中的显示效果。

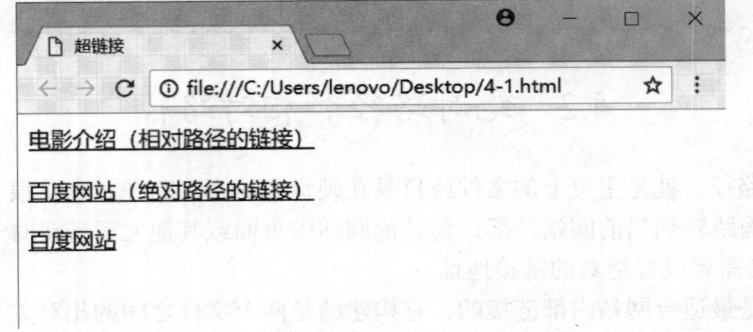

图 4-1 <a> 元素

页面效果

超链接 的颜色	浏览器中超链接的文字有时是蓝色的，有时是紫色的，它到底是什么颜色？ 在所有浏览器中，链接的默认外观是： ✓ 未被访问的链接带有下划线且是蓝色的； ✓ 已被访问的链接带有下划线且是紫色的； ✓ 活动链接带有下划线且是红色的。

4.3　锚 点 链 接

id 属性是一个重要且特殊的属性，本书后面还会经常提及 id 属性。现在可以认为 id 属性是唯一标识元素的方法。通过某元素的 id 属性，可以为 <a> 创建同一页面上的链接目标（通常也称为锚点链接或书签链接）。下面来看如何使用 id 属性在页面中为 <a> 创建目标。单击任意一个超链接，页面将指向对应的文档内容区域。

【例 4-2】 <a> 元素的应用——锚点链接。

创建一个页面，其效果如图 4-2 所示。该页面中有 7 个锚点链接，当点击这些锚点链接时，页面内容会滚动到对应的文本区域。

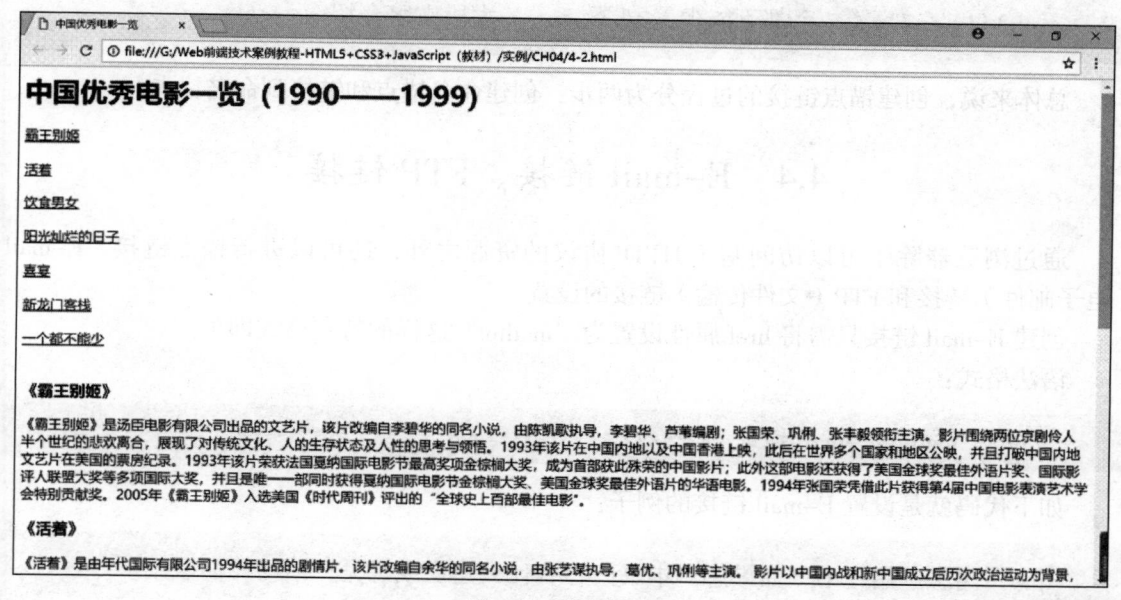

图 4-2　锚点链接

页面效果

该实例可以由两个步骤来实现：

（1）在页面中创建 <a> 锚点链接。

不论是相对链接还是绝对链接，要链接到页面中的一个特定目标，只需在链接最后加一个 #，再加上目标标识符，该标识符为 id 的属性值。代码如下：

```
1    <a href="#cn1"> 霸王别姬 </a> <br><br>
2    <a href="#cn2"> 活着 </a> <br><br>
3    <a href="#cn3"> 饮食男女 </a> <br><br>
4    <a href="#cn4"> 阳光灿烂的日子 </a> <br><br>
5    <a href="#cn5"> 喜宴 </a> <br><br>
6    <a href="#cn6"> 新龙门客栈 </a> <br><br>
7    <a href="#cn7"> 一个都不能少 </a> <br><br>
```

这些链接有了链接的目标，即对应的 #cn1、#cn2 等，这些目标所在的位置是哪里呢？怎么进行设置呢？

（2）在页面中设置 id 属性值。

为希望创建锚点链接的位置的元素设置 id 属性值。

```
1    <h3 id="cn1">《霸王别姬》</h3> <p>一大段文字介绍……</p>
2    <h3 id="cn2">《活着》</h3> <p>一大段文字介绍……</p>
3    <h3 id="cn3">《饮食男女》</h3> <p>一大段文字介绍……</p>
4    <h3 id="cn4">《阳光灿烂的日子》</h3> <p>一大段文字介绍……</p>
5    <h3 id="cn5">《喜宴》</h3> <p>一大段文字介绍……</p>
6    <h3 id="cn6">《新龙门客栈》</h3> <p>一大段文字介绍……</p>
7    <h3 id="cn7">《一个都不能少》</h3> <p>一大段文字介绍……</p>
```

总体来说，创建锚点链接的过程分为两步：创建命名锚点和链接到命名锚点。

4.4　E-mail 链接、FTP 链接

通过浏览器除了可以访问基于 HTTP 协议的资源之外，还可以进行锚点链接、E-mail（电子邮件）链接和 FTP（文件传输）链接的设置。

创建 E-mail 链接只需将 href 属性设置为 "mailto:" 这样的特定格式即可。

语法格式：

```
<a href="mailto: E-mail 地址 "> … </a>
```

如下代码就是设置 E-mail 链接的例子：

```
<p> 谢谢您选用此书，如果您对本书内容有什么建议或意见，请与我们联系。</p>
<p> <a href="mailto: 470469042@qq.com"> 470469042@qq.com </a> </p>
```

访问 FTP 资源的方式类似于访问 HTTP 资源的情况，只是将 href 属性值中的 http 改为 ftp 即可。

语法格式：

```
<a href="ftp:// … "> … </a>
```

如下代码就是设置 FTP 链接的例子：

```
<p> 以下链接是 FTP 资源。</p>
<p> <a href="ftp://ftp.nju.edu.cn"> 南京大学 FTP 站点 </a> </p>
```

问与答

问：<a> 元素的 href 属性可以放入相对路径。既然不是绝对路径，那么服务器是怎么找到的呢？

答：单击一个相对链接时，在后台浏览器会根据这个相对路径和所单击页面的路径创建一个绝对路径。所以，所有 Web 服务器看到的都是绝对路径。

问：<a> 的相对路径链接和 URL 链接的区别是什么？

答：相对路径只用来链接同一网站内的页面，而 URL 通常用来链接其他网站。

问：默认下，超链接有三种颜色，它有几种状态呢？

答：四种状态，即初始状态（a:active）、鼠标经过时（a:hover）、鼠标点击时（a:link）和访问过后（a:visited）。详述可参阅 14.3 超链接样式。

问：href 怎么设置访问父路径下的文档？

答：所谓父路径，就是当前目录的上一层目录，如当前目录为"chap04/link/"，则父路径为"chap04"。"../"表示父路径，"../../"则表示上上级目录。

★点睛★

❖ <a> 元素的 href 属性可以使用相对路径或绝对路径来链接其他页面。对于网站中的其他页面，最好使用相对路径，对外部链接才使用绝对路径，即 URL。

❖ 能够唯一标识某个元素的 id 属性可以设置锚点，用 <a> 元素进行链接目标设置时，href 属性应增加 # 和 id 值。

❖ 创建 email 链接时，href 属性值为"mailto:..."，创建 ftp 链接时，href 属性值为"ftp://..."。

❖ 使用相对路径来链接同一网站中的页面，而使用绝对路径来链接其他网站上的页面。

❖ href="../about/index.html" 中的 .. 表示上一目录；而 href="/about/index.html" 中的第一个 / 表示根目录。

❖ 超链接是行内元素，要让多个超链接的文本以多行显示，需将 <a> 嵌在块元素中，比如 <p> 中。

★章节测试★

一、写出 HTML 代码

1. 文字"幸福之家"的链接地址是"../../home.html"，提示信息为"阅读更多关于幸福之家的信息"。

2. 为文字"作者信箱"设置 E-mail 链接地址"470469042@qq.com"。

二、填空

1. <a> 元素提供链接目标的属性是 _____，一般会用 _____ 属性提供超链接额外的信息。

2. <a> 元素用来设置目标链接打开方式的属性是 _____，如果希望在新的窗口中打开目标页面，该属性的值可设置为 _____。

三、实践

为多所大学创建超链接列表，也就是将多个超链接放在无序列表中。

第 5 章

HTML 图像

一个图文并茂的页面会使用户体验更好。如果网站想要获得更多流量，也需要从"图文并茂"这个角度来挖掘。

学习目标：

序号	基本要求
1	掌握 \<img\> 的基本写法，弄清 src、alt 等属性的功能
2	了解图像的常见格式
3	掌握图像超链接的创建方法
4	掌握内联元素与块元素的区别
5	能够举例说出常见的内联元素和块元素

5.1　\<img\> 元素

\<img\> 元素可以定义 HTML 页面中的图像。\<img\> 最重要的属性是 src，它规定了显示图像的路径值，类似于 \<a\> 元素中的 href 属性。和 \<meta\>、\<br\> 等一样，\<img\> 是单元素。

语法格式：

```
<img src=" 图像文件的地址 ">
```

或

```
<img src=" 图像文件的地址 " alt=" 替代文本 ">
```

语法说明：

（1）\<img\> 最重要的两个属性是 src、alt。

（2）在该语法中，src 属性用来设置图像文件所在的路径，这路径可以是相对路径，也可以是绝对路径。

（3）alt 属性主要用来表示图像的替代文本，用于描述图片。它是图像无法显示时的替代文本，也是给搜索引擎看的。

（4）\<img\> 的常见属性参考表 5-1。

表 5-1　<img> 的主要属性

属性	说明	HTML4/5
src	图像路径	4、5
alt	图像的替代文本	4、5
width / height	宽度 / 高度	4、5
usemap	把图像设置为客户端图像映射	4、5
ismap	把图像设置为服务器端图像映射	4、5
border	边框	4
align	排列方式	4

下面来谈谈 src 属性的路径设置的情况。

假设有图 5-1 所示的文件目录，文件夹 "zhang" 中有一个 zhang.html 文件、一个 about 文件夹和一个 images 文件夹。

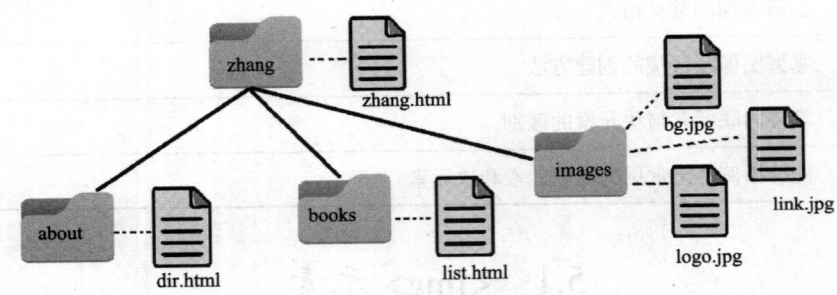

图 5-1　文件目录

针对不同 HTML 文档中 <img> 元素的 src 属性的设置见表 5-2。

表 5-2　<img> 的 src 属性设置

HTML 文档	目标图像文件名	HTML 文档中 <img> 的 src 属性的设置
zhang.html	bg.jpg	<img src="images/bg.jpg">
dir.html	link.jpg	<img src="../images/bg.jpg">
list.html	logo.jpg	<img src="../images/bg.jpg">

对于 about 文件夹（或 books 文件夹）中的 HTML 文档，它们插入的图像来自和 about 文件夹（或 books 文件夹）同层的 images 文件夹。因此，src 属性应先回到它们的父文件夹（即 zhang 文件夹）中。这里的 ".." 表示 "父文件夹"。

提示　可以为任何元素增加 title 属性，进行元素的工具提示。如 <a>、<h1> 等 <img> 元素的 alt 属性定义图像的替代文本也是一种工具提示。

JPEG、GIF 和 PNG 是 Web 浏览器广泛支持的三种图像格式。JPEG 格式最适合保存照片和其他复杂图像，GIF 或 PNG 格式最适合保存 logo 和其他包含单色、线条或文本的简单图形。GIF 和 PNG 图像格式允许建立一个有透明背景的图像。

【例 5-1】 <img> 元素的应用。

在例 4-2 锚点链接实例的基础上，为每一部电影配一张海报图片，该图片放在电影名和电影介绍之间。页面效果如图 5-2 所示。

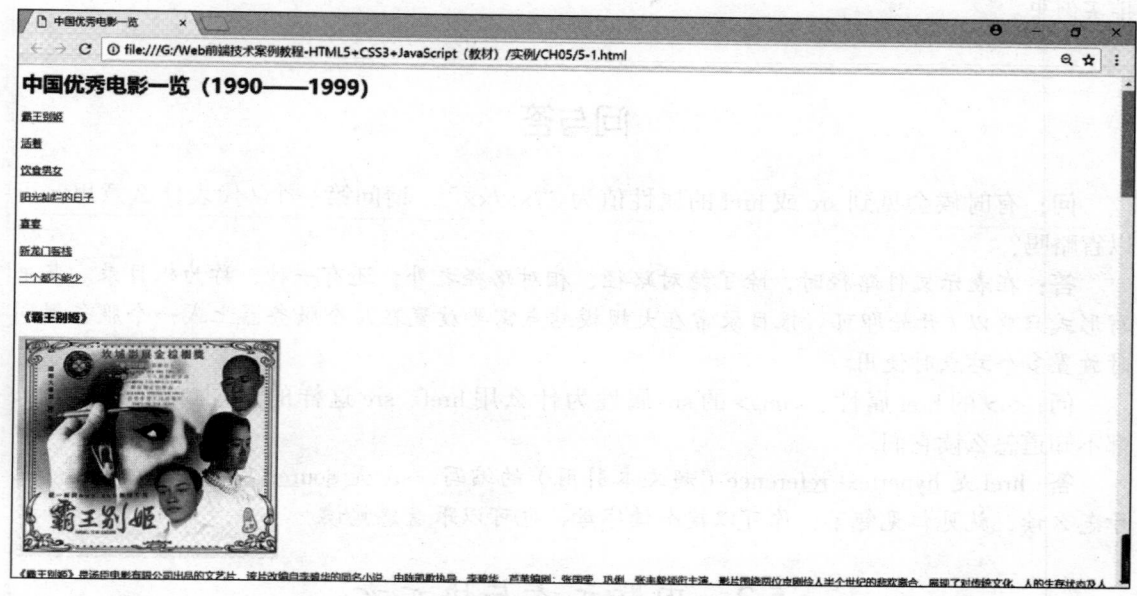

图 5-2　<img> 元素

通过分析，在 <h3> 和 <p> 之间插入一个 <img> 元素即可。七处插入的代码分别如下：

```
1  <img src="images/poster01.jpg" alt=" 霸王别姬 ">
2  <img src="images/poster02.jpg" alt=" 活着 ">
3  <img src="images/poster03.jpg" alt=" 饮食男女 ">
4  <img src="images/poster04.jpg" alt=" 阳光灿烂的日子 ">
5  <img src="images/poster05.jpg" alt=" 喜宴 ">
6  <img src="images/poster06.jpg" alt=" 新龙门客栈 ">
7  <img src="images/poster07.jpg" alt=" 一个都不能少 ">
```

页面效果

需要说明的是，HTML5 新增了两个与图像相关的语义化元素 <figure> 和 <figcaption>。这两个元素都属于内容分组，两者结合可用于插入图像及对图像的描述。比如：

```
<figure>
    <img src="img/avatar.jpg">
    <figcaption> 阿凡达，2009 年 12 月 </figcaption>
</figure>
```

关于这两个元素可参阅第 3 章 HTML 文字、段落与列表（3.12.3 小节）。

思考与验证

修改上述例 5-1 的代码，将 HTML5 中的 <figure> 和 <figcaption> 元素应用到这个图文混排实例中。

问与答

问：有时候会见到 src 或 href 的属性值为 "/××/××"，请问第一个 / 代表什么意思？可以省略吗？

答：在表示文件路径时，除了绝对路径、相对路径之外，还有一种，称为根目录。其书写形式只要以 / 开始即可。根目录常在大规模站点需要放置在几个服务器上或一个服务器同时放置多个站点时使用。

问：<a> 的 href 属性、<img> 的 src 属性为什么用 href、src 这样的单词？感觉怪怪的，都不知道怎么读它们。

答：href 是 <u>hypertext</u> <u>reference</u>（超文本引用）的缩写，src 是 <u>source</u>（来源）的缩写。至于怎么读，就见仁见智了，你可以挨个读字母，也可以跟着感觉读。

5.2　内联元素与块元素

【例 5-2】 内联元素与块元素。
查看下面的代码，绘制一下页面呈现的大体结构。

```
1    <body>
2        <a href="http://www.nju.edu.cn"> 访问南京大学首页 </a>
3        <a href="http://www.harvard.edu"> 访问哈佛大学首页 </a>
4        <img src="images/nju.png">
5        <img src="images/harvard.jpg">
6        <p> 南京大学在中国 </p>
7        <p> 哈佛大学在美国 </p>
8    </body>
```

上述代码的页面显示效果如图 5-3 所示。两个 <a> 元素和两个 <img> 元素都显示在同一行，而每个 <p> 元素则单独占据一行。

在 HTML 中，有一类元素单独占一行，同一行无法容纳其他元素和文本，其他的元素将显示在它的下一行。这一类元素统称为块元素（block element），如 <p>、<h1>、<div>、<ul> 等都是块元素。像 <img>、<a> 这样的元素，在宽度足够的情况下，一行能容纳多个同类元素的元素，统称为内联元素（inline element），如 <img>、<a>、<span> 等。

访问南京大学首页　访问哈佛大学首页

南京大学在中国

哈佛大学在美国

图 5-3　内联元素与块元素

页面效果

问与答

问：如何将一张图像设置为超链接？

答：除了可以对文字创建超链接之外，还可以对图像创建超链接。创建图像链接时，将 \<img\> 放在 \<a\> 和 \</a\> 之间即可。语法格式：\<a href="URL"\>\<img src=" 图像 URL"alt=" 替代文字 "\> \</a\>。

问：像 \<a\> 这样的内联元素，我就想让它独立占一行，即成为块元素的样子，怎么处理？

答：可以把 \<a\> 嵌套在一个块元素中，通过操作块元素实现对 \<a\> 的设置。还可以通过 CSS 设置 float 或 position 或 display，将其转变为块元素。

★点睛★

◇ 使用相对路径来链接同一网站中的页面，而使用 URL 来链接其他网站上的页面。

◇ src 属性和 alt 属性是 \<img\> 元素中的重要属性。

◇ \<figure\> 是 HTML5 新增的元素，它表示相对独立的内容体，与 \<figcaption\> 结合可以用于插入图像及对图像的描述。

◇ 规划页面时，首先设计大的块元素，然后用内联元素来完善。

◇ \<p\>、\<ol\>、\<ul\>、\<li\> 都是块元素。它们单独成行显示，在内容前后分别有一个默认的换行。

★章节测试★

一、写出 HTML 代码

1. 定义图像来自 "http://happyreading.com/html/demo/rem.png"，替换文本的提示信息为 "识记提醒"。

2. 将三张图像分别放在三个段落中。

3. 将图像设置为超链接。

二、填空

1. GIF、PNG 和 JPEG 是大部分浏览器支持的图像格式，其中支持透明背景的格式是_____。

2. <img> 元素用来提供图像路径的属性是_____，一般会用_____属性提供图像的替代文本。

3. 为图像设置超链接的代码是_____。

4. 写出你所了解的块元素：_____；写出你所了解的内联元素：_____。

三、单选

1. 在 <img> 元素中，（　　　）属性的内容是提供给搜索引擎看的。

A. src   B. alt   C. title   D. class

2. 下面说法正确的是（　　　）。

A. 在实际开发中，我们常用的是绝对路径，很少用到相对路径

B. 当鼠标移到图片上时，就会显示 <img> 元素 alt 属性中的文字

C. src 是 <img> 元素必不可少的属性，只有定义它之后，图片才可以显示出来

D. 如果想要显示一张动画图片，可以使用 .png 格式来实现

3. 根据图 5-4 所示的目录结构，如果想要在 list.html 中显示 logo.jpg 这张图片，正确的路径写法是（　　　）。

A. `<img src="../../img/logo.jpg" alt=" ">`   B. `<img src="../img/logo.jpg" alt=" ">`

C. `<img src="img/logo.jpg" alt=" ">`   D. `<img src="/img/logo.jpg" alt=" ">`

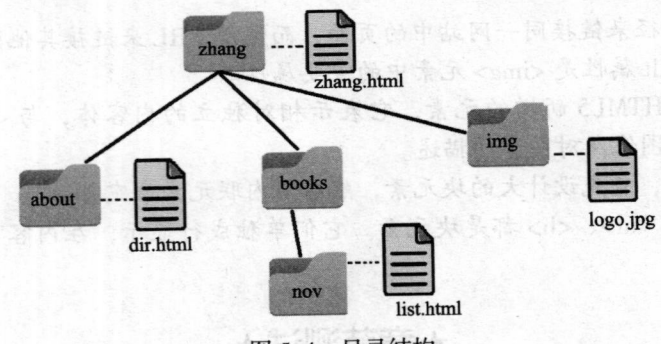

图 5-4　目录结构

四、实践

图片链接——将缩略图变成链接。使用素材（CH05/thumbnails 和 CH05/photos），单击图 5-5 中页面上的任意一张缩略图，在新的页面中显示更清晰的图片，如图 5-6 所示。

欢迎探索"看得起，也拿得起"博物馆

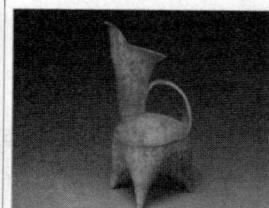

上面几个罐罐最年轻也都1000多岁了，（来自东土大唐），它们之所以长生不老，除了品质优良之外，还有就是……在我们的博物馆里，每一件宝贝都有一个机关或秘密，欢迎加入我们，一起拿起这些宝贝（别惊讶，我们博物馆的特色就是 *看得起，也拿得起*），破解这些千年万年的谜团。

探索路线

博物馆所在城市：HHCC(HuaiHai经济区Central City的简称，又称徐州)，Nobody驾驶公交车路线是**x号线。**[x值请参考"三彩天王像"的伸直了的手指头个数，YEAH!!]

图 5–5　图片链接

图 5–6　缩略图链接目标

页面效果

第 6 章

HTML 表格

表格是网页设计中使用较多的元素之一。在设计网页的时候，使用表格可以更清晰地排列文字和图像。有一些网页是用表格进行布局的，但随着技术的发展，应用 CSS+DIV 进行布局及更新的布局模式逐渐替代了表格布局。

学习目标：

序号	基本要求
1	了解表格的基本构成，掌握表格元素 <table>、<tr>、<td>、<caption> 等
2	能够通过编写 HTML 代码的方式创建一个表格
3	掌握 <td> 元素的 colspan 和 rowspan 属性的用法
4	了解 <thead>、<tbody>、<tfoot> 元素
5	了解表格元素中的其他属性，如 width、border 等

6.1　表格元素

一个简单的 HTML 表格主要包括 <table> 元素及一个或多个 <tr>、<td> 元素。<tr> 元素定义表格行，<td> 元素定义表格单元格。

语法格式：

```
<table>
    <caption> 表格标题 </caption>
    <tr>
        <td> 单元格文字 </td>
        …
    </tr>
    <tr>
        <td> 单元格文字 </td>
        …
    </tr>
</table>
```

语法说明：

（1）<table>、</table> 表示表格的开始和结束。

（2）<tr>、</tr> 表示表格一行的开始和结束。

（3）<td>、</td> 表示一个单元格的开始和结束。此外，<th> 也可以表示一个单元格，区别在于 <th> 一般表示表头单元格（默认情况下，内容会加粗显示）。

（4）<caption> 表示表格的标题，显示在表格的上方，是可选元素。

【例 6-1】　表格元素的应用。

定义一个 3 行，每行有 4 个单元格的表格（即 3 行 4 列）。

```
1    <table width="60%" border="1" align="center" >
2         <tr>
3              <td> 人物传记类 </td> <td> 我是怎样一个人 </td> <td> 梁漱溟 </td> <td>
             无 </td>
4         </tr>
5         <tr>
6              <td> 人物传记类 </td> <td> 苏东坡传 </td> <td> 林语堂 </td> <td> 中英文
             版各 1 本 </td>
7         </tr>
8         <tr>
9              <td> 人物传记类 </td> <td> 知堂回想录（上）</td> <td> 周作人 </td> <td>
             无 </td>
10        </tr>
11   </table>
```

代码说明：

（1）<table> 若不设置 border 属性为 1，将看不到表格的边框。

（2）width 和 align 都是 <table> 元素的属性，分别表示表格的宽度和对齐方式，但是 HTML5 已不建议使用这两个属性。

（3）图 6-1 是文档在 Chrome 浏览器中显示的效果。

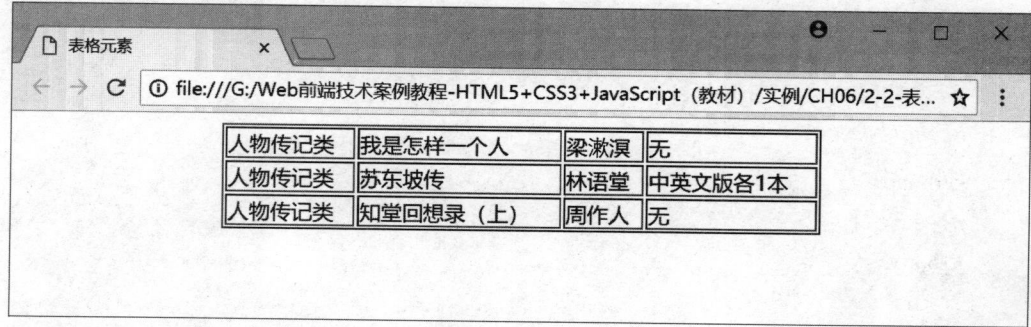

图 6-1　表格元素

页面效果

稍微复杂的 HTML 表格也可能包括更多的元素，比如专门定义表头单元格的 <th> 元素等。常用的 HTML 表格元素见表 6-1。

表 6-1　HTML 表格元素

分组	标签	描述
表格元素	<table>	定义表格
	<caption>	定义表格标题
	<th>	定义表格中的表头单元格
	<tr>	定义表格中的行
	<td>	定义表格中的单元格
	<thead>	定义表格中的表头内容
	<tbody>	定义表格中的主体内容
	<tfoot>	定义表格中的表注内容
	<col>	定义表格中的一个或多个列的属性值
	<colgroup>	定义表格中供格式化的列组

一个完整的表格包括 <table>、<caption>、<tr>、<th>、<td>。为了更深入地对表格进行语义化，HTML 引入了 <thead>、<tbody>、<tfoot> 这三个元素。

<thead>、<tbody>、<tfoot> 把表格划分成三个部分：表头、表身、表脚。有了这三个元素，表格语义更加良好，结构更加清晰，也更具有可读性和可维护性。

语法格式：

```
<table>
    <caption> 表格标题 </caption>
    <!-- 表头 -->
    <thead>
      <tr>
        <th> 表头单元格 1</th>
        <th> 表头单元格 2</th>
      </tr>
    </thead>
    <!-- 表身 -->
    <tbody>
      <tr>
        <td> 表行单元格 1</td>
        <td> 表行单元格 2</td>
```

```
            </tr>
         </tbody>
      <!-- 表脚 -->
      <tfoot>
         <tr>
            <td> 单元格 1</td>
            <td> 单元格 2</td>
         </tr>
      </tfoot>
   </table>
```

语法说明：

（1）对于 <thead>、<tbody>、<tfoot> 这三个元素，不一定全部用上，比如 <tfoot> 就很少用（<tfoot> 可用于统计数据）。

（2）这三个元素除了更具有语义之外，还有另外一个作用：方便分块来控制表格的 CSS样式。

6.2　rowspan 和 colspan 属性

制作表格时，若要将内容横跨多个行或列（类似于合并单元格），可使用 <td> 元素的 colspan 属性和 rowspan 属性。这里需要注意的是，如果合并的是列，用 rowspan 属性；如果合并的是行，用 colspan 属性。其值皆为合并的单元格个数。

语法格式：

```
<td colspan=" 跨度的列数 "> … </td>
```

或

```
<td rowspan=" 跨度的行数 ">…</td>
```

【例 6–2】　表格元素的应用——合并单元格。

制作一个如图 6–2 所示的表格，其 HTML 代码如下：

```
1    <table border="1" >
2        <caption> 张哥藏书（一）</caption>
3        <tr>
4            <th> 类别 </th> <th> 书名 </th> <th> 作者 </th> <th> 备注 </th>
5        </tr>
6        <tr>
7            <td rowspan="3"> 人物传记类 </td> <td> 我是怎样一个人 </td> <td> 梁漱溟
             </td> <td> 无 </td>
```

```
8               </tr>
9               <tr>
10                  <td> 苏东坡传 </td> <td> 林语堂 </td> <td> 中英文版各 1 本 </td>
11              </tr>
12              <tr>
13                  <td> 知堂回想录（上）</td> <td> 周作人 </td> <td> 无 </td>
14              </tr>
15          </table>
```

代码说明：

（1）代码 <td rowspan="3"> 人物传记类 </td> 表示三行合并成一个单元格，该行（即 <tr>）中依然有四个单元格，而后面的三行（即三个 <tr>）中都只有三个单元格。

（2）图 6-2 是文档在 Chrome 浏览器中显示的效果。

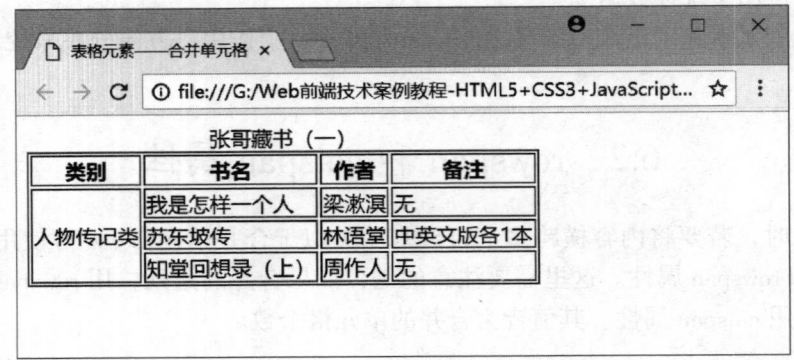

图 6-2　合并单元格

页面效果

问与答

问：我总是分不清 <td> 元素的两个合并单元格的属性 colspan 和 rowspan，不知在什么时候用哪一个，怎么办？

答：首先，row 代表行，col 代表列，span 本意有跨度的意思。合并单元格是跨行的话，即纵向上合并单元格，就用 rowspan（行跨）；跨列的话，即横向上合并单元格，就用 colspan（列跨）。

问：有时候会看到 <thead>、<tbody> 或 <tfoot> 这样的元素，它们代表什么意思？

答：对表格进一步分出来的行的分组。这三个元素分别对应表格的表头、表身和表脚。它们都是 <table> 和 <tr> 之间嵌入的元素，从而将表格的行进行了分组。使用它们的好处在于，除了使代码更加易读（即语义化元素）之外，还可以分块控制表格的 CSS 样式。

★点睛★

◇ 一个表格中，<table> 表示整个表格，<tr> 表示行，<td> 表示行中的单元格，所以有三层嵌套的组合：<table>+<tr>+<td>。

◇ <th> 也可以表示单元格，但一般表示表头单元格。

◇ <caption> 是可以嵌在 <table> 内的第一个子元素，表示表格的标题，是可选元素。

◇ <td> 元素的 colspan 属性表示跨列的合并；rowspan 属性表示跨行的合并。属性值皆为合并的单元格个数。

◇ <table> 元素的常用属性有 border、width 等，在学习 CSS 之后，可以用 CSS 进行同样效果的设置。

◇ <thead>、<tbody>、<tfoot> 把表格进一步划分成三个部分：表头、表身、表脚。

★章节测试★

一、写出 HTML 代码

1. 定义一个 2 行 3 列的表格，边框宽度为 1 px。
2. 将题 1 中表格的第二行的后两个单元格合并。

二、修改代码

修改代码，将图 6-3 所示页面效果改成图 6-4 所示页面效果。

页面效果

🗋 张哥藏书　　　　×			
← → C　① file:///G:/Web前端技术案例教程-HTML5+CSS3+JavaScript（教材）/实例/CH06/6-3.html　　☆　⋮			

张哥藏书（一）

类别	书名	作者	备注
人物传记类	我是怎样一个人	梁漱溟	无
人物传记类	苏东坡传	林语堂	中英文版各1本
人物传记类	知堂回想录（上）	周作人	无
人物传记类	知堂回想录（下）	周作人	无
科普类	黑猩猩在招呼	[英]珍·古道尔	无
科普类	从一到无穷大	[美]伽莫夫	无
科普类	昆虫记	[法]法布尔	无
家庭教育类	草房子	曹文轩	无
家庭教育类	乖孩子的伤，最重	李雅卿	无
家庭教育类	傅敏编傅雷家书	傅雷	无

图 6-3　合并单元格之前的页面效果

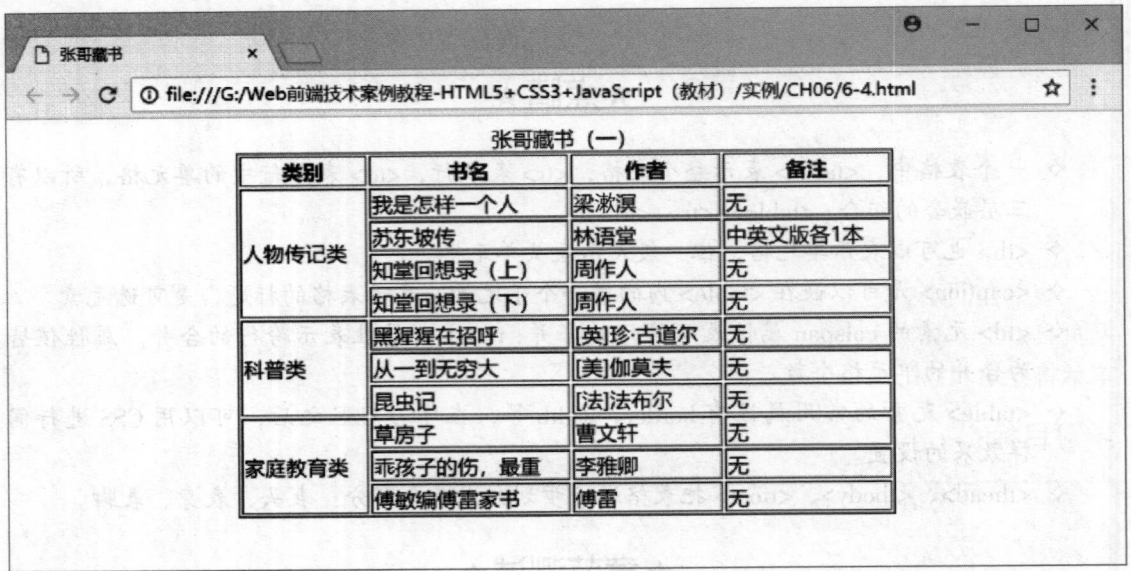

张哥藏书（一）

类别	书名	作者	备注
人物传记类	我是怎样一个人	梁漱溟	无
	苏东坡传	林语堂	中英文版各1本
	知堂回想录（上）	周作人	无
	知堂回想录（下）	周作人	无
科普类	黑猩猩在招呼	[英]珍·古道尔	无
	从一到无穷大	[美]伽莫夫	无
	昆虫记	[法]法布尔	无
家庭教育类	草房子	曹文轩	无
	乖孩子的伤，最重	李雅卿	无
	傅敏编傅雷家书	傅雷	无

图 6-4　合并单元格之后的页面效果

页面效果

第 7 章

HTML 表单

表单在网页中主要用于数据采集，比如收集客户资料、发布调查问卷、信息注册等，使网页具有交互功能。表单元素有很多，主要有文本框、单选框、复选框、按钮、下拉框等。本章将介绍 HTML 中的表单元素及其属性，以及 HTML5 中新增的表单元素及其属性。

学习目标：

序号	基本要求
1	了解 <form> 元素及其常用属性：action、method、name 等
2	能够创建常见的 <input> 元素类型：文本框、密码框、单选框、复选框、按钮等，以及多行文本域、下拉框 / 列表框等元素
3	能够创建 HTML5 新增的 <input> 元素类型：url、email、number、range、color、date 等
4	能够通过 <fieldset>、<ul>、<li> 的合理搭配，创建较多元素的表单
5	掌握 <label> 元素和 <input> 元素的关联应用、<input> 元素和 <datalist> 元素的关联应用
6	了解 HTML5 中新增的与表单相关的元素、属性

表单实际上就是一个包含输入域的 Web 页面，允许输入信息。提交表单时，这些信息会打包并发送到一个 Web 服务器，由服务器做脚本处理。处理完成后，会得到另一个 Web 页面作为响应。

7.1   <form> 元素

可以使用 <form>…</form> 创建表单，即定义表单区域的开始和结束。在元素 <form>…</form> 之间的内容都属于表单的内容。表单 <form> 元素常用的属性见表 7–1。

表 7–1   <form> 元素的部分属性

属性	说明	备注
action	设置处理表单提交数据文件的 URL	HTML4、HTML5 都支持
accept–charset	服务器处理表单数据所接受的字符集	HTML4、HTML5 都支持
enctype	表单数据在发送到服务器之前应该如何编码	HTML4、HTML5 都支持
method	发送表单数据的方式	HTML4、HTML5 都支持

续表

属性	说明	备注
target	打开 action 属性目标文件的方式 （值为 _self、_blank、_parent、_top 等）	HTML4、HTML5 都支持
name	表单的名称	HTML4、HTML5 都支持
autocomplete	设置是否启用表单的自动完成功能	HTML5 支持
novalidate	若设置该属性，则提交表单不进行验证	HTML5 支持

【例 7-1】 用户登录表单。

创建一个表单页面，有两个文本框（分别用于输入用户名和密码）、一个登录按钮。

```
1    <body>
2      <form>
3        <h2> 用户登录 </h2>
4        用户名称：<input type="text" name="user"> <br>
5        用户密码：<input type="password" name="pwd"> <br>
6        <input type="submit" value=" 登录 ">
7      </form>
8    </body>
```

代码说明：

（1）表单都是以 <form> 开始，以 </form> 结束。

（2）上述代码中，在 <form>...</form> 之间有 3 个表单元素：<input type="text" ...>、<input type="password"...> 和 <input type="submit"...>，分别代表的是文本框、密码文本框和按钮。本章后面会详细介绍这些表单元素。

（3）图 7-1 是页面在 Chrome 浏览器中的显示效果。

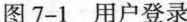

图 7-1 用户登录

页面效果

表 7-1 列出了 <form> 元素的一些重要的属性。下面再进一步对这些属性进行说明。

7.1.1　action 属性

action 属性用于指定表单提交给哪个文件进行处理。

语法格式：

```
<form action = " 表单处理文件 URL">
    添加表单元素
</form>
```

语法说明：

（1）action 的属性值主要表示表单处理文件的 URL，可以是绝对地址，也可以是相对地址，还可以是一些其他形式的地址。如 action="demo_form.php"。

（2）表单处理的文件通常为动态网页文件，如 ASP、PHP、JSP、ASP.NET 等。

（3）action 属性值也可以设置为 E-mail 地址，表示将会把表单数据发送到该 E-mail。

（4）当用户单击"提交"按钮或"图像提交"按钮时，浏览器会自动链接到 action 属性设置的文件。通过 JavaScript 代码也可以进行表单的提交。

需要说明的是，本章中的实例并不需要对表单进行处理，所以 action 属性可不设置。

7.1.2　method 属性

method 属性用于在数据提交到服务器的时候使用哪种 HTTP 提交方法，即设置向服务器提交时数据的传送方式。method 的属性值可选为 get 或 post，默认情况下为 get。

语法格式：

```
<form action = " 表单处理文件 " method = "get"> ... </form>
```

或

```
<form action = " 表单处理文件 " method = "post"> ... </form>
```

1. get 提交方式

get 提交方式提交数据就是将表单数据添加到 action 属性设置的 URL 地址后面，然后发送到服务器。这时要传送的数据（通常是以"名称 = 值"的方式）会显示在浏览器地址栏中（最终格式为：URL?name=value&name=value）。这里的名称是表单元素的名称，值为表单元素的设置值，这里经常还有一些隐私信息，因此，get 提交方式保密性差，不安全。

此外，在 URL 中放置的数据量是有限制的（不同的浏览器有差别），通常不超过 8 192（2^{13}）个字符。

get 提交方式主要用于简单的文本处理表单，如注册表单、调查问卷等。

2. post 提交方式

post 提交方式以 HTTP post 事务的方式来传递表单数据。与 get 方式相比，post 方式更健壮、更安全，并且 post 方式没有容量限制，适用于数据量大、需要保密的表单。所以，在

实际的 Web 项目开发中，使用的都是 post。

^练一练^

根据提交表单后的页面地址，将其与对应的浏览器提交表单方法连线。

http://learninghappy.com/hfhtmlcss/contest.php

GET　　　　　　POST

http://learninghappy.com/hfhtmlcss/contest.php?firstname=tom&lastname=smith

7.1.3　name 和 target 属性

通常应该为每个表单（即 <form>）设置不同的名称，尤其是通过 JavaScript 控制表单的时候。表单的 name 属性用于设置表单名称；target 属性用于设置通过何种方式打开 action 属性中的文件。

语法格式：

```
<form name=" 表单名称 " action = " 表单处理文件 URL" target =" ">
    添加表单元素
</form>
```

语法说明：

（1）不同的表单要设置不同的名称，便于浏览器区分及后期的 DOM 编程（DOM 编程将在 JavaScript 部分介绍）。

（2）在命名表单时，尽量同时命名 id 属性和 name 属性。

（3）<form> 元素的 target 属性类似于前面介绍的 <a> 元素的 target 属性。其属性值主要为 _blank、_self、_parent、_top 等可选值。

7.1.4　HTML5 新增属性

在 HTML5 中新增了 <form> 元素的两个属性，分别是 autocomplete 和 novalidate。

语法格式：

```
<form action = " 表单处理文件 URL"    autocomplete = "on | off" novalidate ="novalidate">
    添加表单元素
</form>
```

语法说明：

（1）autocomplete 属性设置表单是否启用自动完成功能，即自动完成允许浏览器预测对表单元素的输入（该预测基于之前输入过的值）。

（2）autocomplete 属性值可选为 on 或 off，分别表示自动完成功能的允许与禁止。该属性默认设置为 on。

（3）novalidate 属性表示当提交表单时不对其进行验证。直接设置为 novalidate 或 novalidate="novalidate"，均表示不进行验证。

（4）这两个属性适用于 <form> 元素和以下 <input> 元素类型：text、search、url、telephone、email、password、range、color 和 date 系列（有时简写成 datepickers）。

注：由于本章不涉及表单元素的交互实现，因此 <form> 元素的 action、method 等属性的实际应用将会在后面 JavaScript 章节介绍。

【例 7-2】 表单基本元素的应用。

创建一个"个人信息"的收集表单。代码如下：

```
1   <body>
2     <h1> 个人信息 </h1>
3     <form action="" method="get" name="">
4       <fieldset>
5         <legend> 基本信息 </legend>
6         <label for="username"> 用户名：</label>
7         <input type="text" name="username" id="username" value="name"><br>
8         <label for="password"> 密码：</label>
9         <input type="password" name="password" id="password" maxlength="8"><br>
10        <label> 性别：</label>
11        <input type="radio" name="sex" value="male"> 男
12        <input type="radio" name="sex" value="female"> 女 <br>
13        <label for="photo"> 请上传你的照片：</label>
14        <input type="file" name="photo" id="photo"><br>
15      </fieldset>
16      <fieldset>
17        <legend> 个人资料 </legend>
18        <p> 请选择你喜欢的音乐（可多选）：
19          <input type="checkbox" name="music" id="rock" value="rock" checked>
20          <label for="rock"> 摇滚乐 </label>
21          <input type="checkbox" name="music" id="jazz" value="jazz">
22          <label for="jazz"> 爵士乐 </label>
23          <input type="checkbox" name="music" id="pop" value="pop">
24          <label for="pop"> 流行乐 </label>
25        </p>
26        <p> 请选择你居住的城市：
27          <input type="radio" name="city" id="beijing" value="beijing" checked>
28          <label for="beijing"> 北京 </label>
29          <input type="radio" name="city" id="shanghai" value="shanghai">
30          <label for="shanghai"> 上海 </label>
```

```
31          <input type="radio" name="city" id="nanjing" value="nanjing">
32          <label for="nanjing"> 南京 </label>
33      </p>
34      <label for="habit"> 你的兴趣爱好（可多选）: </label>
35      <br>
36      <select name="habit" id="habit" size="4" multiple style="width:100px;">
37          <option value="movie" selected> 电影 </option>
38          <option value="painting"> 美术 </option>
39          <option value="basketball"> 篮球 </option>
40          <option value="game"> 游戏 </option>
41          <option value="shopping"> 购物 </option>
42      </select>
43      <p>
44          <label for="season"> 请选择你最喜欢的季节: </label>
45          <select name="season" id="season">
46              <option value="spring" selected> 春 </option>
47              <option value="summer"> 夏 </option>
48              <option value="autumn"> 秋 </option>
49              <option value="winter"> 冬 </option>
50          </select>
51      </p>
52  </fieldset>
53  <label for="comment"> 自我介绍 </label><br>
54  <textarea name="comment" id="comment" rows="5" cols="40"></textarea>
55  <br>
56  <input type="hidden" name="method" value="delete">
57  <input type="image" src="images/play.jpg">
58  <br>
59  <p>
60      <input type="button" value=" 关闭窗口 " onclick="window.close()">
61      <input type="submit" name="submit" value=" 修改 ">
62      <input type="reset" name="reset" value=" 重置 ">
63  </p>
64  </form>
65 </body>
```

代码说明：

（1）<fieldset> 元素可将表单内的相关元素分组，它将表单内容的一部分打包，生成一组相关表单的字段。<legend> 元素为 <fieldset> 元素定义标题。这部分将在 7.6 节中介绍。

（2）<input> 元素用于搜集用户信息，其 type 属性值决定了该元素的具体类型。上述代码中出现了 <input type="">，其中的 type 值有 text（文本框）、password（密码文本框）、radio（单选框）、checkbox（复选框）、hidden（隐藏域）、image（图片按钮）、button（普通按钮）、submit（提交按钮）、reset（重置按钮）等。这些都是 HTML4 中就含有的 <input> 元素类型（HTML5 依然支持）。关于 <input> 元素将在 7.2 节中详细介绍。

（3）<label> 元素是用于描述表单控件用途的文本，一般都是为 <input> 元素定义文字标注（标记）。<label> 元素的 for 属性应当与相关元素的 id 属性相同。关于 <label> 元素将在 7.5 节中介绍。

（4）<select> 元素可用于创建单选或多选菜单，它常和 <option> 元素结合使用。<select>+<option> 用于创建下拉列表框或下拉菜单。本例中就是创建一个下拉列表和一个下拉菜单。关于 <select> 元素将在 7.4 节中详细介绍。

（5）<textarea> 元素是多行文本输入的文本域，它可用于数据的输入，也可用于数据的多行显示。关于 <textarea> 元素将在 7.3 节中详细介绍。

（6）图 7-2 是在 Chrome 浏览器中的页面效果。

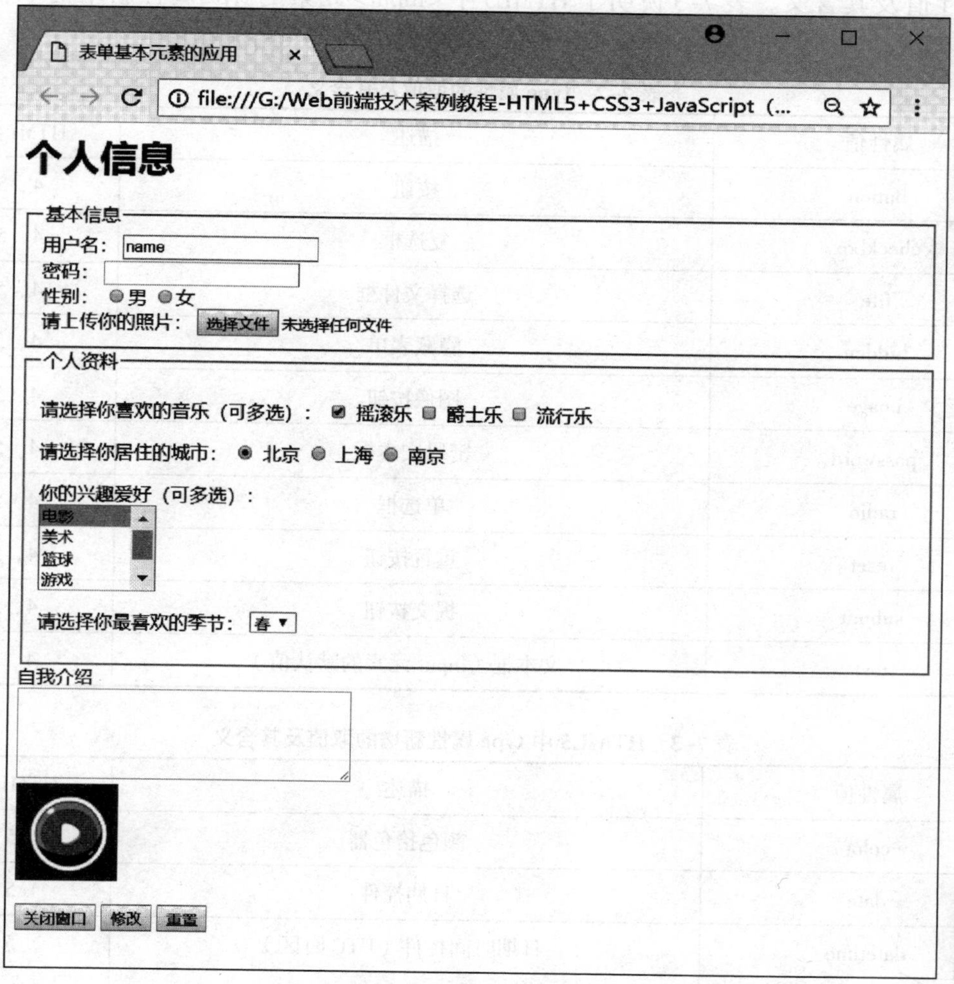

图 7-2　表单基本元素　　　页面效果

7.2 <input> 元素

表单的核心功能是将客户端的数据提交给服务器，因此表单需要提供一些表单元素让用户输入数据。这些表单元素包括文本字段、单选框、复选框、菜单、列表和按钮等。在 HTML 表单元素中，最常用的就是 <input> 元素。<input> 元素用于搜集用户信息，其 type 属性值决定了该元素的具体类型。

语法格式：

<input type=" 类型 " name="" value=" 值 ">

语法说明：

（1）<input> 的 type 属性值决定了该元素的具体类型。表 7-2 说明了 <input> 元素的 type 属性值及其含义。表 7-3 说明了 HTML5 中 <input> 元素的 type 属性新增的取值及其含义。

表 7-2 type 属性的取值及其含义

属性值	描述	HTML4/5
button	按钮	4、5
checkbox	复选框	4、5
file	选择文件框	4、5
hidden	隐藏表单	4、5
image	图像按钮	4、5
password	密码文本框	4、5
radio	单选框	4、5
reset	重置按钮	4、5
submit	提交按钮	4、5
text	文本框（input 元素的默认值）	4、5

表 7-3 HTML5 中 type 属性新增的取值及其含义

属性值	描述	HTML4/5
color	颜色拾色器	5
date	日期控件	5
datetime	日期时间控件（UTC 时区）	5
datetime-local	日期时间控件	5

续表

属性值	描述	HTML4/5
email	电子邮件地址框	5
month	月份选择控件	5
number	数值选择控件	5
range	带有滑动条的数值控件	5
search	用于搜索的文本框	5
time	时间选择控件	5
url	URL 输入框	5
week	周选择框	5

（2）<input> 元素除了 type 属性，还有很多属性，较为常用的有 name 属性、id 属性、value 属性等。

（3）form=""、autofocus、disabled 等也是 <input> 元素的属性，form 属性表示表单元素所属的一个或多个表单 id 属性值，当有多个表单时，可以用空格来分割；autofocus 属性设置输入字段在页面加载时是否获得焦点，该属性为布尔类型；disabled 设置当页面加载时是否禁用该表单元素。

> **form 属性**　<input> 的 form 属性是 HTML5 新增的属性之一。规定输入字段所属的一个或多个表单。将其值设置为某个 <form> 元素的 id 属性值，从而将这个外面的 <input> 与 <form> 关联起来。

（4）7.2.1 ~ 7.2.7 节分别介绍 <input> 元素下的 7 种具体类型。

7.2.1　文本框（text）

文本框提供最常用的文本输入功能，用户可以在文本框中输入单行文本。
语法格式：

```
<input type="text" >
```

或

```
<input type="text" name="" value="" size=" 文本框长度 " maxlength=" 输入文本的最
大长度 " placeholder=" 提示信息 " pattern=" 正则表达式 " form="" required autofocus
autocomplete readonly disabled>
```

语法说明：

（1）name 属性表示文本框的名字，向服务器提交输入数据时传递的参数名称。

（2）value 属性表示文本框的值，在 <input type=""... value=""> 中设置之后，value 值表示

文本框的默认值（一般表达提示信息）。

（3）size 属性表示文本框的长度。

（4）maxlength 属性表示文本框的最大输入字符数，若不设置，则文本框默认最多能输入 20 个字符。

（5）placeholder 属性设置帮助用户的提示信息，提示会在输入域被选中时（即获得焦点）显示，在输入域获得焦点后显示。该属性适用于以下类型的 <input> 元素：text、password、search、url、tel、email 等。

7.2.2 密码文本框（password）

密码框和文本框的外观差不多，只是在输入内容时会用星号（*）或圆点（·）显示。
语法格式：

```
<input type="password" >
```

或

```
<input type="password" name="" size=" 密码框长度 " maxlength=" 输入密码的最大长度 ">
```

密码框的属性和文本框的属性基本相同。

7.2.3 单选框（radio）

用户在一组单选框选项中只能选择一个，每个选项以一个可单击的圆框表示。
语法格式：

```
<input type="radio" name="" checked value="">
```

语法说明：

（1）name 属性表示单选框的名字，同一组单选框的 name 属性值必须相同，否则达不到多选一的效果。

（2）value 属性表示该单选框选项的预设值，即向服务器提交选择时传递的参数的值。

（3）checked 属性表示单选框初始状态被选中，缺省时表示未被选中。

在例 7-2 表单元素的应用中，如下代码段就表示一个单选框组。

```
<p> 请选择你居住的城市：
        <input type="radio" name="city" id="beijing" value="beijing" checked>
        <label for="beijing"> 北京 </label>
        <input type="radio" name="city" id="shanghai" value="shanghai">
        <label for="shanghai"> 上海 </label>
        <input type="radio" name="city" id="nanjing" value="nanjing">
        <label for="nanjing"> 南京 </label>
    </p>
```

此代码段的页面效果如图 7-3 所示。这三个单选框属于同一组，name 属性值皆为 city。其中，第一个单选框被默认选中。

请选择你居住的城市：　● 北京 ● 上海 ● 南京

图 7-3　单选框

思考与验证

小华做单选框实例时，她发现选取的时候，两个选项都可以选中，如图 7-4 所示。请问小华可能错在哪里？

性别：● 男 ● 女　　　　　性别：● 男 ● 女

图 7-4　小华做的单选框实例

7.2.4　复选框（checkbox）

复选框主要是让网页浏览者在一组选项里可以同时选择多个选项。每个复选框都是一个独立元素，在同一组的复选框必须使用同一个名称。

语法格式：

```
<input type = "checkbox" name="" checked value ="">
```

在例 7-2 表单元素的应用中，如下代码段就表示一个复选框组。

```
<p> 请选择你喜欢的音乐（可多选）：
        <input type="checkbox" name="music" id="rock" value="rock" checked>
        <label for="rock"> 摇滚乐 </label>
        <input type="checkbox" name="music" id="jazz" value="jazz">
        <label for="jazz"> 爵士乐 </label>
        <input type="checkbox" name="music" id="pop" value="pop">
        <label for="pop"> 流行乐 </label>
    </p>
```

此代码段的页面效果如图 7-5 所示。这三个复选框属于同一组，name 的属性值皆为 music。其中，第一个复选框被默认选中。

请选择你喜欢的音乐（可多选）：　☑ 摇滚乐 ☐ 爵士乐 ☐ 流行乐

图 7-5　复选框

7.2.5　普通按钮（button）

在 HTML 中，常见的按钮有三种：普通按钮（button）、提交按钮（submit）和重置按钮（reset）。普通按钮一般都是配合 JavaScript 来进行各种操作的。

语法格式：

```
<input type = "button" name="" value ="" onclick = "JS 脚本 ">
```

Web 前端技术案例教程（HTML5+CSS3+JavaScript）

语法说明：

（1）value 属性定义按钮上的显示文本。

（2）onclick 事件属性由按钮上的鼠标点击触发，是最常见的鼠标对象事件属性。

> **onclick 事件属性**
>
> 事件属性（也叫事件句柄）是 HTML 与 JavaScript 结合应用的典型方式。一般可以将事件属性进行如下分类：
> - ✓ window 对象事件属性
> - ✓ 表单对象事件属性
> - ✓ 键盘对象事件属性
> - ✓ 鼠标对象事件属性
> - ✓ 媒介对象事件属性

【例 7-3】 普通按钮的单击事件。

单击"单击我"按钮，实现文本框内容的复制。代码如下：

```
1    <body>
2      <form>
3        <h2> 单击下面的按钮，将会把文本框 1 的内容拷贝到文本框 2 中：</h2>
4        文本框 1：  <input type="text" id="field1" value=" 单击将会复制我！ ">   <br>
5        文本框 2：  <input type="text" id="field2">   <br>
6        <input type="button" value=" 单击我 "
7    onClick="document.getElementById('field2').value=document.getElementById('field1').value">
8      </form>
9    </body>
```

代码说明：

（1）onclick="JS 脚本"，该脚本实现将第 1 个文本框中的内容赋值给第 2 个文本框。

（2）document.getElementById("...") 是通过 id 值获取元素的方法（在例 1-4 的 JavaScript 部分也有用过），进而控制或设置该元素的 value 属性。这部分的内容将在 21.2 节获取元素中详述。

（3）图 7-6 是上述代码在 Chrome 浏览器中的显示效果。

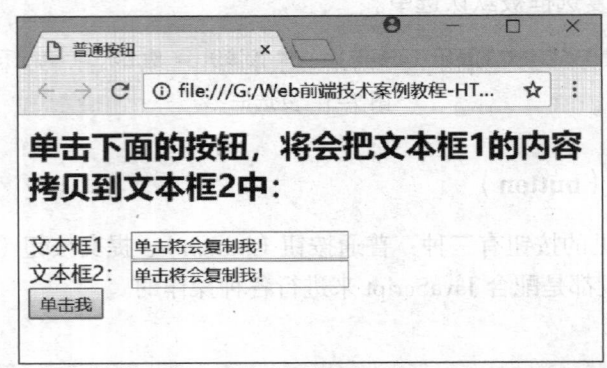

图 7-6 普通按钮

页面效果

- 84 -

| 鼠标事件 | 由鼠标或类似用户动作触发的事件统称为鼠标事件（Mouse Event）。比较典型的有 onclick、ondblclick、onmousedown、onmouseup、onmouseout、onmouseover、onmouseup 等。
HTML5 中又新增了 ondrag 系列、ondrop、onscroll 等。 |

^练一练^

查阅相关资料，分别列出 window 事件、鼠标事件等典型事件属性及其含义。请填写表 7-4。

表 7-4　列出典型事件属性及其含义

事件类型	事件属性举例	含义
window 事件		
form 事件		
keyboard 事件		
mouse 事件		

7.2.6　提交按钮（submit）

提交按钮用来将输入的信息提交到服务器。

语法格式：

```
<input type = "submit" name="" value =" 提交 ">
```

语法说明：

（1）"提交"按钮需要将 <input> 元素的 type 属性设置为 "submit"。

（2）value 属性可选，表示按钮中显示的文本，默认显示为 "提交"。

（3）当网页上需要提交信息到服务器时，可以用 "提交" 按钮；当网页上表单数据太多时，推荐使用 "提交" 按钮。

7.2.7　重置按钮（reset）

用户单击 "重置" 按钮时，将会清除表单中其他元素的输入数据，将表单恢复到初始状态。

语法格式：

> <input type = "reset" name="" value =" 重置 ">

语法说明：
（1）"重置"按钮需要将 <input> 元素的 type 属性设置为 "reset"。
（2）value 属性可选，表示按钮中显示的文本，默认显示为"重置"。

思考与验证

如图 7-7 左半部分所示，验证"重置"按钮可否清除另一 <form> 中的输入。

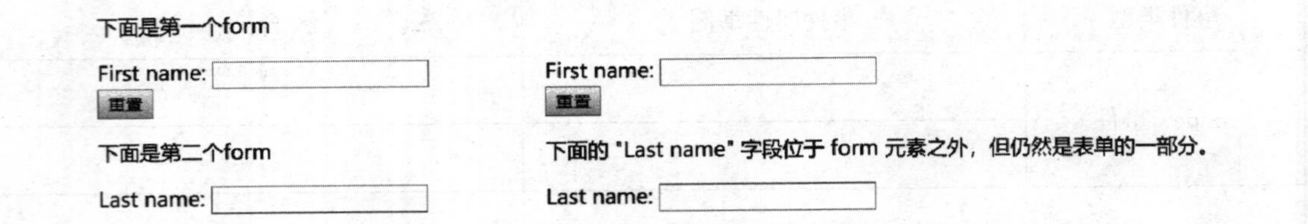

下面是第一个form

First name: [   ]   First name: [   ]
[重置]   [重置]

下面是第二个form   下面的 "Last name" 字段位于 form 元素之外，但仍然是表单的一部分。

Last name: [   ]   Last name: [   ]

图 7-7　一个页面上做出两个 <form>

进一步思考，如果只有一个 <form>，而在其外有一个 <input> 并关联上了这个 <form>，如图 7-7 右半部分所示，那么 <form> 中的"重置"按钮可否清除 <input> 中的输入数据？

7.2.8　图像按钮（image）

默认按钮的形式较为单调，图像按钮则是在按钮区域放置图片（图像按钮功能类似于 submit），使按钮更加美观。
语法格式：

> <input type = "image" name="" src ="URL" alt=" 替代文本 ">

语法说明：
（1）src 是必选属性，其值可以是绝对地址，也可以是相对地址。
（2）alt 是可选属性，表示替代文本（图像不存在时显示）。

7.2.9　隐藏域（hidden）

有时需要提交一些用户不可见的数据，此时可以通过一个隐藏域来实现。隐藏域可通过 value 属性来设置要包含的提交处理的数据。提交表单时，隐藏域中的 value 值会被提交到服务器，而不在浏览器中显示。
语法格式：

> <input type = "hidden" name="" value="">

语法说明：
（1）当要提取上一页的某些信息，但这些信息在上一页又不能显示时，可以用隐藏域。

（2）不建议使用隐藏域来提交重要信息，隐藏域只是让页面更加友好，没有安全性，通过浏览器可以很轻松地获取它所传递的值。

7.2.10　文件域（file）

文件域主要用于选择客户端的文件，并在提交表单时将文件上传至服务器。
语法格式：

```
<input type = "file" name="" >
```

语法说明：
（1）文件域有 size、multiple、accept 等属性，没有 value 属性。
（2）accept 属性设置上传的文件类型，其设置值为 MIME 类型。比如，限制文件类型为".jpg"，则可以设置 accept 属性值为"image/jpg"，只有文件域具有该属性。
（3）multiple 属性设置一次选择多个文件。
（4）使用这个元素的前提是必须使用 post 方式（即 <form ... method=" post" ）。
需要说明的是，文件上传功能的实现需要用到 Web 后端技术。在 HTML 学习中，只需要把页面效果做出来就行，功能实现可以暂时不去探究。

问与答

问：密码文本框中输入密码显示成 * 或·很安全吗？
答：密码文本框只是使周围的人看不见你输入的内容，实际上不能保证数据的安全。为了保证数据的安全，需要在浏览器和服务器之间建立一个安全链接。这属于 Web 后端技术。
问：在文件域实例中，我点击"文件选择"按钮后，怎么不能上传文件呢？
答：这个同样需要 Web 后端技术的实现。第三方的 JavaScript 插件也可以实现。比如，Web UpLoader（百度开发）文件上传组件就可以很容易实现。感兴趣的小伙伴可以试试看。

7.3　<textarea> 元素

<input> 元素的 text 文本框是单行文本框，要让用户输入多行文本时，可以使用多行文本域元素——<textarea>。<textarea> 元素可用于数据的输入，也可用于数据的显示区域。
语法格式：

```
<textarea name="" cols=" 列数 " rows=" 行数 "> ... </textarea>
```

或

```
<textarea name="" cols=" 列数 " rows=" 行数 " readonly> ... </textarea>
```

语法说明：

（1）cols 和 rows 属性分别表示多行文本域列数（宽度）和行数（高度）。

（2）<textarea> 没有 value 属性，文本域中的初始值是在 <textarea> 和 </textarea> 之间添加文本的方式。

（3）readonly 属性设置文本域只读。

在例 7-2 表单元素的应用中，如下代码段就表示一个多行文本域。

```
<label for="comment"> 自我介绍 </label><br>
<textarea name="comment" id="comment" rows="5" cols="40"></textarea>
```

此代码段的页面效果如图 7-8 所示。

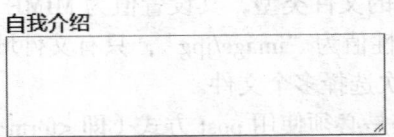

图 7-8　多行文本域

7.4　<select> 元素

<select> 元素可以表示下拉框与列表框。

下拉框在正常状态下只显示一个选项，是一种最节省页面空间的选择方式。单击下拉框按钮后，可以看到全部的选项。

下拉框语法格式：

```
<select name="">
    <option value="" selected> 选项 1</option>
    <option value=""> 选项 2</option>
    ...
</select>
```

语法说明：

（1）该语法中，<select> 用于定义下拉框，<option> 用于定义选项，如果有 6 个选项，就需要使用 6 个 <option> 元素。

（2）value 属性必选，是提交表单时传递到服务器的值，每个 <option> 下的 value 值通常不一样。

（3）selected 属性表示该选项默认选中，一个下拉框中只能有一个默认选项。

（4）form=""、autofocus、disabled 也是 <select> 元素的属性，form 属性表示表单元素所属的一个或多个表单 id 属性值，当有多个表单时，可以用空格来分割；autofocus 属性设置输入字段在页面加载时是否获得焦点，该属性为布尔类型；disabled 设置当页面加载时是否禁用该表单元素。

虽然下拉框能节省选项空间，但用户默认只能看到一个选项，且下拉框一次只能选择一个选项。为了解决这个问题，需要为 <select> 添加两个属性，即 size 和 multiple 属性，这就形成了列表框。

列表框语法格式：

```
<select name="" size="" multiple>
    <option value="" selected> 选项 1</option>
    <option value=""> 选项 2</option>
    ...
</select>
```

语法说明：

（1）<select> 元素的 size 属性用于设置在页面中同时显示的选项数。若总选项数超过该值，就会出现滚动条，用户可以拖动滚动条进行选择。

（2）multiple 属性可选，如果设置，则表示可以同时选择多项，该属性设置为 multiple 或 multiple="multiple"。

（3）对于多项选择和单项选择，如果选项不多，可以使用 <input> 元素的复选框（checkbox）和单选框（radio）代替。

在例 7-2 表单元素的应用中，如下代码段就表示一个下拉框和列表框。

```
<label for="habit"> 你的兴趣爱好（可多选）:</label>
    <br>
    <select name="habit" id="habit" size="4" multiple style="width:100px;">
        <option value="movie" selected> 电影 </option>
        <option value="painting"> 美术 </option>
        <option value="basketball"> 篮球 </option>
        <option value="game"> 游戏 </option>
        <option value="shopping"> 购物 </option>
    </select>
<p>
    <label for="season"> 请选择你最喜欢的季节：</label>
        <select name="season" id="season">
            <option value="spring" selected> 春 </option>
            <option value="summer"> 夏 </option>
            <option value="autumn"> 秋 </option>
            <option value="winter"> 冬 </option>
        </select>
</p>
```

在上述代码中，如果选中"夏"选项，则浏览器会向服务器发送 season="summer"。

此代码段的页面效果如图 7-9 所示。

图 7-9　列表框和下拉框

问与答

问：很多表单元素中都有 value 属性，比如各种类型的 <input>、<option> 等，它们的用途一样吗？

答：大部分的 value 属性都是为了配合 JavaScript 脚本和向服务器传递数据的，比如单选框、复选框等。但对于按钮等元素，value 值也在页面上显示。

问：表单元素中哪些具有 autofocus 属性？

答：autofocus 属性是 HTML5 新增的属性，表示是否自动获得焦点。大部分的 <input> 元素都有这个属性，比如文本框等。<textarea>、<select> 也是输入元素，也有 autofocus 属性。disabled 属性类似。

7.5　<label> 元素

描述表单控件用途的文本通常用 <label> 元素。比如，在输入框的前面往往会有提示文字，可以用 <label> 标记这些文字。

语法格式：

```
<label for="idname"> 文本 </label>
```

语法说明：

（1）for 属性的值与关联控件的 id 值相同。

（2）关联后，当用户单击文本标签时，与之关联的表单控件将获得焦点。屏幕阅读器会将文本与相应的字段念出来。

在例 7-2 表单元素的应用中，<label> 元素关联了文本框（text）、复选框（checkbox）、单选框（radio）、下拉框（<select>）、列表框（<select>）、多行文本域（<textarea>）。以下斜体部分是例 7-2 的 <label> 代码。

```
1    <form action="" method="get" name="">
2      <fieldset>
3        <legend> 基本信息 </legend>
4        <label for="username"> 用户名： </label>
5        <input type="text" name="username" id="username" value="name"><br>
6        <label for="password"> 密码： </label>
7        <input type="password" name="password" id="password" maxlength="8"><br>
```

- 90 -

```
8              <label> 性别: </label>
9              <input type="radio" name="sex" value="male"> 男
10             <input type="radio" name="sex" value="female"> 女 <br>
11             <label for="photo"> 请上传你的照片: </label>
12             <input type="file" name="photo" id="photo"><br>
13         </fieldset>
14         …
15     </form>
16 </body>
```

7.6　<fieldset> 元素

当表单上有很多信息需要填写时，可以使用 <fieldset> 将相关元素组合在一起并称为一个组，并且可以给组提供一个标题，从而使表单更加清晰、易懂。

语法格式：

```
<fieldset>
   <legend> 分组标题 </legend>
   …   <!-- 表单部分 -->
</fieldset>
```

语法说明：

（1）一个表单中可以有多个 <fieldset> 元素，每个组中可以使用 <legend> 为组设置标题。<legend> 是可选元素，添加它可以提高表单的访问性。

（2）<fieldset> 的属性主要是 name、form 和 disabled，分别用于设置 <fieldset> 元素的名称、所属的一个或多个表单，以及禁用与否。

在例 7-2 表单元素的应用中，<fieldset> 出现了两次，如图 7-10 所示。

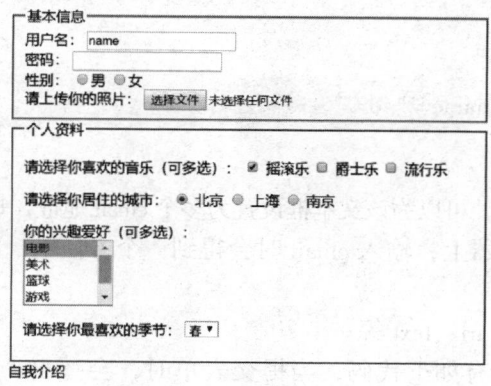

图 7-10　<fieldset> 元素

7.7　HTML5 新增的表单元素和属性

前面介绍的表单元素都是 HTML4 已经支持的，HTML5 对这些元素的属性进行了增减。本节介绍 HTML5 新增的表单元素和属性。其中，7.7.1 ~ 7.7.7 节都是 <input> 元素新增的类型。

7.7.1　url 类型

url 类型是 <input> 元素在文本框（text）、密码框（password）等类型上的扩充，是用来说明网站地址的，显示为一个文本字段，在其中输入 url 地址时，会自动验证 url。

语法格式：

```
<input type="url" name="" id="">
```

语法说明：

（1）将 <input> 元素的 type 属性设置为 url 即可（比如 http:// 这样起始的地址）。其余属性类似于其他文本框类型。

（2）在一些移动浏览器上，输入 url 时会得到一个方便输入 url 的定制键盘。

（3）当 url 文本框中输入的内容不是网址时，提交时会自动弹出警示内容。

图 7-11　url 类型

（4）7.7.2 ~ 7.7.7 节介绍的 HTML5 新增类型的情况都类似。

在下面的例 7-4 中，有如下代码，当单击"提交"按钮时，会弹出如图 7-11 所示的警示信息。

```
<label for="url">url:</label>
<input type="url" name="url" id="url">
```

7.7.2　email 类型

与 url 类似，当 <input> 元素的 type 属性值设置为 email 时，提交的表单会自动验证 email 域的值。

语法格式：

```
<input type="email" name="" id="">
```

语法说明：

（1）增加 multiple 属性，可以为该文本框设置为多个 email 地址，每个地址之间用逗号隔开。

（2）在一些移动浏览器上，输入 email 时会得到一个方便输入 email 的定制键盘。

图 7-12　email 类型

（3）其他属性类似于 url、text 等。

在下面的例 7-4 中，有如下代码，当提交表单时，会弹出如图 7-12 所示的提示信息。

```
<label for="email">E-mail:</label>
<input type="email" name="email" id="email">
```

【例 7-4】　<input> 新增类型——url、email、number、range、search 和 color。

```
1    <form>
2        <fieldset>
3            <legend>&lt;input&gt; 新增类型 </legend>
4            <ul>
5              <li>
6                <label for="email">E-mail:</label>
7                <input type="email" name="email" id="email">
8              </li>
9              <li>
10               <label for="url">url:</label>
11               <input type="url" name="url" id="url">
12             </li>
13             <li>
14               <label for="num"> 质量 :</label>
15               <input type="number" name="num" id="num" min="0" max="100" step="10">
16             </li>
17             <li>
18               <label for="ran"> 我的成绩与名次 :</label>
19               <input type="range" name="ran" id="ran" min="1" max="10">
20             </li>
21             <li>
22               <label for="google">Search Google:</label>
23               <input type="search" name="google" id="google">
24             </li>
25             <li>
26               <label for="favcolor"> 请选择颜色 :</label>
27               <input type="color" name="favcolor" id="favcolor">
28             </li>
29           </ul>
30       </fieldset>
31       <input type="submit">
32    </form>
```

为上述 HTML 增加简单的 CSS 样式，代码如下：

| 1 | ul {   list-style:none;   } |
| 2 | li {   margin:10px;   } |

代码说明：

（1）在 <fieldset> 的 <ul> 中有 6 个 <li> 元素，分别插入 email、url、number、range、search 和 color 的输入类型。后 4 个类型可参考 7.7.3 ～ 7.7.7 小节的介绍。

（2）在 Chrome 浏览器中的效果如图 7-13 所示。

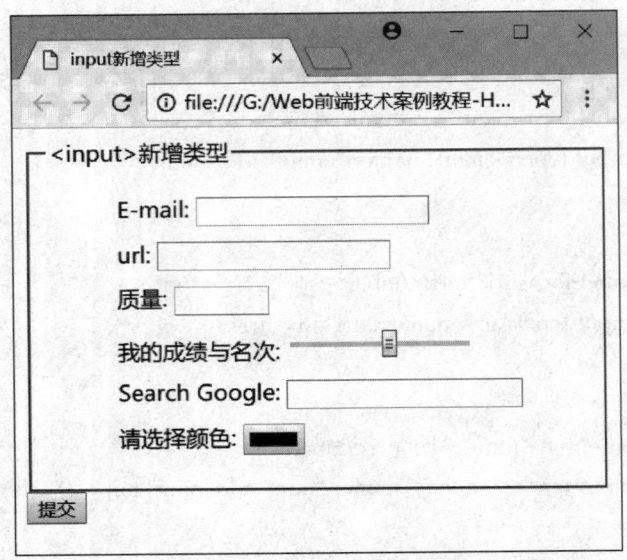

图 7-13　<input> 新增类型

页面效果

7.7.3　number 类型

<input> 新增的 number 类型提供一个输入数字的文本框，用户可以输入数值，也可以通过单击输入框旁边向上或向下的按钮来选取数值。

语法格式：

```
<input type="number" name="" id="" min="" max="" step="" value="">
```

语法说明：

（1）type 属性值为 number，表示这是一个数字文本框。当输入值不是数值范围时，会有警示框弹出。

（2）min 和 max 属性分别表示数值控件可取的最小值和最大值。

（3）step 可选属性表示步长，即每次增减的幅度，默认为 1。

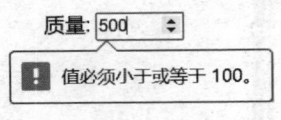

（4）value 可选属性用于设置字段的默认值。

在上面的例 7-4 中，有如下代码，当提交表单时，会弹出如图 7-14 所示的警示信息。

图 7-14　number 类型

```
<label for="num"> 质量 :</label>
<input type="number" name="num" id="num" min="0" max="100" step="10">
```

7.7.4　range 类型

range 类型显示为一个滑条控件。与 number 元素类似，用户可以使用 min、max、step 属性来控制控件的范围。

语法格式：

```
<input type="range" name="" id="" min="" max="" step="" value="">
```

语法说明：

（1）type 属性值为 range，在页面中可以看到一个滑动条。

（2）min、max、step 等属性类似于 7.7.3 节中的 number 类型。

在上面的例 7-4 中，有如下代码，其页面效果如图 7-15 所示。

我的成绩与名次：

图 7-15　range 类型

```
<label for="ran"> 我的成绩与名次 :</label>
<input type="range" name="ran" id="ran" min="1" max="10">
```

7.7.5　search 类型

search 类型用于搜索文字段。输入字段时，会在文本框的右边出现一个关闭按钮。

语法格式：

```
<input type="search" name="" id="" size="" value="" placeholder="">
```

语法说明：

（1）type 属性值为 search，在页面中输入文本时，可以看到右边的关闭按钮。

（2）placeholder、value、pattern 属性和其他类型的这些属性的含义相似。

在上面的例 7-4 中，有如下代码，其页面效果如图 7-16 所示。

```
<label for="google">Search Google:</label>
<input type="search" name="google" id="google">
```

Search Google: 算法大全　✕

图 7-16　search 类型

7.7.6　color 类型

color 类型可以让用户打开颜色选择器，进行颜色的选择。

语法格式：

<input type="color" name="" id="" value="#ff00ff">

语法说明：

value 属性用于设置颜色选择器的默认颜色。

在上面的例 7-4 中，有如下代码，其页面效果如图 7-17 所示。当单击颜色选择框时，会弹出颜色选择器对话框。

<label for="favcolor"> 请选择颜色 :</label>
<input type="color" name="favcolor" id="favcolor">

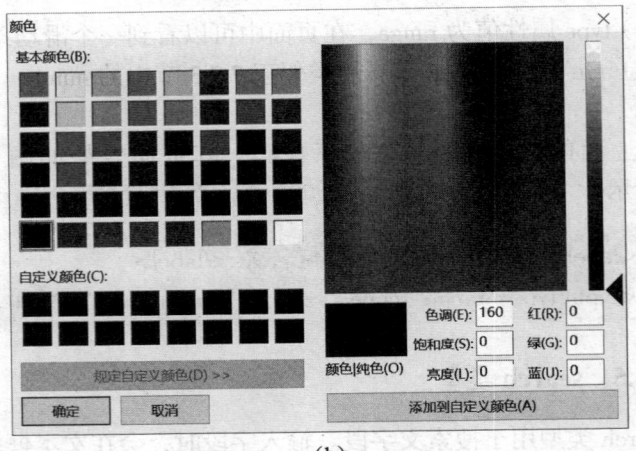

图 7-17　颜色选择器
（a）search 类型；（b）单击后弹出的颜色选择器

7.7.7　date 系列类型

HTML5 中新增了一些日期和时间相关的类型，包括 date、month、week、time、datetime 和 datatime-local。它们的具体语法格式及其说明见表 7-5。

表 7-5　<date> 系列元素

元素	type 属性值	表示含义
<input>	<input type="date">	选取年、月、日
	<input type="datetime">	选取年、月、日、时间
	<input type="month">	选取年、月
	<input type="week">	选取年、周
	<input type="time">	选取时间
	<input type="datetime-local">	选取年、月、日、时间（本地时间）

如下代码片段在 Chrome 浏览器中的显示效果如图 7–18 所示。

```
<form> 请输入你的生日：
    <input type="date" name="birth">    <input type="submit">
</form>
```

图 7–18　date 类型

问与答

问：表单元素前或后的文本可以直接写，为什么还要将文本放在 <label> 元素中？

答：不放当然也可以。为了得到更好的语义化，表单元素与前或后的文本一般都需要借助 <label> 关联起来。即 for 属性值为表单元素的 id 值。

问：手机页面中输入电话号码文本框会自动弹出数字键，有电话号码这样的文本框吗？

答：有的。和 url、email 等类似，tel 类型也是 HTML5 新增的类型。但与 url、email 类型不同，它不会强制执行特定的验证机制（因为电话号码规则众多）。

7.7.8　<datalist> 元素

<datalist> 是 HTML5 中新增的元素。当需要文本框提供自动输入的功能时，可以选择使用 <datalist> 元素。它只是一个数据容器，通常需要与 <input> 配合使用来定义 <input> 的可能值。

语法格式：

```
<input type="" list="" name="">
<datalist id="">
    <option value="">
    <option value="">
    ...
</datalist>
```

语法说明：

（1）如本书前言所述，这里约定采用 <input>~<datalist>+<option> 这样的表达。

（2）<input> 设置 list 属性后，当鼠标经过该文本框时，此处会呈现为一个带有三角符号

的文本框。

（3）<input> 的 list 属性是下面的 <datalist> 元素的 id 属性值，它们是一种关联。

（4）<datalist>+<option> 的作用是将内部的选项列表作为下拉框附加到 <input> 元素上，以便让用户单击选择。

【例 7-5】 <datalist> 元素的应用。

在输入文本框中既有已经列好的浏览器名称，又可以输入用户自定义的浏览器名称。

```
1      <form>
2          <p> 请选择浏览器：<input list="browsers">    </p>
3          <datalist id="browsers">
4              <option value="Internet Explorer">
5              <option value="Chrome">
6              <option value="Firefox">
7              <option value="Opera">
8              <option value="Safari">
9          </datalist>
10         <input type="submit">
11     </form>
```

代码说明：

（1）前面已经介绍，<input> 的 type 属性值省略时，和 type="text" 是等价的。

（2）<datalist> 是一种更加便捷的输入方式，将可能输入的一些值提供在下拉框中。当然，用户也可以在此处的文本框中输入自己的文本。

（3）图 7-19 是上述代码在 Chrome 浏览器中的效果。

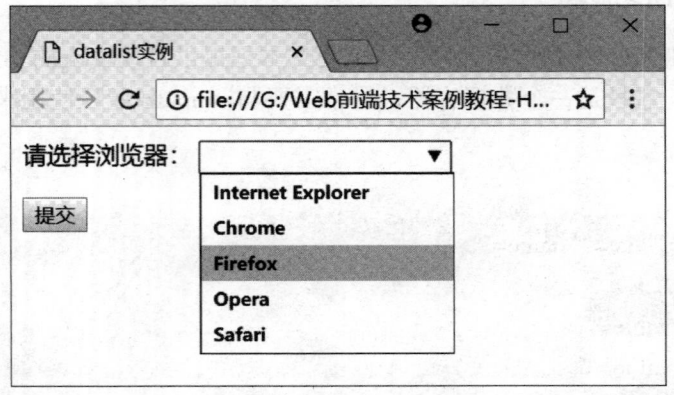

图 7-19 <datalist> 元素

页面效果

问与答

问：为什么 <option> 元素没有 name 属性，而所有其他表单元素都有名字？

答： 所有 <option> 元素实际上是菜单的一部分，而菜单由 <select> 元素创建。所以，只需为整个菜单提供一个名字，这已经在 <select> 中指定了。提交时，只会把当前选择的选项加上这个名字发送到服务器。

问： <option> 主要就是和 <select> 结合在一起用的吗？

答： <option> 表示选项列表中的一个。它最常见的组合是 <select>+<option>，还有一个就是刚介绍完的 <datalist>+<option>。正如 7.7.8 节所讲，因为列出的选项要放在输入文本框中，所以更好的表达是 <input> ~ <datalist>+<option>。

7.7.9　HTML5 新增元素、属性和类型的汇总

上面已经介绍了很多 HTML5 表单中的新增情况。在 HTML5 中，除了新增 <input> 下的 atutocomplete、novalidate、placeholder、autofocus 等这样的属性，以及 <datalist> 元素之外，还增加了 <keygen>、<output> 这样的元素。

本小节通过表 7-6 对 HTML5 表单新增情况进行了总结。

表 7-6　HTML5 新增表单元素、类型和属性

新增		含义
元素	<datalist>	预定义下拉选项框。与 <input> 和 <option> 结合使用
	<keygen>	密钥对生成器字段。下拉框形式选择密钥强度类型
	<output>	定义输出类型。常与 JavaScript 结合使用
<input>类型	url	url 文本框
	email	email 文本框
	number	number 文本框
	range	range 滑动条
	search	search 文本框
	color	color 文本框（单击弹出颜色选择器）
	date/month/week/time/datetime/datetime-local	日期、时间系列文本框（单击弹出日期、时间选择列表）
属性	autocomplete	是否自动完成
	autofocus	是否获得焦点
	form	该元素属于哪个 / 哪些表单
	width / height	定义 <input> 字段的宽度 / 高度，适用于 image 类型
	list	引用包含预定义选项的 <datalist> 元素（下拉框），适用于以下类型的 <input> 元素：text、search、url、email、number、range、tel、color、date 系列等
	min / max	设置输入元素的最小值 / 最大值，适用于以下类型的 <input> 元素：number、range 和 date 系列

续表

新增		含义
属性	multiple	在输入元素时允许输入多个值。适用的 <input> 类型：email、file（<select> 中 HTML4 就已支持）
	placeholder	设置提示信息。输入域获得焦点时提示消失。适用的 <input> 类型：text、search、url、tel、email、password
	required	设置输入字段的值不能为空。适用大部分的 <input> 类型，包括 <radio>、<checkbox>、<file>
	step	设置输入数值的步长。适用的 <input> 类型：number、range、date 系列

7.8 表单例子

本小节主要介绍"用户信息反馈表"和"订单表单"两个例子。为了使页面更加美观，应用了 CSS 技术。也可以在学习第二部分 CSS 之后，再加入 CSS 代码。

【例 7-6】用户信息反馈表。

该页面主要包括用户的基本信息、联系方式、客户体验等，页面效果如图 7-20 所示。

图 7-20 用户信息反馈表

页面效果

仅以表单中"联系方式"部分的 HTML 代码为例：

```
1        <!-- 联系方式开始 -->
2          <fieldset>
3            <legend> 联系方式 </legend>
4            <ul>
5              <li>
6                <label for="telephone"> 电话号码： </label>
7                <input type="tel" id="telephone" name="telephone" class="large">
8              </li>
9              <li>
10               <label for="email"> 电子邮件： </label>
11               <input type="email" id="email" name="email" class="large">
12             </li>
13             <li>
14               <label for="street_address"> 单位地址： </label>
15               <input type="text" id="street_address" name="street_address" class="large">
16             </li>
17             <li>
18               <label for="country"> 国家： </label>
19               <select name="country" class="small" id="country">
20                 <option value="China" selected> 中国 </option>
21                 <option value="America"> 美国 </option>
22                 <option value="Germany"> 德国 </option>
23               </select>
24             </li>
25           </ul>
26         </fieldset>
27       <!-- 联系方式结束 -->
```

将其他部分的 HTML 代码补充后，页面效果如图 7–21 所示。

为使页面更加美观，为上述 HTML 增加 CSS 样式，CSS 代码可参考教材文件。

代码说明：

（1）将页面中的所有内容置于 <div id="wrapper"> 中，主要是为了可以通过 CSS 对页面进行整体的样式修饰。

（2）在 <form> 元素下共有 5 个 <fieldset> 元素，代表页面表单的 5 个分组。在一些 <fieldset> 下还会有嵌套 <fieldset> 元素。

（3）同样，在 <ul> 下的某一个 <li> 元素中也有 <ul> 的嵌套，用于表达表单的层次关系。

（4）关于本例中 CSS 的应用，可参考第 16 章关于这个例子的进一步讲述。

用户信息反馈表

基本信息
- 用户名：请输入你的用户名
- 性别：
  - 男
  - 女
- 年龄：
- 职业：

联系方式
- 电话号码：
- 电子邮件：
- 单位地址：
- 国家：中国 ▼

客户体验
- 卫生状况：
  - 非常好
  - 好
  - 一般
  - 差
- 了解途径：
  - 朋友介绍
  - 广告单
  - 电视宣传
  - 其他
- 建议或意见：

- 愿意接收来自其他用户的信息
- 愿意接收来我们其他产品的优惠信息

确定提交

图 7-21　用户信息反馈表

问与答

问：元素的 disabled 和 readonly 属性有何区别？

答：简单地说，readonly 属性表示只读，还可以维持外观、元素操作、获取焦点、Tab 导航等，提交表单也会发送数据。disabled 属性表示禁用，除了外观略做修改，改成禁用式样外，其他都不能操作。

问：每个表单元素的名字都必须唯一吗？

答：大部分表单元素的名字必须是唯一的。但像单选框、复选框这样成组出现的控件，为了让浏览器知道这些单选框或复选框属于同一组，要使用同一个名字。

★点睛★

◇ <form> 元素定义了表单，所有表单输入元素都嵌套在这个元素中。

◇ action 属性包含服务器脚本的 URL。

◇ method 属性包含发送表单数据的方式，可以是 post 或 get。

◇ post 方式打包表单数据，并把它作为请求的一部分发送到服务器。

◇ get 方式打包表单数据，并把数据追加到 URL。

◇ 如果表单数据应当是私有的，或表单数据很多，比如使用了一个 <textarea> 或 <input

type="file"> 的元素，就应当使用 post 方式。

✧ 对于可以加书签的请求，要使用 get 方式。

✧ <input> 元素有很多种不同的输入控件，这取决于它的 type 属性值。比如，单行文本框（text）、提交按钮（submit）、单选框（radio）、复选框（checkbox）、数字单行文本框（number）、email 单行文本框（email）、url 单行文本框（url）、电话号码单行文本框（tel）、颜色选择器（color）、滑动条控件（range）、日期系列输入控件（date）。

✧ <input> 元素可根据 type 属性的值分为文本、日期、数值和按钮等类型。

✧ <textarea> 元素会创建一个多行文本输入域。如果把文字放在 <textarea> 与 </textarea> 之间，这会成为 Web 页面上文本区控件中的默认文本。

✧ <select> 元素会创建一个菜单（下拉框或列表框），包含一个或多个 <option> 元素。<option> 元素定义了菜单中的菜单项。

✧ text 的 <input> 元素中的 value 属性可以用来为单行文本框提供一个初始值。

✧ 在提交按钮上设置 value 属性可以改变按钮上显示的文本。

✧ 提交一个 Web 表单时，表单数据值与相应的数据名配对，所有名和值会发送到服务器。

✧ HTML 中可以用 <fieldset> 元素组织表单元素。

✧ 可以用 <label> 元素以一种有助于提高可访问性的方式关联文本与表单元素。

✧ 使用 placeholder 属性可以为表单用户提供一个提示，指出希望在一个输入域中输入什么内容。

✧ required 属性指示一个输入域是必要的，要让表单成功提交，这个输入域中必须有值。

★章节测试★

一、判断

1. <textarea> 元素表示多行文本，它和 <input> 元素的单行文本框类似，其框内的文字内容可由 value 属性设置或获取。

2. 在 <input> ~ <datalist>+<option> 结构中，文本框中有弹出的 <option> 下设置的选项内容，用户不可以输入自己的文本。

3. 提交按钮上不想显示“提交”二字，可以通过更改 name 属性值实现。

4. 当 <textarea> 元素设置 readonly 属性后，提交表单时则没有这部分的数据发送。

二、填空

1. 若限定单行文本框的最大输入字符数，可设置 ______ 属性。

2. 在 <input> 元素家族中，若是单选框，则 <input type=__________>。除了 type 属性，还有两个属性必须设置，分别是 __________、__________。若要默认某一个单选框选中，可为该单选框添加 __________ 属性。

3. 对于 <input> 元素来说，输入域为空且获得焦点后显示提示信息，可以通过_____属性来设置。

4. 对表单元素进行分组，即将逻辑相关的表单控件组织在一起分别编组，常用的元素是_____，该元素下可用 <legend> 元素描述相关说明。

三、连线

1. 将图 7-22 所示的表单元素与左边的元素代码连线。

<input type="number"...>

<input type="text"...>

<input type="reset"...>

<input type="checkbox"...>

<input type="radio"...>

<input type="password"...>

<input type="button"...>

<input type="file"...>

<input type="image"...>

<select>...</select>

<option>...</option>

<textarea>...</textarea>

<fieldset>...</fieldset>

<legend>...</legend>

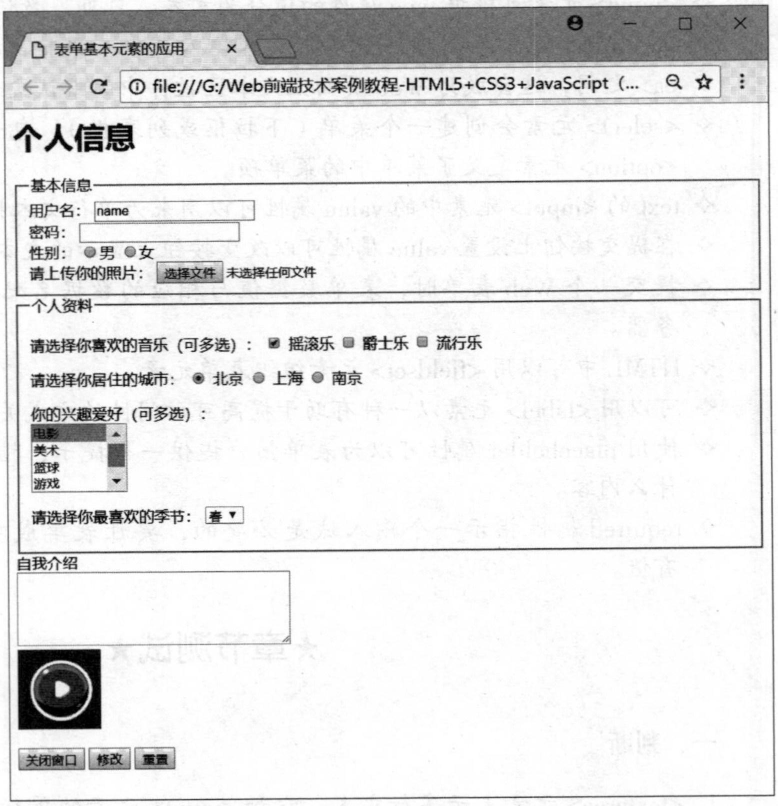

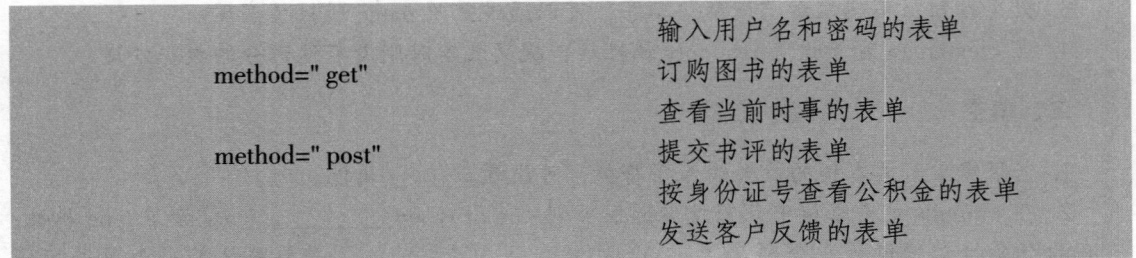

图 7-22　将表单元素与左边的元素代码连线

2. 对于以下的表单描述，将其与合适的发送表单数据的方式连线。

输入用户名和密码的表单

method=" get"　订购图书的表单

查看当前时事的表单

method=" post"　提交书评的表单

按身份证号查看公积金的表单

发送客户反馈的表单

第8章

HTML 多媒体

Web 上的多媒体一般指的是音效、音乐、视频和动画。本章主要介绍 HTML4 中的 \<marquee\> 和 HTML5 中新增的 \<audio\>、\<video\> 和 \<canvas\> 等。\<progress\> 和 \<canvas\> 元素需要结合 JavaScript 脚本才能起作用，所以本章只对其进行简单介绍。

学习目标：

序号	基本要求
1	能够通过 \<marquee\> 实现文字、图片等的移动
2	掌握 \<audio\> 元素及其属性，实现声音的插入和控制
3	掌握 \<video\> 元素及其属性，实现视频的插入和控制
4	了解 \<progress\> 元素的功能
5	了解 \<canvas\> 元素的功能

8.1 \<marquee\> 元素

\<marquee\> 元素可以实现文字、图像、表格的移动。

语法格式：

> \<marquee\> 滚动内容 \</marquee\>

语法说明：

（1）滚动内容可以是文字、图像等。比如，\<marquee\> 欢迎访问我的个人主页 \</marquee\>，"欢迎访问我的个人主页"文字将自右向左滚动。

（2）direction、behavior、scrollamount、loop 等属性分别表示滚动的方向、方式、速度和滚动次数。比如，\<marquee direction="up"\>...\</marquee\> 表示内容将向上滚动。具体参考表 8-1。

表 8-1   <marquee> 的主要属性

属性	说明	备注
direction	设置滚动方向	可取值 up、down、left（默认）和 right
behavior	设置滚动方式	可取值 scroll（默认）、slide 和 alternate
scrollamount	设置滚动速度	每次滚动时移动的长度（单位为像素）
loop	设置滚动次数	loop 值一般设置为正整数

（3）behavior 属性的 scroll 值表示循环滚动，slide 值表示只滚动一次就会停止，alternate 表示来回交替滚动。

8.2　<audio> 元素

<audio> 元素是 HTML5 新增的元素，它可以播放很多种音频。
语法格式：

```
<audio src="" id="" autoplay> …提示文字 </audio>
```

或

```
<audio id="" autoplay>
    <source src="" type="">
    <source src="" type="">
    ... 提示文字
</audio>
```

语法说明：

（1）第二种写法中，<audio>+<source> 可以实现多个音频播放，但浏览器只会播放第 1 个能播放的文件。

（2）当老版的浏览器不支持 <audio> 元素时，页面会显示 <audio> 和 </audio> 之间的提示文字。

（3）autoplay 属性设置是否自动播放，autoplay 或 autoplay="autoplay" 都表示自动播放。

（4）<audio> 元素的属性及其说明可参考表 8-2。

表 8-2　<audio> 的主要属性

属性	说明	备注
src	设置音频的 URL	
autoplay	设置是否自动播放	不设置时，表示不自动播放
controls	设置是否显示播放控制面板	
preload	设置在页面加载时音频如何加载	值为 auto、metadata 或 none
loop	设置是否循环播放	
muted	设置是否静音	

（5）如果设置了 autoplay 属性，则 preload 属性忽略。preload 属性值 auto 表示自动加载（默认值）；metadata 表示页面加载后只载入元数据，如名称、大小、时间等信息；none 表示不加载音频。

（6）第二种写法中，<source> 元素用于为 <audio> 或 <video> 元素定义媒介资源。

　　语法格式：

```
<source src=" 媒介资源 URL" type="MIME 类型 " media=" 媒介类型 ">
```

　　和 <meta>、<link> 等一样，<source> 也是只有开始标签的单元素。

【例 8-1】 <audio> 元素的应用。

```
1    <body>
2      <p>
3         <audio id="au1" src="media/Mad World.mp3" controls loop>
4         您的浏览器不支持 <audio> 元素
5         </audio>
6      </p>
7      <p>
8         <audio id="au2" controls loop autoplay>
9            <source src="media/chenyuan.ogg" type="audio/ogg">
10           <source src="media/Green Sleeves.mp3" type="audio/mpeg">
11           您的浏览器不支持 <audio> 元素
12        </audio>
13     </p>
14     <p>
15        <audio id="au3" controls preload="metadata">
16           <source src="media/love.mp3" type="audio/mpeg">
17              您的浏览器不支持 <audio> 元素
18        </audio>
19     </p>
20   </body>
```

　　代码说明：

　　（1）代码中 3 个 <p> 元素中都插入了 <audio> 元素。第 1 个 <audio> 元素直接设置音频文件，并通过 loop 设置为循环播放，controls 设置为显示播放面板，但是没有设置自动播放。

　　（2）第 2 个 <audio> 通过 <source> 设置多个音频文件，并通过 autoplay 设置为自动播放。

　　（3）第 3 个 <audio> 将 preload 属性设置为 metadata。

　　（4）3 个 <audio> 元素中，因为只有第 2 个设置了 autoplay，所以页面预览时自动播放该元素下的音频文件（即第 2 个 <audio> 下的第 1 个 <source> 下的音频文件）。

　　（5）上述代码在 Chrome 浏览器（68.0.3440.106 版本）、Internet Explorer 11 和 Firefox（62.0.3 版本）中显示的效果如图 8-1 所示。其中，IE11 不支持 ogg 格式文件，Chrome 不提供音量调整滑动条。

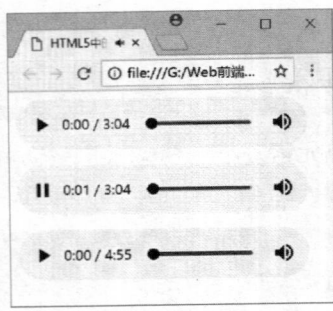
Chrome

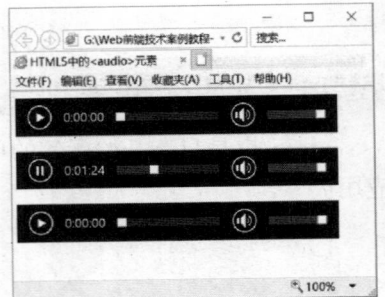
Internet Exporer 11

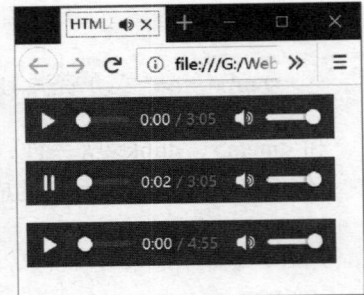
Firefox

图 8-1　<audio> 元素

页面效果

8.3　<video> 元素

在 HTML5 之前，浏览器需要安装插件来播放视频文件，这对用户来说是一件极其烦琐的事情。HTML5 推出 <video> 元素就是为了实现无插件就可以播放视频。

语法格式：

```
<video src="" id="" autoplay width="" height=""> ... 提示文字 </video>
```

或

```
<video id="" autoplay width="" height="">
    <source src="" type="">
    <source src="" type="">
    ... 提示文字
</video>
```

语法说明：

（1）<video> 元素和 <audio> 元素类似，也有 src、autoplay、loop、controls、preload、muted 属性，其含义也类似。可参考表 8-3。

表 8-3　<video> 的主要属性

属性	说明	备注
src	设置音频的 URL	
autoplay	设置是否自动播放	不设置时，表示不自动播放
controls	设置是否显示播放控制面板	
preload	设置在页面加载时加载视频，并预备播放	若设置 autoplay，则该属性无效
loop	设置是否循环播放	
width	设置视频播放器的宽度	
height	设置视频播放器的高度	

（2）<video> 元素增加的 width、height 属性分别表示视频播放的宽度和高度。

（3）和 <audio> 一样，<video> 也配合 <source> 元素使用。浏览器也只播放第 1 个能播放的视频。添加多种视频格式一般是考虑到浏览器的兼容性。

（4）<video> 还增加了 poster 属性，用于设置当浏览器无法播放视频（如不支持格式或文件不存在）或者正在下载视频或停止播放时，播放器窗口会显示一幅图像。poster 属性值为图像的 URL。若不设置该属性，播放器窗口会显示视频文件的第 1 帧画面。

【例 8-2】 <video> 元素的应用。

```
1    <body>
2      <p>
3        <video id="v1" src="media/movie.ogg" controls width="300" height="200">
4        您的浏览器不支持 <video> 元素。
5        </video>
6      </p>
7      <p>
8         <video id="v2" controls width="300" height="200">
9           <source src="media/dancing.mp4" type="video/mp4">
10          <source src="media/Simpsons.mp4" type="video/mp4">
11          您的浏览器不支持 <video> 元素。
12          </video>
13     </p>
14   </body>
```

代码说明：

（1）<video> 元素主要支持 3 种视频格式：.ogg、.mp4 和 .webm，见表 8-4。Firefox 和 Chrome 浏览器对 3 种格式都支持，IE（IE11 版本）和 Safari 目前只支持 .mp4。

表 8-4 视频格式

格式	编解码器	视频格式提供商	浏览器支持者
.mp4	H.264	MPEG-LA 公司	Safari、IE9+、Chrome（部分版本）
.webm	VP8	Google 公司	Firefox、Chrome、Opera
.ogg	Theora	开源编解码器	Firefox、Chrome、Opera

（2）上述代码在 Chrome 浏览器中的页面效果如图 8-2 所示。

图 8-2 <video> 元素

页面效果

8.4 <progress> 元素

<progress> 是 HTML5 的新元素，用于显示正在执行任务的进度，如下载文件等。它与 JavaScript 一起使用，以显示任务的进度。

语法格式：

<progress max="" value=""> 说明文字，指示客户浏览器不支持该元素 </progress>

语法说明：

（1）max 属性表示完成任务时的值或最大值。

（2）value 属性表示当前值。

（3）<progress> 需要配合 JavaScript 脚本才能动态显示进度条的进度，否则只能静态显示默认的值。

（4）如果只有 <progress></progress> 代码，则只显示循环滚动的进度条。

【例 8-3】 进度条。

用户可以拖动 range 类型的滑动条来改变 <progress> 进度条的进度。

```
1    <body>
2      进度条：<progress id="userprogress" max="100" value="20">
3        您的浏览器不支持 &lt;progress&gt; 元素 </progress> <br><br>
4        range 字段：<input type="range" max="100" min="0" value="20"
5        onchange="document.getElementById('userprogress').value=this.value">
6    </body>
```

代码说明：

（1）<progress> 代表一个进度条，其中初始值为 20，最大值为 100。

（2）<input type="range"...> 代表一个滑动条的输入类型（可参考 7.7.4 节），当前值为 20，最大值和最小值分别为 100、0。

（3）滑动条的 onchange 事件属性表示当改变输入域内容时需要执行的 JavaScript 脚本。

（4）document.getElementById() 方法表示通过 id 值获取元素，第三部分 JavaScript（22.2DOM 获取元素）会详细介绍。

（5）运行上述代码，用户可以拖动 range 类型元素的滑动条来改变 <progress> 进度条的进度。在 Chrome 浏览器中的页面效果如图 8-3 所示。

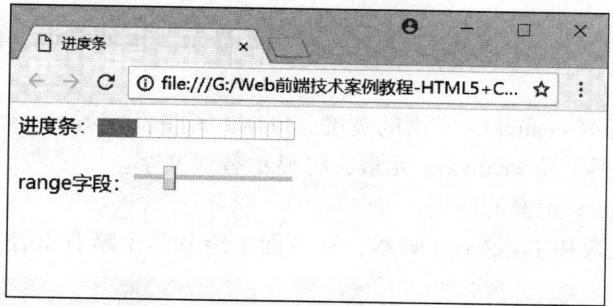

图 8-3　进度条

页面效果

onchange 事件属性	例 8-3 中，onchange 事件表示滑动条的事件触发。 在 JavaScript 中，onchange 事件常用于"具有多个选项的表单元素"中。比如： ✓ 单选框选择某一选项时触发； ✓ 复选框选择某一选项时触发； ✓ 下拉框选择某一选项时触发。

问与答

问：除了 <audio>、<video>，HTML5 还支持哪些其他的多媒体元素？

答：HTML5 还支持 <embed> 和 <track> 元素。<embed> 用于嵌入外部资源，比如 SVG 矢量图形、应用程序、插件等。<track> 是 <audio> 和 <video> 的子元素，为多媒体文件添加辅助文本信息，比如字幕等。

问：可以为页面上的音频或视频添加字幕吗？

答：可以通过它们的子元素 <track> 来实现。在 Chrome 浏览器中，可用 WebVTT 文件和 <track> 结合。

```
<video>
 <source src="video/pp.webm" type="video/webm">
 <track kind="subtitles" src="video/pp.vtt" srclang="zh" default>
</video>
```

Web 前端技术案例教程（HTML5+CSS3+JavaScript）

8.5 <canvas> 元素

<canvas> 是 HTML5 的新元素，用于图形的绘制，但需要 JavaScript 脚本的配合。这一点和 <progress> 元素类似。

语法格式：

> <canvas id="" width="" height="">　替代文字　</canvas>

语法说明：

（1）<canvas> 元素是一个画布容器，它本身不显示。也就是说，默认情况下 <canvas> 元素没有边框和内容。

（2）width 属性表示 <canvas> 元素的宽度，height 属性表示 <canvas> 元素的高度。

（3）如果浏览器不支持 <canvas> 元素，将显示替代文字。

【例 8-4】 <canvas> 元素的应用。

通过 <canvas> 元素和 JavaScript 脚本，在页面上绘制两个略有重叠的矩形。

```
1    <body>
2    <canvas id="tutorial" width="300" height="300"></canvas>
3    <script type="text/javascript">
4    function draw( ){
5        var canvas = document.getElementById('tutorial');
6        if(!canvas.getContext) return;
7        var ctx = canvas.getContext("2d");
8        ctx.fillStyle = "rgb(200,0,0)";
9        // 绘制矩形
10       ctx.fillRect (10, 10, 55, 50);
11       ctx.fillStyle = "rgba(0, 0, 200, 0.5)";
12       ctx.fillRect (30, 30, 55, 50);
13   }
14   draw( );
15   </script>
16   </body>
```

代码说明：

（1）第 2 行插入一个 300×300 大小的画布。id 值很重要，在 JavaScript 中会通过该 id 值获取该 <canvas> 元素，进而进行操作。

（2）第 5 行 document.getElementById（'tutorial'）是通过 id 值获取元素的方法，在第 21 章 DOM 基础（21.2 获取元素）中会有详细介绍。

（3）HTML5 中的 <canvas> 元素提供了一个功能强大的 API，HTML 的 DOM 可以通过 JavaScript 调用该元素的 API 来实现强大的绘图功能。第 7 行通过 getContext() 方法得到一个上下文对象。所有支持 <canvas> 元素的浏览器都支持 2D 渲染上下文。

（4）第 8、11 行 fillStyle 设置或返回用于填充绘画的颜色、渐变或模式。

（5）第 10、12 行 fillRect(x,y,width,height) 方法用于填充一个矩形。（x,y）表示矩形的左上角坐标，width 表示矩形宽度，height 表示矩形高度。fillRect() 方法使用 fillStyle 属性所指定的颜色、渐变或模式来填充指定的矩形。

（6）通过 CSS 为 <canvas> 设置边框。在 Chrome 浏览器中的效果如图 8-4 所示。

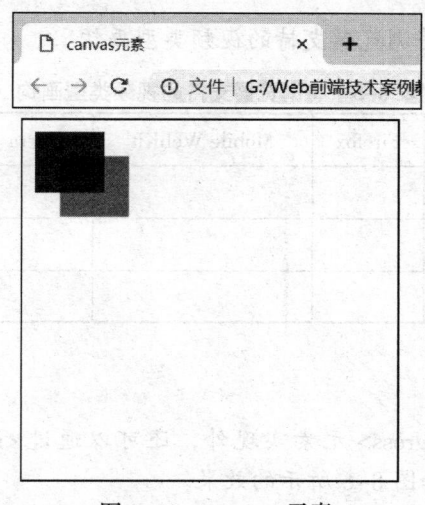

图 8-4　<canvas> 元素

页面效果

^练一练^

根据例 8-4，通过 <canvas> 元素绘制一个矩形和一个圆，如图 8-5 所示。提示：使用 arc() 方法可以绘制一个圆。

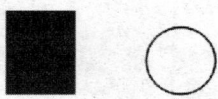

图 8-5　通过 <canvas> 元素绘制一个矩形和一个圆

★点睛★

◇ <marquee> 可以实现文字、图片等的移动。

◇ <audio> 是一个 HTML5 新元素，用于为页面增加声音。

◇ <video> 是一个 HTML5 新元素，用于为页面增加视频。

◇ <source> 可以配合 <audio> 或 <video> 元素，从而实现多种格式文件的候选。

◇ autoplay 属性可以设置是否自动播放。

◇ Ogg、Mp4 和 WebM 是 <video> 元素支持的 3 种视频格式。

◇ <progress> 是 HTML5 新增的元素，常与 JavaScript 配合，用于显示正在执行的任务的进度。

◇ <canvas> 是 HTML5 的画布元素，常与 JavaScript 配合，用于绘制图形。

★章节测试★

一、画钩

查阅资料，在表 8-5 中将浏览器支持的视频类型画钩。

表 8-5 将浏览器支持的视频类型画钩

	Safari	Chrome	Firefox	Mobile WebKit	Opera	IE9+	IE8	IE7 ≤
MP4								
Ogg								
WebM								

二、实践

进度条除了可以用 <progress> 元素实现外，还可以通过 <meter> 元素实现，请查阅资料，应用 <meter> 元素实现如图 8-6 所示的效果。

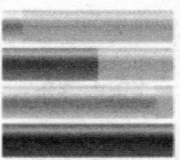

图 8-6 进度条

第 9 章

HTML5 布局

如果需要将文档的内容按照一定的规则排列，那么就需要布局。用 CSS 进行布局是前端的基本技能，包括定位、浮动、弹性布局等。这些内容很重要，将放在第 13 章 CSS 定位布局中讲述。本章将撇开 CSS 技术，主要介绍与布局相关的 HTML 元素。

学习目标：

序号	基本要求
1	了解 \<div> 元素的主要功能
2	了解 HTML5 中新增的布局元素：\<header>、\<nav>、\<section>、\<article>、\<footer> 等
3	设计 HTML 框架时，会使用 HTML5 新增的这些布局元素

在前面的章节中提到了几个与布局相关的 HTML 元素，如表格、框架等。框架已被 HTML5 放弃，而通过表格进行布局也是不够主流的技术手段。

目前较为普遍的方法是通过 DIV+CSS 进行布局，这里的 DIV 是 HTML 中的一个元素。\<div> 元素的主要作用是为网页提供一个 HTML 元素的容器，在该容器中可以添加各种 HTML 元素，如文字、图像、表格、段落等。

在 HTML5 时代，应该放弃 DIV+CSS 这种布局思路。因为 HTML5 提供了更多的语义化标签。在布局的时候，应该让这些 HTML5 的语义化标签代替 \<div>，只有在找不到对应语义的标签时才使用 \<div>。

9.1 \<div> 元素

div，全称 "division（分区）"，用来划分一个区域。\<div> 是目前大部分网站使用频率最高的一个标签。\<div> 内部可以放入各种其他标签，如 \<p>、\<img>、\<hr> 等。它还通过与 id、class、role 等属性配合，提供向文档增加额外结构的通用机制。

语法格式：

```
<div> ... </div>
```

语法说明：

（1）\<div> 类似于 \<span>，只是提供了一个容器，不过 \<span> 提供的是内联容器，而 \<div> 提供的是块容器。

（2）\<div> 可以在网页中实现多个相对独立的区域。

（3）如同表格、列表等一样，<div> 也可以多层嵌套。

（4）<div> 只有和 CSS 结合，才能发挥出强大的布局效果。这部分内容会在后面的章节中逐渐介绍。

【例 9–1】 <div> 元素的应用。

```
1    <body>
2        <div>
3            <h3> 画 </h3>
4            <p> 远看山有色，近听水无声。春去花还在，人来鸟不惊。</p>
5        </div>
6        <hr>
7        <div>
8            <h3> 村居 </h3>
9            <p>
10               草长莺飞二月天,拂堤杨柳醉春烟。儿童放学归来早,忙趁东风放纸鸢。
11           </p>
12       </div>
13   </body>
```

本例在 Chrome 浏览器中的页面效果如图 9–1 所示。

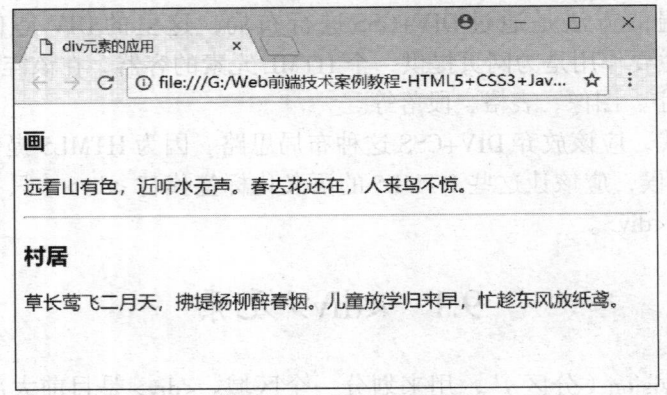

图 9–1　<div> 元素

页面效果

9.2　HTML5 中新增的布局元素

HTML5 中新增了一些语义化的标签，其中就包括多个语义化的布局标签，见表 9–1。

图 9–2 和图 9–3 是传统的 DIV+CSS 布局与 HTML5 布局。后者没有使用 <div> 进行布局，而是使用了语义化的 HTML5 元素。当然，实际应用中也会使用 <div> 来表示不太明确用哪一个语义化标签的部分。

表 9-1　HTML5 新增的布局元素

元素	说明
<header>	定义网页的页眉
<nav>	定义网页导航链接
<aside>	定义其所处内容之外的内容，其内容应该与附近内容相关
<section>	定义网页中的节，如文档、页眉、页脚的其他部分
<article>	定义独立的文章内容
<figure>	定义独立的流内容（图像、图表、代码等）
<hgroup>	用于对网页或区段（section）的标题进行组合
<footer>	定义网页或文档的页脚

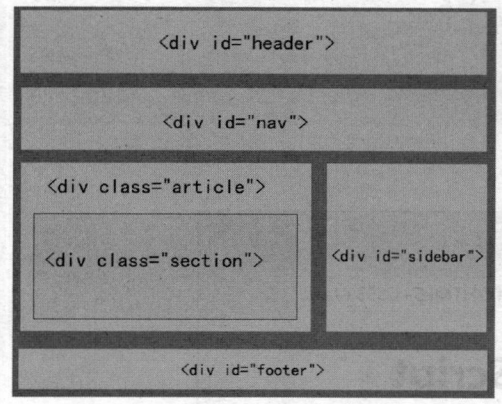

图 9-2　传统的 DIV+CSS 布局

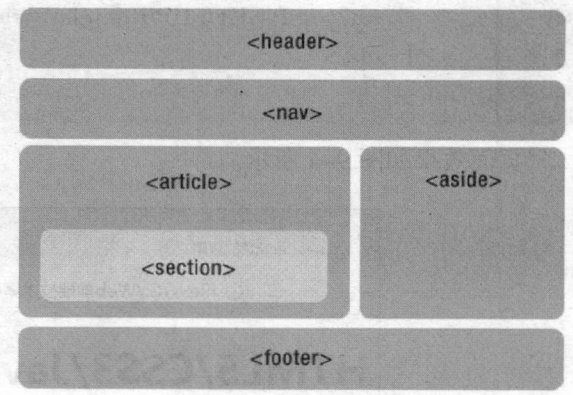

图 9-3　HTML5 经典布局

^练一练^

我们当然可以直接介绍这些 HTML5 新元素，不过由你自己找出来不是更有趣吗？如果你能正确地将下面的右边描述与左边 HTML 元素连线，本书第 9.2 小节可以暂时不看了。

<aside>	所包含的内容将作为页面的导航链接
<footer>	包含的内容是对页面内容的补充，如插图或边栏
<article>	放在页面底部的内容，或者放在页面某个区块的底部
<section>	放在页面顶部的内容，或者放在页面某个区块的顶部
<header>	一个主题性内容分组，通常包含一个首部，可能还包含一个底部
<nav>	表示页面中一个独立的组成部分，如一个博客帖子或新闻报道

9.2.1 <header> 元素

<header> 主要用来创建页面或内容块（section）的头部内容。

语法格式：

<blockquote><header> 添加头部 HTML 元素 </header></blockquote>

语法说明：

（1）在 <header> 中，可以包含内容区块的标题（<h1> ~ <h6>）、<hgroup>、<nav>、内容列表、搜索表单或相关 logo 等。

（2）<header> 中通常放置一些引导或导航信息。它不局限于放在网页头部，也可以放在网页内容里。

【例 9–2】 <header> 元素的应用。

```
1    <body>
2        <header>
3            <h1>HTML5/CSS3/JavaScript</h1>
4            <h2>ASP.NET/PHP/Ruby/Java</h2>
5        </header>
6    </body>
```

页面效果如图 9-4 所示。

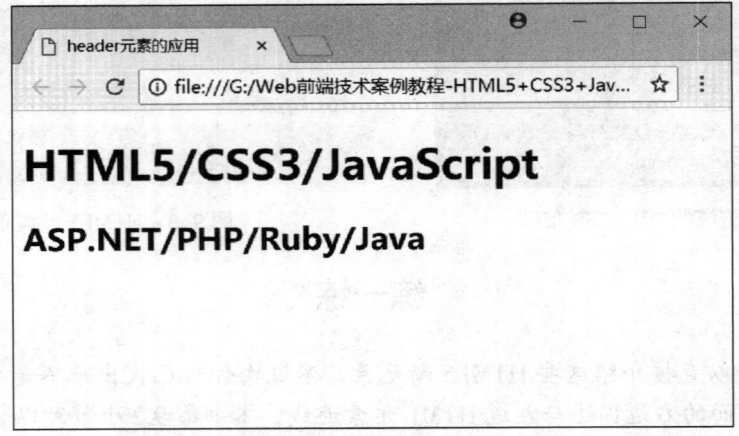

图 9–4　<header> 元素

页面效果

9.2.2 <nav> 元素

<nav> 用来放置网页的导航元素（<a> 元素）。

语法格式：

<blockquote><nav> 添加导航链接 </nav></blockquote>

语法说明：

（1）通常只有用于导航的链接或重要的链接才被放置在 <nav> 中。比如，在页脚中通常会有一组链接，这些链接采用 <footer> 更恰当。

（2）一个页面中可以拥有 1 个或多个 <nav> 作为页面整体或不同部分的导航。

（3）对于 <nav> 中的多个链接，一般采用 <ul>+<li> 的方式生成列表。

【例 9-3】 <nav> 元素的应用。

```
1    <body>
2        <header>
3            <h1>Web 前端技术在线教程 </h1>
4            <p>
5                <a href="#"> 直播 </a>
6                <a href="#"> 论坛 </a>
7            </p>
8            <p>
9                最后修改时间：<time>2018-10-11</time>
10           </p>
11           <nav>
12               <h1>HTML5/CSS3/JavaScript</h1>
13               <ul>
14                   <li><a href="#"> 热门文章 </a></li>
15                   <li><a href="#"> 热门话题 </a></li>
16                   <li><a href="#"> 热门问答 </a></li>
17               </ul>
18           </nav>
19       </header>
20   </body>
```

文档在 Chrome 浏览器中的页面效果如图 9-5 所示。

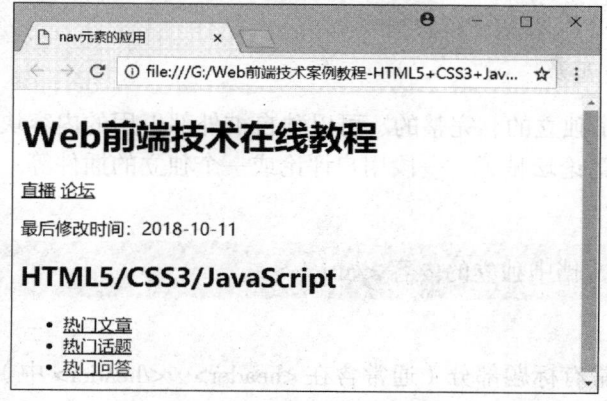

图 9-5　<nav> 元素

页面效果

9.2.3　<section> 元素

<section> 用于包含主题的内容块，如文章的章节、标签对话框中的标签页或论文中有编号的部分。所以，一个 <section> 通常由标题及其内容组成。

语法格式：

<section cite=""> 添加网页章节内容 </section>

语法说明：

（1）cite 属性用于设定 <section> 中内容的来源 URL。

（2）<section> 通常和 <article> 配合使用。

【例 9-4】　<section> 元素的应用。

```
1    <body>
2        <section>
3            <h3>《登鹳雀楼》</h3>
4            <p> 白日依山尽，黄河入海流。欲穷千里目，更上一层楼。</p>
5        </section>
6    </body>
```

页面效果如图 9-6 所示。

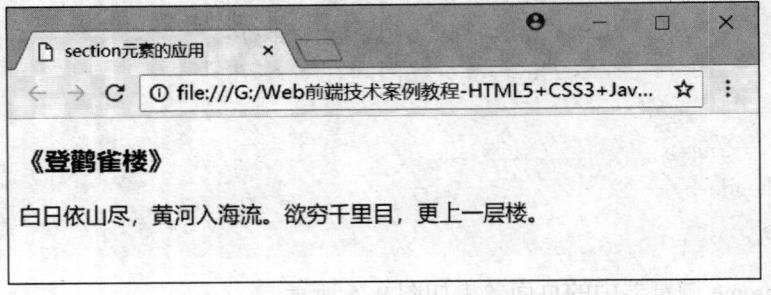

图 9-6　<section> 元素

页面效果

9.2.4　<article> 元素

<article> 代表一个独立的、完整的、可以独自被外部引用的内容块。它可以是一篇博客或报刊中的文章、一篇论坛帖子、一段用户评论或一个独立的插件等。

语法格式：

<article> 添加文档中独立的内容 </article>

语法说明：

（1）<article> 通常有标题部分（通常含在 <header>…</header> 中），有时还有自己的脚注（通常含在 <footer>…</footer> 中）。

（2）虽然 <section> 也是带有主题的一块内容，但是无论从结构上还是内容上看，<article>
更为独立和完整。

（3）一个页面中可以有多个 <article>，比如一个博客首页可能会有十多个 <article>。

【例 9-5】 <article> 元素的应用。

```
1   <body>
2       <article>
3           <header>
4               <h1> 中国古典文学 </h1>
5               <h2> 唐诗 </h2>
6           </header>
7           <section>
8               <h3>《登鹳雀楼》</h3>
9               <p> 白日依山尽，黄河入海流。欲穷千里目，更上一层楼。</p>
10          </section>
11          <section>
12              <h3>《咏柳》</h3>
13              <p> 碧玉妆成一树高，万条垂下绿丝绦。不知细叶谁裁出，二月春风
    似剪刀。</p>
14          </section>
15      </article>
16  </body>
```

页面效果如图 9-7 所示。

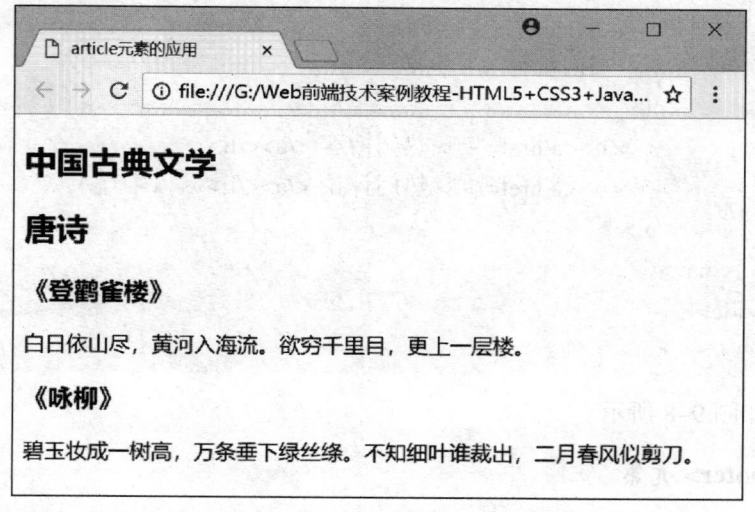

图 9-7 <article> 元素

页面效果

9.2.5 <aside> 元素

<aside> 用于定义一个区块，该区块中包含如广告信息、<nav> 元素、脚注、备注和其他可以从主文档中分离出来的内容。

语法格式：

<aside> 添加广告信息、nav 元素等 </aside>

语法说明：

（1）<aside> 可以包含在 <article> 元素中作为主要内容的附属信息部分，其中的内容可以是与当前文章有关的资料、名词解释等。

（2）<aside> 可以作为页面或整个站点的附属信息部分。最典型的是侧边栏，其中的内容可以是友情链接、博客中的其他文章列表、广告单元等。

【例 9-6】 <aside> 元素的应用。

```
1    <body>
2        <aside>
3            <nav>
4                <h1> 最新博客 </h1>
5                <ul>
6                    <li><a href="#">HTML5 教程 </a></li>
7                    <li><a href="#">CSS3 教程 </a></li>
8                    <li><a href="#">JavaScript 教程 </a></li>
9                </ul>
10           </nav>
11           <nav>
12               <h1> 站内统计 </h1>
13               <ol>
14                   <li><a href="#"> 热门博客 </a></li>
15                   <li><a href="#"> 热门评论 </a></li>
16               </ol>
17           </nav>
18       </aside>
19   </body>
```

页面效果如图 9-8 所示。

9.2.6 <footer> 元素

<footer> 可以作为一个文档或内容块的页脚。

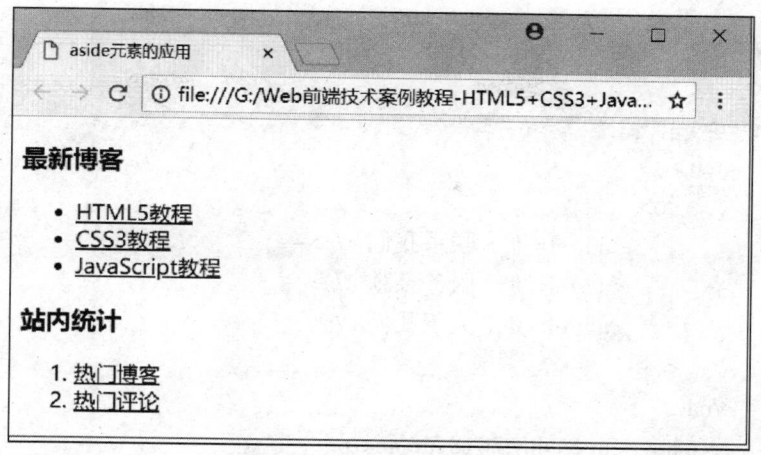

图 9-8　<aside> 元素

页面效果

语法格式：

<footer> 添加页脚 </footer>

语法说明：

（1）<footer> 可以包含作者信息、相关文档链接、版权声明、服务条款等信息。

（2）和 <header> 一样，它可以在一个页面中多次使用。

【例 9-7】 <footer> 元素的应用。

```
1    <body>
2        <article>
3            <header>
4                    <h1> 中国古典文学 </h1>
5                    <h2> 唐诗 </h2>
6            </header>
7            <section>
8                    <h3>《登鹳雀楼》</h3>
9                    <p> 白日依山尽，黄河入海流。欲穷千里目，更上一层楼。</p>
10           </section>
11           <section>
12                    <h3>《咏柳》</h3>
13                    <p> 碧玉妆成一树高，万条垂下绿丝绦。不知细叶谁裁出，二月春风
                      似剪刀。</p>
14           </section>
15           <footer>
16                    <p> 唐诗部分由沫沫同学整理 </p>
17           </footer>
```

```
18          </article>
19          <hr>
20          <footer>
21              <nav>
22                  <p>
23                      <a href="#"> 联系我们 </a>--
24                      <a href="#"> 服务条款 </a>--
25                      <a href="#"> 关于我们 </a>
26                  </p>
27              </nav>
28              <p>copyright &copy;2018 MoMo</p>
29          </footer>
30      </body>
```

页面效果如图 9-9 所示。

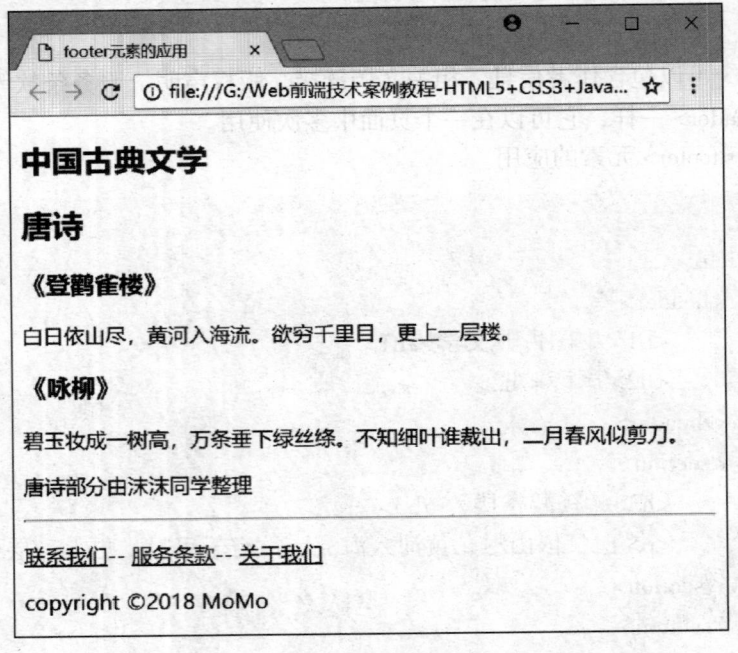

图 9-9　<footer> 元素

页面效果

★点睛★

❖ <div> 仍然致力于建立结构。它通常将元素组织在一起来指定样式，或者有些内容不
适合放在 HTML5 那些新元素中，这些内容就可以使用 <div> 来创建结构。

❖ 通常 <header> 将标题、logo 和署名等放在页面或区块最上方的内容组织在一起。

◇ <section> 用于对相关的内容分组。

◇ <article> 类似于博客帖子、论坛帖子和新闻报道等独立的内容。

◇ <nav> 用于组织网站导航链接。

◇ <aside> 用于表示不作为页面主内容的次要内容，如插图、边栏。

◇ <footer> 将文档信息、法律措辞和版权说明等页面或区块最下方的内容组织在一起。

★章节测试★

将右边的相关描述与左边的 HTML5 新元素连线。

<aside>	用它可以在页面中包含声音
<mark>	表示时间、日期或日期时间
<audio>	用于突出显示某些文本，有点像记号笔
<time>	用于表示放在主内容旁边的内容，比如边栏或引用
<progress>	可显示任务完成进度
<footer>	可以用它定义文档的主要区块
<meter>	标记类似新闻报道或博客帖子等独立的内容
<article>	显示某个范围的度量
<canvas>	定义一个区块的底部或整个文档的页脚
<section>	用来在页面中显示用 JavaScript 绘制的图像或动画
<header>	定义有首部的区块和整个文档的页眉
<video>	定义类似照片、图表甚至代码清单等独立的内容
<nav>	将网站中用于导航的所有链接组织在一起
<figure>	用它可以在页面中加入视频

第二部分

CSS

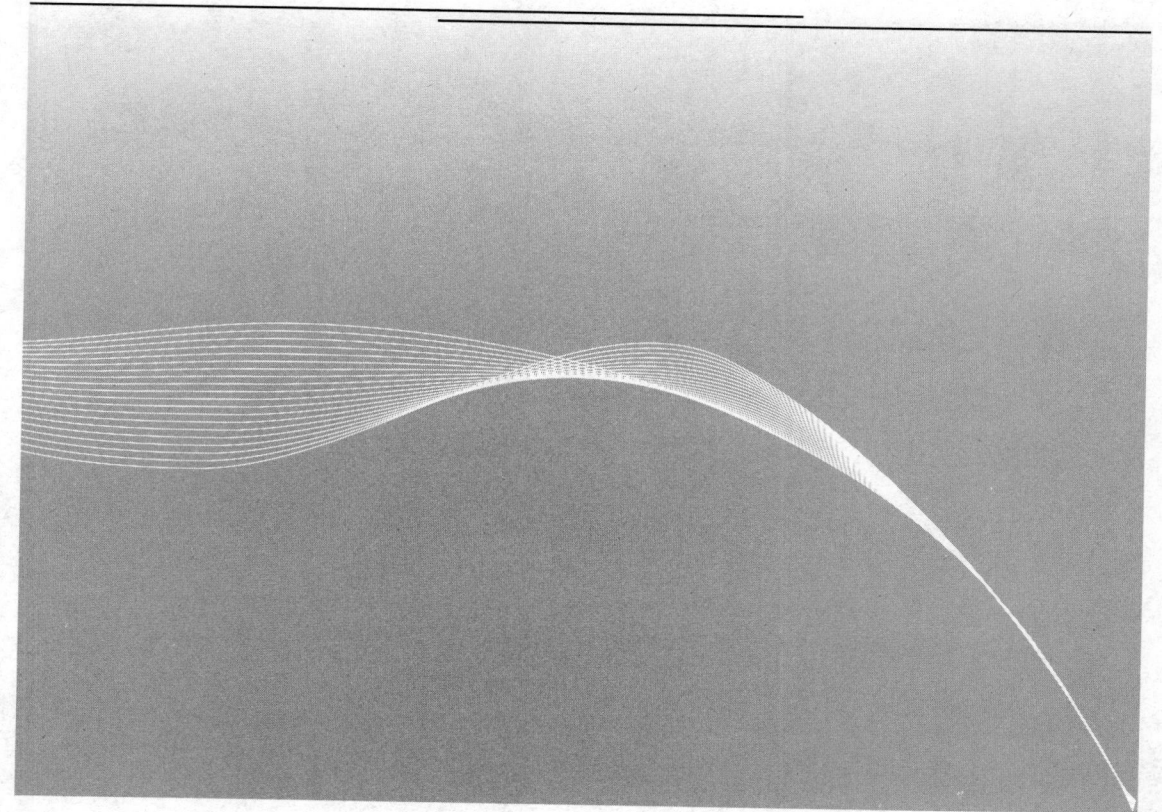

第 10 章

CSS 初识

HTML 的作用是描述网页结构，这种结构只能体现网页内容，还需要使用 CSS 对 HTML 构建的内容进行外观的控制，以实现合理的布局、优美的色彩、美观的字体等视觉效果。

学习目标：

序号	基本要求
1	掌握元素选择器、id 选择器、class 选择器等写法
2	理解并掌握 id 选择器、class 选择器的使用区别
3	掌握一次多选（分组）选择器的写法
4	理解 CSS 的继承并掌握后代选择器的写法
5	了解 CSS 选择器的权重
6	掌握将 HTML 和 CSS 联系起来的多种方法
7	掌握盒子模型的边框、内边距、外边距的含义和基本属性

严格的 HTML 并不建议使用用于描述外观的元素与属性，标记语言只是用于描述结构。HTML 的设计初衷并不是为了描述外观，虽然在早期的 HTML 中经常会出现类似 align 属性或 <font> 元素这样的表达（这都是强调外观的元素或属性）——这都不是好的 HTML。

对于页面的外观表现，可以通过 CSS 来实现。在前面的章节中对 CSS 有所接触，从本章开始，将进一步了解 CSS。

10.1　CSS 规则

CSS（Cascading Style Sheet，层叠样式表，简称样式表）是由 W3C 开发的一种灵活的、跨平台的、基于标准的语言。可以这样定义：一些属性设置语句连同它所作用的元素，称为 CSS 规则。每个规则为选择的一些 HTML 元素提供样式。典型的规则包括一个选择器，以及一个或多个属性和值。

CSS 语法：

> 选择器 { 属性名：属性值；}

比如：

```
h1    { font-size: 16px;    color: red; }
p     { text-indent: 2em; }
```

选择器 h1 定义了这两条 CSS 规则影响的具体对象是所有一级标题元素 <h1>，选择器 p 定义了这条 CSS 规则影响的具体对象是所有段落元素 <p>，text-indent 属性设置为 2 em，表示文字缩进 2 em。

如图 10-1 所示，选择器指定规则将应用到哪些元素，每个属性声明以一个分号结束，规则中的所有属性和值都放在 {} 之间。

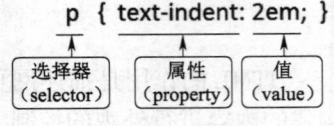

图 10-1　CSS 规则

10.2　CSS 选择器

CSS 规则有两个组成部分：选择器及一条或多条声明。这里的选择器通常就是需要改变样式的 HTML 元素。CSS 定义元素样式时，首先要确定这个元素，这种确定元素的方式被称作 CSS 选择器。以下介绍 CSS 选择器的各种情况。

10.2.1　元素选择器

元素选择器也叫标签选择器，CSS 可以通过引用元素名称来选择元素。比如：

```
h1 { color: red; }
```

为 <h1> 元素定义了字体颜色。每一个 CSS 选择器都包括选择器本身、属性和属性值。其中属性和值可以设置多个，用分号隔开。图 10-2 所示就是两个属性规则。

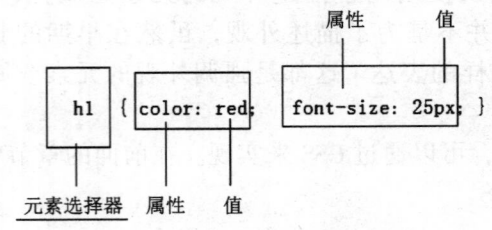

图 10-2　CSS 元素选择器

HTML 代码中会多次出现 <h1> 元素，那么如何实现想要部分 <h1> 使用或不使用已定义的 CSS 样式呢？这里可以使用 id 选择器或 class 选择器。

10.2.2　id 选择器

id 是元素的一个重要属性。一般来说，id 作为元素的唯一标识符，在页面中只能使用一次。比如：

```
<div id="main"> ... </div>
```

元素有了 id 属性，在 CSS 中使用 # 开头来标识 id，比如：

```
#main {
    background-color: #efe5d0;
}
```

此时 HTML 中 id 属性值为 main 的元素，其背景色为 #efe5d0。比如上述代码中的 <div>
元素。简单归纳下来，id 选择器定义 CSS 规则时，需要在 id 名前加上一个 #，如图 10-3
所示。

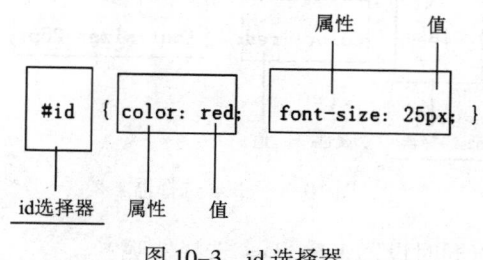

图 10-3　id 选择器

简单来说，id 选择器是主要针对某一个元素而进行的样式设置。

10.2.3　class 选择器

如果想把 <h1>、<h2>、<p>、<blockquote> 都设置同样的颜色，可以写成如下 CSS
代码：

```
h1 { color: green;}
h2 {color: green;}
p {color: green;}
```

对应的 HTML 代码如下所示：

```
<h1> 标题 1</h1>
<h2> 标题 2</h2>
<p> 段落 1 </p>
```

那么这里的 <h1>、<h2>、<p> 元素都将显示绿色。除了一个一个重复性地进行元素选
择器的颜色设置之外，有没有更好的办法呢？

不同元素可以使用相同的 class 名称，共用一个样式。当然，和 id 选择器类似，元素要
定义好 class 属性，以引用这些 CSS 设置，如图 11-4 所示。比如：

```
<h1 class="green"> 标题 1</h1>
<h2 class="green"> 标题 2</h2>
<p class = "green"> 段落 1</p>
```

元素有了 class 属性，在 CSS 中定义该 class 名的规则时，需要在 class 名前加一个点
（.）号。比如：

```
.green {
    color: #00ff00;
}
```

此时上述 HTML 代码中的 <h1>、<h2> 和 <p> 元素都将会显示 #00ff00 颜色。

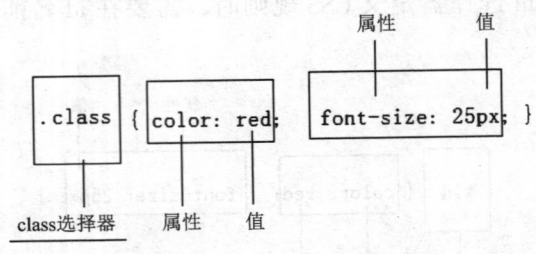

图 10-4　class 选择器

那么一个元素可不可以同时设置多个 class 选择器呢？

一个以 "." 定义的 CSS 样式可以被多个元素引用，一个元素也可以同时拥有多个 class，不同 class 名称之间用空格分开。比如：

```
<p class = "green    bigfont">某个段落 </p>
```

<p> 元素同时拥有 .green、.bigfont 两个 class 属性。class 选择器可以有效地帮助我们归类 CSS 样式。

id 与 class	✓ id 选择器向页面上的单个区域应用独特的 CSS 规则；class 选择器配置某一类 CSS 规则，并将其应用于网页的一个或多个区域。 ✓ 写法上，一个是 #，一个是 .（CSS 规则中）；一个是 id=""，一个是 class=""（HTML 中）。

^ 练一练 ^

对于上述将 <h1>、<h2>、<p> 都定义为绿色字体的要求，参阅 10.2.5 节一次多选（分组选择器），试写出不用 class 选择器的写法。

思考与验证

既然一个元素可以同时拥有多个 class，那么一个元素可不可以同时拥有多个 id 呢？

【**例 10-1**】 元素选择器、class 选择器和 id 选择器。

根据 CSS 规则和 HTML 代码判断 <h1> 和三个 <p> 的样式效果。

```
1       <!DOCTYPE html> <html>
2       <head>
3           <meta charset="utf-8">
4           <title> 三种选择器 </title>
5           <style type="text/css">
6               p{
7                   color:green;
8               }
9               .center{
10                  text-align:center;
11              }
12              #para1{
13                  text-align:right;
14                  color:red;
15              }
16          </style>
17      </head>
18      <body>
19          <h1 class="center"> 标题 1</h1>
20          <p class="center"> 段落 1。</p>
21          <p id="para1"> 段落 2</p>
22          <p> 段落 3</p>
23      </body>
24      </html>
```

代码说明：

（1）该页面的样式效果为：标题 1：文本居中；段落 1：文本居中、绿色字体；段落 2：文本居右、红色字体；段落 3：文本居左（默认）、绿色字体。页面效果如图 10-5 所示。

（2）在上述 CSS 中，p、.center 和 #para1 分别是元素选择器、class 选择器和 id 选择器。其中，p{color:green;} 意味着 HTML 中所有的 <p> 元素下的字体都是绿色；.center 意味着引用这个 class 选择器的元素内的内容都是水平居中；#para1 意思是引用这个 id 选择器的元素内的内容水平居右、红色字体。第 19 行和第 20 行的 <p> 元素引用的都是 .center 这个 class 选择器，所以文本水平居中。第 21 行 <p> 元素引用的是 #para1 这个 id 选择器，所以此处的段落文字不再是绿色（6~8 行中元素选择器 p 定义的是绿色），而是红色，且水平居右对齐。页面效果如图 10-5 所示。

再强调一下，元素选择器、class 选择器和 id 选择器有各自的 CSS 规则写法，也有各自的 HTML 引用 CSS 规则的方法。比如，有三个 CSS 规则依次为：

标题1

段落1.

段落2

段落3

图 10-5　三种选择器页面效果

1	p {　color: green;　}	/* 直接用元素名 */
2	.para1{　color: blue;　}	/* 以 . 开头 */
3	#para2{　color: red;　}	/* 以 # 开头 */

　　在如下的 HTML 代码中，根据元素选择器、class 选择器和 id 选择器的引用方法，很容易判断出三个段落分别引用的 CSS 规则。

1	<p> 段落 1</p>	/* 这里将显示 green*/
2	<p class="para1"> 段落 2</p>	/* 这里将显示 blue*/
3	<p id="para2"> 段落 3</p>	/* 这里将显示 red*/

CSS **的注释**	CSS 代码中的注释可以提高代码的可读性，便于后期的维护。在 CSS 中，注释语句都位于 /* 和 */ 之间，其内容可以是单行或多行。

10.2.4　后代选择器

　　元素选择器、class 选择器、id 选择器是最为常见的三种 CSS 选择器。除此之外，CSS 可以通过结构化的方法来选择元素。比如：

```
<div id="main">
   <p> 段落 1</p>
</div>
```

要针对 <p> 元素定义样式，CSS 选择的方法是：

```
#main p {
    color: #0000ff;
}
```

　　首先选择 #main，然后用空格隔开，依次选择后代元素。这种 CSS 效果只适用于这个 #main 内的 <p> 元素，而对于其外的 <p> 元素不起作用。这也可以看成是选择器的嵌套。
　　嵌套选择器的使用非常广泛，元素选择器、class 选择器、id 选择器都可以进行嵌套。比如：

```
1    p em { color: maroon; }                    /*<p> 中的 <em> 元素 */
2    .special em { color: red; }                /*class 值为 special 的元素中的 <em>*/
3    td.top .top1 strong {font-size: 16px;}     /* 多层嵌套 */
```

上述第 3 行中可能对应的 HTML 代码为：

```
1    <td class="top">
2        <p class="top1">
3            某个段落 <strong>CSS 控制的部分 </strong> 某个段落
4        </p>
5    </td>
```

这里就定义了具体某个位置的 <strong> 元素的 CSS 样式。

外层元素 & 内层元素	一般来说，构建页面 HTML 框架时，通常只给外层元素（父元素）定义 class 或 id；内层元素（子元素）的 CSS 定义能通过嵌套表示的，尽量利用嵌套表示。比如 .special em { color: red; }，只有当内层元素无法利用嵌套表达时，才单独进行声明。

10.2.5 一次多选（分组选择器）

可以一次选择多个选择器，用逗号隔开。比如：

```
#main, #new, .feature {
    colore: red;
}
```

上述写法等价于：

```
#main {    colore: red;    }
#new {    colore: red;    }
.feature {    colore: red;    }
```

为了尽量减少代码的重复，可以使用分组选择器。每个选择器用逗号分隔。

一个选择器中 CSS 规则的属性可以设置多个，用 "；" 隔开；选择器本身也可以同时声明多个，用 "，" 隔开。把共同的样式合并在一起，如果它们有改变，只需要在一个规则中修改。如果把它们分开，就必须修改多个规则，这样容易出错。

通过上述讲解，可知 CSS 选择器主要有元素选择器、class 选择器和 id 选择器。增述的另外两个选择器（后代选择器、一次多选）可以看成是三种基本选择器的扩充。

在一起? or 不在一起?	h1, h2{ font-family: sans-serif; color: gray; } h1 { border-bottom; 1px solid black; } 在设计 CSS 规则时，共同的在一起，用 "," 隔开；独特的单独列出来，不在一起。

10.2.6 选择器的权重

下面来谈一谈 CSS 的权重。

假如页面中有一个 `<p>` 元素，如何知道这个元素的 font-size 属性呢？也就是说，如果一个 HTML 元素被元素选择器、class 选择器和 id 选择器分别定义了 CSS 规则（比如字体大小），那么到底以哪一个 CSS 规则为最终页面效果？这就是 CSS 的权重问题。比如：

```
p {    font-size: 12px;    }
p.para1{    font-size: 14px;    }
```

CSS 权重决定了 CSS 规则怎样被浏览器解析直到生效。当很多的规则被应用到某一个元素上时，权重决定了哪一个规则生效或者优先级。每个选择器都有自己的权重。每条 CSS 规则都包含一个权重级别，这个级别是由不同的选择器加权计算而得的。

假如用 A、B、C 分别代表 id、class 和元素选择器的名字，那么一个 CSS 规则的权重可以用三位来表示。A、B、C 的默认值都为 0，根据 CSS 规则的选择器的不同，都会有三位的权重值，如图 10-6 所示。

- 如果选择器包含 id，有一个 id，A 值就增 1。
- 如果选择器包含 class，有一个 class，B 值就增 1。
- 如果选择器包含元素名，有一个元素名，C 值就增 1。
- 最终得到 ABC 的三位数值，也就是这条 CSS 规则的权重值。

A   B   C
id   class   元素

图 10-6　权重的三位表达

根据上述说明，用手遮挡表 10-1 的权重值，根据选择器的写法，写出对应的权重值。

表 10-1　权重值举例

选择器	权重值	选择器	权重值
em	001	#links h1	101
span.cd	011	ol li p	003
p img	002	.red	010
#sidebar	100	a:link	011
h1.blue	011	#abc .sd p a	112

需要说明的是，表中选择器 a:link 是 a 元素下的伪类的写法，它看作是一个元素 `<a>` 和一个类（class）的结合，所以对应的权重值为 011。

对于 CSS 规则，在综合考虑所有 id、class 和元素之后，得到的权重值越大，这个规则就越特定。

问与答

问： 我曾经看过 <style> 元素之内有 <!-- 和 --> 将所有的 CSS 代码包含其中，CSS 的注释不应该是 /* 和 */ 吗？

答： 在 HTML 中，<!-- 和 --> 是用来注释的。在嵌入式 CSS 中，这样写是为了避免旧版浏览器不支持 CSS，从而将 CSS 代码直接显示在浏览器上而设置的 HTML 注释。

问： 能解释一下 CSS 的继承吗？这不是面向对象语言才有的概念吗？

答： CSS 中的继承并没有像 C++ 或 Java 这样的面向对象编程语言那么复杂。简单地说，把各个 HTML 元素看作是一个个容器，其中的小容器会继承所包含它的大容器的 CSS 样式。而小容器的样式风格不会影响包含它的大容器。

问： 可否再简要说明一下 CSS 的权重？

答： 在 CSS 中，当很多规则被应用到某一个元素上时，权重决定了哪种规则生效或者优先级。每条 CSS 规则都包含一个权重级别，如果两个选择器同时作用到一个元素上，权重高者生效。送你个图（图 10-7）吧，很多想给你说的，都在这个图里了。

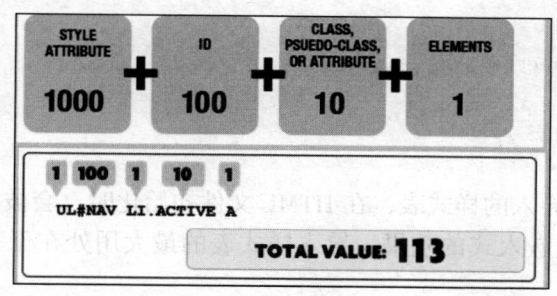

图 10-7　CSS 的权重

10.3　将 CSS 与 HTML 联系起来

在 HTML 中引用 CSS 的方法主要包括嵌入、外部链接、导入和内联。

10.3.1　嵌入样式表

方法是在 <head> 元素中使用 <style> 元素，输入 <style type="text/css"> 或直接简写成 <style>，将 CSS 规则定义在 <style> 与 </style> 之间。比如：

```
<head>
  <style>
  p { color: red;}

  </style>
</head>
```

这种写法直接写在 HTML 页面中，不易被其他网页重复使用，初学阶段经常使用。

10.3.2　外部链接样式表

将样式定义在一个单独的扩展名为 .css 的样式文件中，在 <head> 元素中使用 <link> 元素引用 CSS 文件。其中，href 属性是文件所在的地址，可以是相对路径或绝对路径。

```
<head>
  <link rel="stylesheet" type="text/css" href="common.css">
</head>
```

所有 CSS 规则写在一个单独的文件中，CSS 代码与 HTML 代码完全分离，且可以被多个页面调用，使用相同的风格。如果整个网站要进行样式上的修改，只需修改这一个 CSS 文件即可，易于维护。

10.3.3　导入样式表

这种写法和外部样式表类似，通过 @import 规则从一个外部文件引入 CSS。

```
<style>
  @import url("sheet1.css");
  @import url("sheet2.css");
</style>
```

采用 @import 方式导入的样式表，在 HTML 文件初始化时，会被导入 HTML 文件内，作为文件的一部分，类似嵌入式的效果。导入样式表的最大用处在于一个 HTML 文件可以导入很多样式表文件。

HTML 文件的 <style> 元素中可以导入多个样式表，CSS 文件也可以导入其他的样式表。

10.3.4　内联样式表

这种方法是通过元素的 style 属性把样式直接写在 HTML 元素中的。

```
<p style="text-indent: 2em;"> 某个段落 </p>
```

这种写法不太常用。

引用 CSS
1. 4 种引用 CSS 方式的优先级：内联式 > 链接式 > 嵌入式 > 导入式。
2. 4 种引用 CSS 方式的优先级：style= > <link> > <style> > @import。
3. 建设网站时，使用方式不要超过两种，以便于后期维护和管理。

问与答

问：某选择器写法为：div>p{background-color:red;}，请问这是什么选择器？

答：这也是后代选择器的一种，我们可以称为子元素选择器，它只能选择作为一代子元素的元素。

问：某选择器写法为：div+p{background-color:red;}，请问这是什么选择器？

答：这种写法选取了所有位于 <div> 元素后的第一个 <p> 元素。这叫相邻兄弟选择器，它可选择紧接在另一个元素后的元素，且二者有相同的父元素。

问：某选择器写法为：div~p{background-color:red;}，请问这是什么选择器？

答：这种写法选取了所有 <div> 元素之后的所有相邻兄弟元素 <p>。这叫后续兄弟选择器，它可以选取所有指定元素之后的相邻兄弟元素。

问：选择器写法 p:last-child{ background:#ff0000;} 是什么意思？

答：这是指定属于其父元素的最后一个子元素 <p> 的背景色。

10.4　盒　子　模　型

在 HTML 中学习了两个很重要的概念：块元素和内联元素。本节将介绍 CSS 中极其重要的一个理论：CSS 盒子模型。

页面中每个 HTML 元素都可看作一个盒子，如图 10-8 所示，这个盒子由环绕着内容区的内边距、边框和外边距构成。这就是盒子模型（box model）。无论是 <div>、<span>、<p> 还是 <a>，都可以看作是盒子。

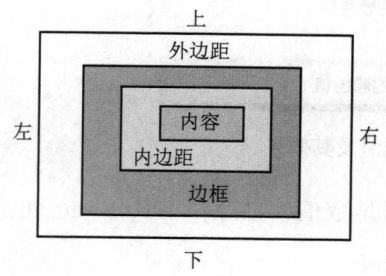
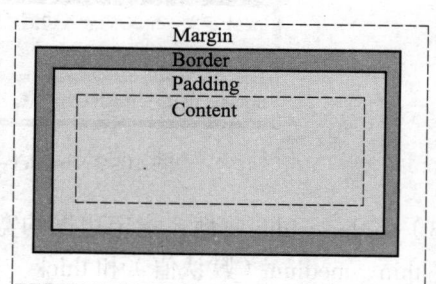

图 10-8　盒子模型

一个盒子模型由内容、边框、内边距、外边距四个部分组成。为了控制元素在页面上的摆放位置，需要对元素的内边距和外边距等方面加以调整。

盒子模型的三个重要属性分别是 border（边框）、padding（内边距）、margin（外边距）。padding 也称为填充，margin 也称为间距。

10.4.1　border 属性

每个盒子都有边框，这个属性包括边框的样式、颜色和粗细等。边框默认值为 0，即不显示边框。

从元素的角度来说，元素周围可以有一个可选的边框。这个边框会包围内边距，另外，它是围绕内容的一条线，从视觉上使内容与同一页面上的其他元素隔开。边框可以有不同的宽度、颜色和样式。

（1）border-color 属性：指定边框的颜色，描述颜色的方式。比如：

> p {　　border-color: red;　　}

（2）border-style 属性：指定边框的样式，包括单实线、点线、双实线等，如图 10-9 所示。

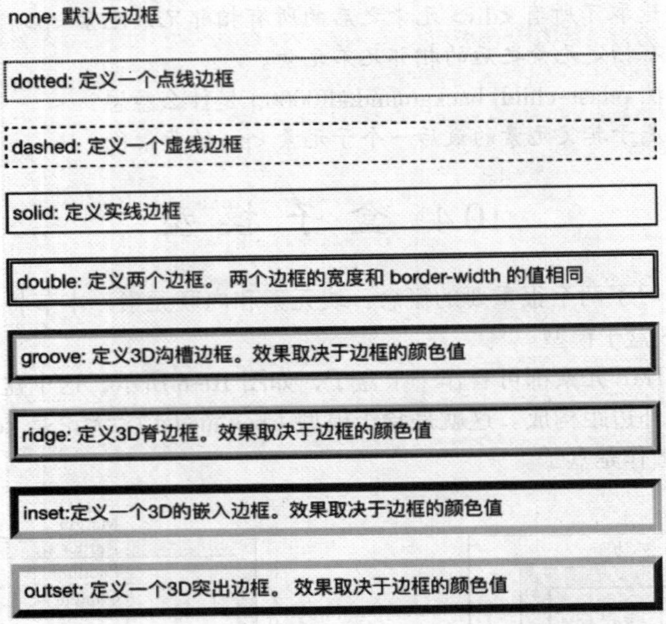

none: 默认无边框

dotted: 定义一个点线边框

dashed: 定义一个虚线边框

solid: 定义实线边框

double: 定义两个边框。两个边框的宽度和 border-width 的值相同

groove: 定义3D沟槽边框。效果取决于边框的颜色值

ridge: 定义3D脊边框。效果取决于边框的颜色值

inset:定义一个3D的嵌入边框。效果取决于边框的颜色值

outset: 定义一个3D突出边框。效果取决于边框的颜色值

图 10-9　border-style 属性可选值及其效果

（3）border-width 属性：指定边框的宽度，值可以是数值，如 2 px 或 0.1 em。也可以是关键字 thin、medium（默认值）和 thick。

> p.one {　　border-style: solid;　　　　　border-width: 5px;　　}

上述说明中，都是一次性定义了边框的四个边的颜色、样式和宽度。也可以使用上、右、下、左的边框属性单独设置各边的情况。比如上边框的宽度（border-top-width）、下边框的样式（border-bottom-style）、左边框的颜色（border-left-color）等。

这些设置边框的写法称为 border 属性。也可以一次性为边框简写属性，比如：

> border: 5px solid red;

表示设置边框为 5 px 的宽度、单实线、红色。

> **上右下左**　描述盒子四个边属性时，不是按照常说的上、下、左、右顺序，而是上、右、下、左。比如，p{border-width:1px 2px 3px 4px; } 代表的是上、右、下、左边框宽度依次为 1 px、2 px、3 px、4 px。

【例 10-2】 盒子模型——边框。

```
1    <!DOCTYPE html>
2    <html>
3    <head>
4        <meta charset=utf-8">
5        <title> 盒子模型——边框 </title>
6        <style type="text/css">
7            p{
8                    border-style: dashed;
9                    border-width: 3px;
10                   border-color: red;
11           }
12       </style>
13   </head>
14   <body>
15       <p>            这里有个段落。        </p>
16   </body>
17   </html>
```

代码说明：

（1）第 8~10 行设置边框的样式，可以改写成一句话，即 border:3px dashed red。

（2）在 Chrome 浏览器中的页面效果如图 10-10 所示。

页面效果

图 10-10 盒子模型——边框

上述 CSS 规则也可以写成：

```
p   {   border: 3px dashed red;   }
```

10.4.2 margin 属性

margin 属性代表盒子与相邻元素的距离，可称为外边距。其值可为长度、百分比和关键字 auto。

外边距也是可选的，它包围着边框。利用外边距可以在同一个页面上的不同元素之间增加空间。如果两个盒子紧挨着，外边距就相当于它们之间的空间。

外边距总是透明的，没有背景颜色，可以指定不同侧面的外边距。

```
1    margin-top: 100px;
2    margin-bottom: 100px;
3    margin-right: 50px;
4    margin-left: 50px;
```

也可以简写成：

```
margin: 100px 50px 100px 50px;
```

和 border 一样，也可以进一步简写为：

```
margin: 100px 50px;
```

10.4.3　padding 属性

padding 属性定义元素边框与元素内容之间的空间，即上、下、左、右的内边距。其值可为长度、百分比，默认值为 0。类似于 margin 属性，padding 本身是透明的，没有颜色，也没有自己的装饰。配置元素背景时，背景会同时应用于内边距和内容区域。所以可以把 padding 看作是元素的一部分，而 margin 包围这个元素，将它与其他元素隔开。

同样，盒子 4 个边的 margin、padding 属性都可以使用 top、right、bottom 和 left 单独设置。如 margin-bottom（下外边距）、padding-right（右内边距）等，如图 10-11 所示。

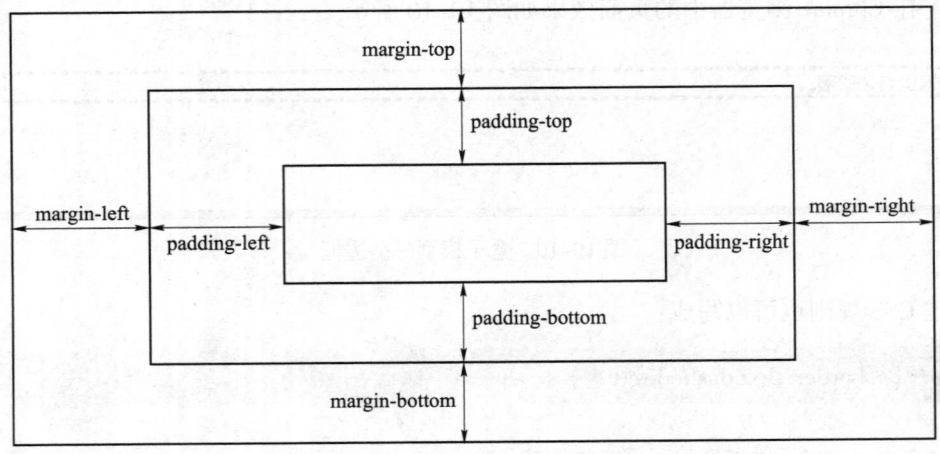

图 10-11　margin 与 padding 属性

> **padding 的颜色**　　margin 和 padding 本身都是透明的，所以它们会呈现背景颜色或背景图像。padding 和 margin 的区别是：元素的背景色（或背景图像）会延伸到内边距下面，但不会延伸到外边距。

10.4.4　height 和 width 属性

height 和 width 属性用于设置盒子内容区的高度和宽度，可以采用的值包括长度、百分比和关键字 auto。

此外，max–width、min–width 属性和 max–height、min–height 属性分别用于指定盒子的最大、最小宽度和高度。创建弹性布局时，这些属性很有用。

【例 10–3】 盒子模型。

```
1        #box{
2                width: 100px;
3                height: 100px;
4                margin: 20px;
5                padding: 20px;
6                border: 10px solid blue;
7            }
8    <body>
9        <div id="box">          Box Model            </div>
10   </body>
```

代码说明：

（1）为 #box 设置的内边距、外边距都是 20 px，边框是 10 px 的蓝色实线。

（2）通过 Chrome 浏览器的"开发者工具"菜单，可以查看元素（element）的盒子模型的详情，如图 10–12 所示。

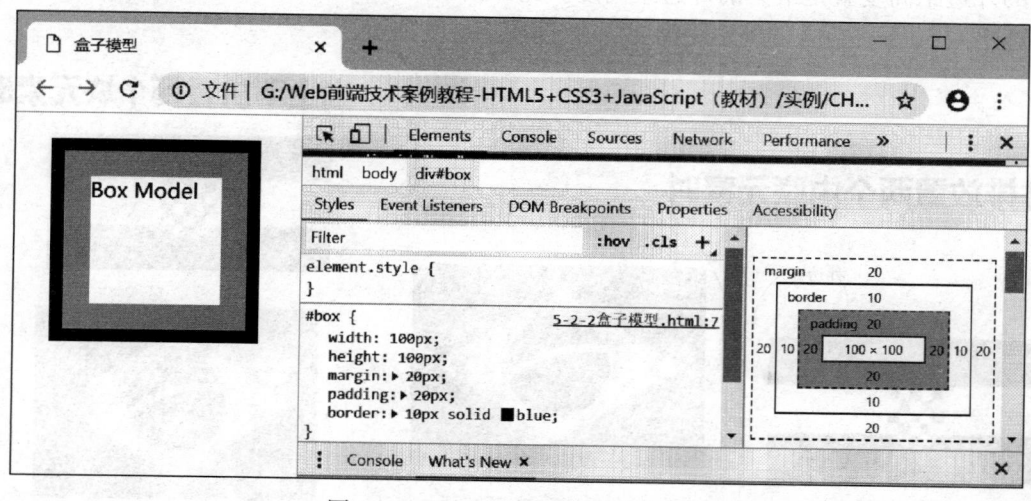

图 10–12　从盒子模型观察盒子尺寸

页面效果

（3）当鼠标选中 HTML 中某个元素或盒子模型中某个区域时，页面都会以背景色方式呈现所选元素或区域。

问与答

问：盒子模型中 width 属性值的含义是什么？

答：width 属性只指定内容区的宽度。要确定整个盒子的宽度，需要将内容区的宽度（width）加上左和右内边距、左和右外边距及边框的宽度的 2 倍。

问：如果没有设置一个元素的宽度，那么它的宽度是多少？怎样可以得到？

答：对于块元素来说，默认宽度是 auto，这说明它会延伸占满可用的空间（即浏览器的整个宽度）。auto 允许内容填满可用的所有空间（考虑到内边距、边框和外边距之后）。

问：指定 width 的值有多种不同方法，这些方法有什么区别？

答：可以通过像素来指定一个具体大小，也可以通过百分比来指定一个相对大小。对于百分比，它是宽度占元素所在容器宽度的百分比（容器可以是 <body>、<div> 等）。

问：怎么区分内边距（padding）和外边距（margin）？

答：外边距提供元素之间的间距，内边距是在内容周围增加额外的空间。如果有一个边框，内边距就在边框内部，外边距就在边框外部。

10.4.5 两个元素之间的距离

当浏览器并排放置两个内联元素，并且这两个元素都有外边距时，浏览器会像期望的那样，在这些元素之间创建足够的空间，考虑到它们的外边距。比如，左边元素外边距为 20 px，右边元素外边距为 30 px，那么这两个元素之间就会有 50 px 的空间，如图 10-13 所示。

而当浏览器上下放置两个块元素时，它会把它们共同的外边距折叠在一起。也就是说，折叠的外边距高度就是最大的外边距高度。比如上面元素的下外边距为 20 px，下面元素的上外边距为 30 px，折叠的外边距为 30 px，如图 10-14 所示。

当上下放置两个块元素时

当并排放置两个内联元素时

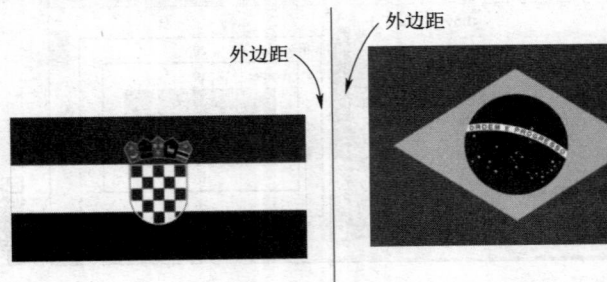
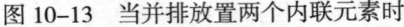
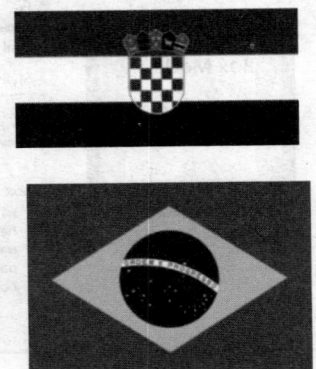

图 10-13　当并排放置两个内联元素时　　　　图 10-14　当上下放置两个块元素时

【例 10-4】 元素之间的外边距。

本例中，分别有两个内联元素之间的外边距，以及两个块元素之间的外边距。

HTML 部分代码如下：

```
1    <h1> 当并排放置两个内联元素时 ...</h1>
2    <img src="images/flag02.jpg" class="cls01">
3    <img src="images/flag07.jpg" class="cls02">
4    <h1> 当上下放置两个块元素时 ...</h1>
5    <div id="id01"><img src="images/flag02.jpg"></div>
6    <div id="id02"><img src="images/flag07.jpg"></div>
```

CSS 代码如下：

```
1    img.cls01{ margin:20px;          }
2    img.cls02{ margin:30px;          }
3    #id01{       margin:20px;      }
4    #id02{       margin:30px;      }
```

如图 10–15 所示，块元素之间的距离有折叠现象，它们之间的距离并不是像内联元素一样的 50 px，而是 30 px。

当并排放置两个内联元素时...

当上下放置两个块元素时...

图 10–15　元素之间的外边距

页面效果

问与答

问：如果一个块元素的外边距为 10，它下面的块元素的上外边距为 20，那么它们之间的外边距是 20？

答：没错。两个块元素之间的外边距是二者中较大的那个元素的外边距。当然，如果外

边距相同，比如都是 10 px，它们就会完全折叠在一起，它们之间的外边距总共也是 10 px。

问：内联元素可以有外边距吗？

答：当然可以，不过一般不会设置内联元素的外边距。唯一的例外就是图像。对于图像，通常不仅会设置外边距，还会设置内边距和边框。

思考与验证

既然上面提到了两个元素之间的外边距，这里再扩展一下：如果一个元素嵌套在另一个元素中，它们都有外边距，那么会折叠吗？它与外面元素有没有边框有关吗？

★点睛★

◇ CSS 包含一些简单语句，称为规则。典型的规则包括一个选择器，以及一个或多个属性。

◇ 基本的 CSS 选择器有元素选择器、class 选择器、id 选择器。

◇ 定义 CSS 时，class 选择器需要在名字前加上"."符号，元素引用时用 class= 选择器名的属性实现。

◇ 定义 CSS 时，id 选择器需要在名字前加上"#"符号，元素引用时用 id= 选择器名的属性实现。

◇ 当多个元素需要使用相同的 CSS 属性设置时，可以将它们的选择器放在一起，用逗号（,）隔开，这也叫分组选择器。

◇ 当 CSS 设置只想作用于 A 元素下包含的 B 元素时，选择器中用空格表示包含之意，可以写成 A B 的形式，比如：#divA p{}。

◇ <!--XXXXX--> 可用来定义 HTML 中的注释；/*XXXXX*/ 可用来定义 CSS 中的注释。

◇ 在 <head> 中嵌入 <style> 元素，<style> 后写上若干条 CSS 规则，这是比较常见的 CSS 嵌入式。

◇ 在 <head> 中嵌入 <link> 元素，<link> 中 href 属性写上 CSS 文件的 URL，这是较为常见的 CSS 外部链接式。

◇ 当需要引用多个 CSS 文件时，可以用多个 @import 命令进行导入，这是 CSS 导入式。

◇ 以元素中定义 style 属性的形式编写 CSS 样式，这是 CSS 的内联式。

★章节测试★

一、写出 CSS 代码并上机验证

1. <h3> 元素下的 one 类别选择器设置字体为红色，大小为 23 像素。
2. 同时为 <h1>、<h2>、<h3>、<h4> 和 <p> 设置字体颜色为紫色。
3. 为元素 <p> 中的 <em> 元素设置字体颜色为酱紫色 maroon，并有下划线修饰。

4. 为 id 为 one 的元素里的 <li> 元素设置左填充为 10 像素。

二、修改 CSS 代码

找出 CSS 文件 "common.css" 中的错误并修改。

```
1     <style>
2     body {
3         background-color: blue
4     h1, {
5         font-color: red;
6     }
7     <em> {
8         font-style: italic;
9     }
10    </style>
```

三、绘制

绘制盒子模型，并标出 border、padding、margin、width 的含义。

第 11 章
CSS 文本样式

CSS 文本样式可定义文本的外观，包括文本的大小、颜色，字符间距，对齐文本，装饰文本，对文本进行缩进等。

学习目标：

序号	基本要求
1	掌握常见的 CSS 文本属性包括 font- 系列、text- 系列和 l- 系列等
2	了解 serif 字体的特征、描述字体大小的绝对单位和相对单位等
3	理解 CSS 继承的含义，能够区分样式继承和样式覆盖
4	通过例 11-1，掌握 Web 页面设计的基本步骤
5	通过例 11-1，掌握页面 CSS 文本设置的一般思路与技巧
6	了解 CSS3 新增的文本属性，能够设置文本阴影效果和自动换行

在 HTML4.01 之前，文字的字体、颜色、大小都可以通过 <font> 元素结合属性来设置。随着技术的发展，严格的 HTML 并不建议出现用于描述外观的元素与属性，标记语言只是用于描述结构。对于表现页面外观的工作，应通过 CSS 实现。

本章主要介绍使用 CSS 设置文字的字体、颜色、大小、装饰等效果。

11.1 CSS 字体（font-family）

font-family 属性用于设置文字的字体。一个 font-family 通常包含多种字体。浏览器会按照顺序依次寻找列出的字体，并最终显示计算机上已安装的第一个字体。比如：

```
body {
    font-family: Verdana, Geneva, Arial, sans-serif;
}
```

设置 <body> 元素的 font-family 属性，<body> 中的元素会继承这些字体设置。上述字体之间用逗号隔开。如果所列出的字体电脑上都没有安装，则用默认字体替换。

sans–serif & serif	sans-serif 专指西文中没有衬线的字体，与汉字字体中的黑体相对应。 serif 系列字体在字的笔画开始及结束的地方都有额外的装饰，并且笔画的粗细会因笔画的不同而有所不同。	

11.2　CSS 文本属性

CSS 为网页文本配置了十余个属性，用于文本颜色、大小、装饰等设置。

下面主要介绍文字大小（font–size）、文字颜色（color）、文字粗细（font–weight）等属性。

11.2.1　字体大小（font–size）

表 11–1 列出了字体大小的单位。其中，em 和百分比是相对单位，像素单位 px、磅单位 pt 都是绝对单位。这些单位也适合其他 CSS 属性的设置，都具有广泛的应用。

表 11–1　单位

单位类别	值举例	说明
px（像素）	16 px	基于屏幕分辨率显示。浏览器中不易缩放
pt（磅）	12 pt	配置网页的打印版本。浏览器中不易缩放
em	0.75 em	浏览器中改变文本大小时容易缩放
百分比	75%	浏览器中改变文本大小时容易缩放

像素（px）用来表示字体大小时，表示的是字符的高度是多少像素。% 和 em 都是相对于父元素的比例。如 h2 { font-size: 1.2em; }，表示它是父元素字体大小的 1.2 倍。

%	用像素指定字体大小时，会明确指出字体有多大；用百分数指定字体大小时，表示这个字体相对于另一个字体的大小。比如： 　　body { font–size: 14px; } 　　h1 { font–size: 150%; } 这里的 \<h1\> 字体大小应该是它的父元素的字体大小的 150%。假使 \<h1\> 的父元素是 \<body\>，那么 \<h1\> 字体大小为 14×150%=21（px）。

那么，到底应该如何指定字体大小呢？一般来说，先选择一个关键字（比如 small 或

medium），指定它作为 <body> 中的字体大小，这相当于页面的默认字体大小。其他元素的字体大小使用 em 或 % 指定。

```
body { font-size: small; }
h1 { font-size: 150%; }
h2 { font-size: 120%; }
```

> **pt & px**
> √ pt(point, 磅)，一个物理长度单位，指的是 1/12 英寸。
> √ px(pixel, 像素)，一个虚拟长度单位，是计算机系统的数字化图像长度单位，若 px 换算成物理长度，需指定 DPI(Dots Per Inch, 每英寸像素数)。以 Windows 的 96DPI 为例，16 px=12 pt= 小四（中文字库特有的一种单位）。

11.2.2 字体颜色（color）

color 属性可以为字体设置颜色。CSS 提供了几种指定颜色的方法，比如通过颜色名或者按红绿蓝相对百分比指定颜色，也可以使用一个十六进制码指定颜色。其中，使用十六进制码表示颜色值最为广泛。

CSS 指定的 16 种基本颜色及其十六进制码如图 11-1 所示。

black (#000000)	silver (#C0C0C0)	gray (#808080)	white (#FFFFFF)
maroon (#800000)	red (#FF0000)	purple (#800080)	fuchsia (#FF00FF)
green (#008000)	lime (#00FF00)	olive (#808000)	yellow (#FFFF00)
navy (#000080)	blue (#0000FF)	teal (#008080)	aqua (#00FFFF)

图 11-1　16 种基本颜色

以橙色为例。橙色可由红色和绿色混合而成，具体比例可为 80% 的红色和 40% 的绿色。那么，设置这种橙色可以有如下几种写法：

```
body { color: rgb(80%, 40%, 0%); }
body { color: rgb(204, 102, 0); }
body { color: #cc6600; }
```

其中，204 由 $255 \times 80\%$ 得到，102 由 $255 \times 40\%$ 得到；204 的十六进制为 cc，102 的十六进制为 66。

问与答

问：@font-face{font-family: "myFirstFont"; src: url("http://..."); } 的作用是什么？

答：在 CSS 文件中增加一个 @font-face 规则，由浏览器加载 src 指定的字体文件，也即 Web 字体的引用。

问：CSS 设置字体颜色、大小、粗细、样式时，只有字体颜色是 color 属性，其余的都是 font- 开头的属性，那么有没有 font-color 属性？

答：CSS 设置字体时，有 font- 和 text- 开头的属性，唯独字体颜色是用 color。

问：有时候会见到类似 #c60 这样的十六进制码，这是什么意思？

答：表示颜色的十六进制码都是 6 位数，每两位数分别表示 RGB 的各自数值。当每两位数字都相同时，可以使用简写。所以，#c60 代表的就是 #cc6600。对于十六进制码，#800000 就不能使用缩写。

问：letter-spacing 和 word-spacing 有什么区别？

答：正如它们的英文意思，前者表示字母间距，后者表示单词间距。需要注意的是，和英文字母一样，每一个中文汉字都被当成一个字。

思考与验证

用 CSS 对 <p> 进行颜色设置：p {color:maroon; }，假设该 <p> 元素中嵌入一个 <a> 元素，请问 <a> 元素的颜色还是默认的蓝色吗？

11.2.3　字体粗细（font-weight）

字体的粗细在 CSS 中是通过 font-weight 属性来设置的。font-weight 属性值可以是 normal、bold、bolder、lighter 这样的关键字，也可以是 100、200、300 这样的数值。其中，normal 是 font-weight 的默认值，400 等同于 normal，700 等同于 bold。

```
p.normal {font-weight: normal; }
p.thick {font-weight: bold; }
p.thicker {font-weight: 900; }
```

normal、bold 和 900 的效果如图 11-2 所示。

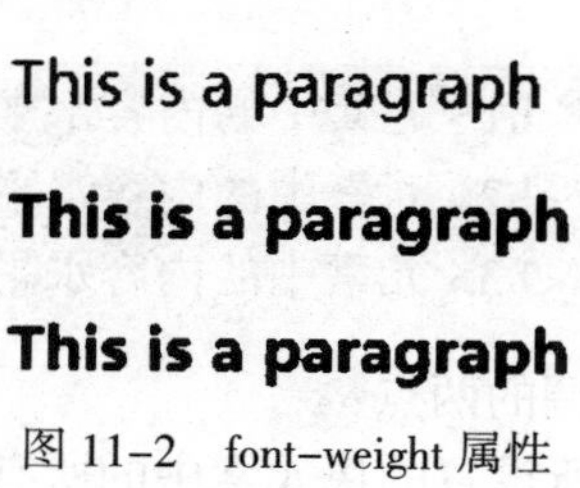

This is a paragraph

This is a paragraph

This is a paragraph

图 11-2　font-weight 属性

11.2.4 文本修饰（text-decoration）

text-decoration 属性允许为文本增加一些装饰性的效果，如下划线、上划线和删除线。比如为 <em> 元素设置一个从文本中间穿过的横线（删除线）：

```
em { text-decoration: line-through; }
```

也可以一次设置多个装饰：

```
em { text-decoration: underline overline; }
```

上述规则使 <em> 元素有一个下划线和一个上划线。不过需要注意的是，如果分写成两个语句，为 <em> 设置两个不同的装饰规则，它们不会累加，而是只会选择一个规则。只有把两个属性值合并到一个规则中，才能同时得到这两个文本装饰。

如果文本继承了不想要的装饰，可以使用 none 值去除装饰：

```
em { text-decoration: none; }
```

思考与验证

CSS3 中将 text-decoration 拆分为 3 个属性，分别为文本装饰的类型（text-decoration-line）、形状（text-decoration-style）和颜色（text-decoration-color）。text-decoration-line 的属性值就是原先那几个关键字（例如 underline、overline 等）。试着设计出下划线装饰，但是是红色波浪线的效果。

看我看我看看我

下划线 **or** **下边框**	√ CSS 用 text-decoration:underline; 实现文本的下划线； √ 从盒子模型角度，可以用 border-bottom 属性设置下边框效果。 区别在于，下边框这条线可以延伸到页面边缘；下划线只出现在文本下面，不会延伸到页面边缘。根据具体情况，适当选择。

11.2.5 文本对齐（text-align）

text-align 属性规定元素中的内容的水平对齐方式。该属性通过定义行内内容（例如文字）如何相对它的块父元素对齐，从而设置块级元素内文本的水平对齐方式，它的值有 left、center、right、justify。比如：

```
h1 {text-align:center}        /*<h1> 元素中的内容水平居中 */
h2 {text-align:left}          /*<h2> 元素中的内容水平居左 */
h3 {text-align:right}         /*<h3> 元素中的内容水平居右 */
```

对于 text-align 属性，需要强调的两点：
- text-align 属性针对的是对所设置的块元素中的所有内容水平对齐方式。

- text-align 属性只能在块元素上设置，如果直接在内联元素（如 <img>）上使用，则不起作用。

11.2.6　其他属性

CSS 中对文本进行设置的属性还有字体样式（font-style）、行高（line-height）、文本缩进（text-indent）、字母大小写（text-transform）、字符间距（letter-spacing）等，这里就不一一详述了。常见的 CSS 文本属性及说明见表 11-2。

表 11-2　常见的 CSS 文本属性及说明

属性	值	说明
color	#xxxxxx	设置文本颜色
font-size	数值（px/pt/em）、百分比、small、large 等	设置字体大小
font-weight	normal、bold、数值	设置字体粗细
font-style	normal、italic、oblique	设置字体样式（italic 和 oblique 都是斜体）
line-height	百分比、em	设置行高（基于当前字体尺寸的百分比行间距）
text-align	left（默认）、center right、justify	对齐元素中的文本（CSS 的 text-align 属性可配置文本和内联元素在块元素中的对齐方式）
text-decoration	none、underline、overline、line-through	设置文本修饰（下划线、上划线、删除线）
text-indent	数值（px/pt/em）、百分比	元素中第一行文本的缩进
text-transform	none、capitalize、uppercase、lowercase	设置元素中的字母大小写（首字母大写、大写、小写）
letter-spacing	normal、数值（px/pt/em）	设置字符间距

对于一些文本设置属性，除了上述单位值之外，还有一些关键字值。比如 font-size 属性的 xx-small、small、medium、large、x-large 等，font-weight 属性的 bold、normal、lighter 等，text-decoration 属性的 underline、overline 等。这里不再赘述。

^练一练^

对于 CSS 文本属性，为了方便大家的记忆，归纳为 font-系列、text-系列、l-系列。根据上表，写出各自系列的文本属性。

问与答

问：一般都是对局部性的文字进行文本装饰，所以 text-decoration 属性经常定义在 <em> 元素中，是不是这样？

答：的确，<em> 元素主要用于一些强调性的文本。还有一些元素如 <del> 经常用于标记需要删除的文本，<ins> 元素用于标记需要插入的内容。通过这些元素，在指定样式的同时，还可以表达内容的含义。这是好的 HTML 表达。

问：CSS 规则 line-height: 1.6em; 是什么意思？

答：line-height 属性是用来设置行高（行间距）的，它表达的是基于当前字体尺寸的百分比行间距。这里指各行之间的间距为字体大小的 1.6 倍。

问：<div> 中的文本都在其他块元素中，如 <h2>、<p>，既然 text-align 是使 <div> 中的内联元素对齐，那么这些嵌套块元素中的文本呢？

答：这些块元素继承了 <div> 的 text-align 属性。

【例 11-1】 文字的 CSS 设置。

模仿百度搜索，搜索关键字：李白、网红，实现如图 11-3 所示的页面效果。

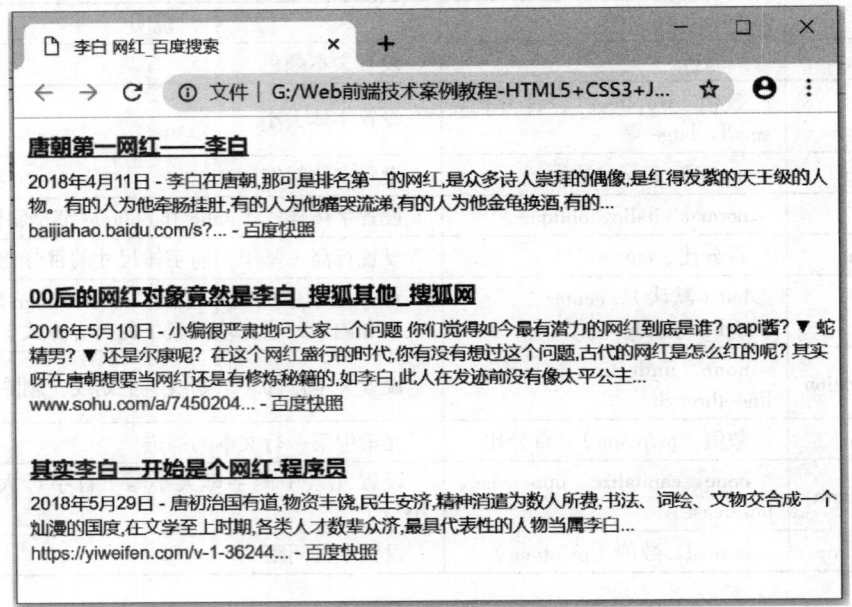

图 11-3 百度搜索"李白、网红"

这个例子的实现，主要分成如下的三个步骤。

（1）搭建 HTML 框架。

分析上述页面效果，使用 <h1>、<p>、<a> 等元素搭建 HTML 框架。部分代码如下：

```
1    <body>
2        <h1><a href="#"> 唐朝第一网红——李白 </a></h1>
3        <p>2018 年 4 月 11 日 – 李白在唐朝 , 那可是排名第一的网红…... </p>
4        <p>baijiahao.baidu.com/s?... – 百度快照 </p>
5        <h1><a href="#">00 后的网红对象竟然是李白 _ 搜狐其他 _ 搜狐网 </a></h1>
6        <p> 2016 年 5 月 10 日 – …...</p>
7        <p>www.sohu.com/a/7450204... – 百度快照 </p>
8        <h1><a href="#"> 其实李白一开始是个网红 – 程序员 </a></h1>
9        <p> 2018 年 5 月 29 日 – 唐初治国有道 , 物资丰饶…... </p>
10       <p>https://yiweifen.com/v-1-36244... – 百度快照 </p>
11   </body>
```

此时页面效果如图 11-4 所示。

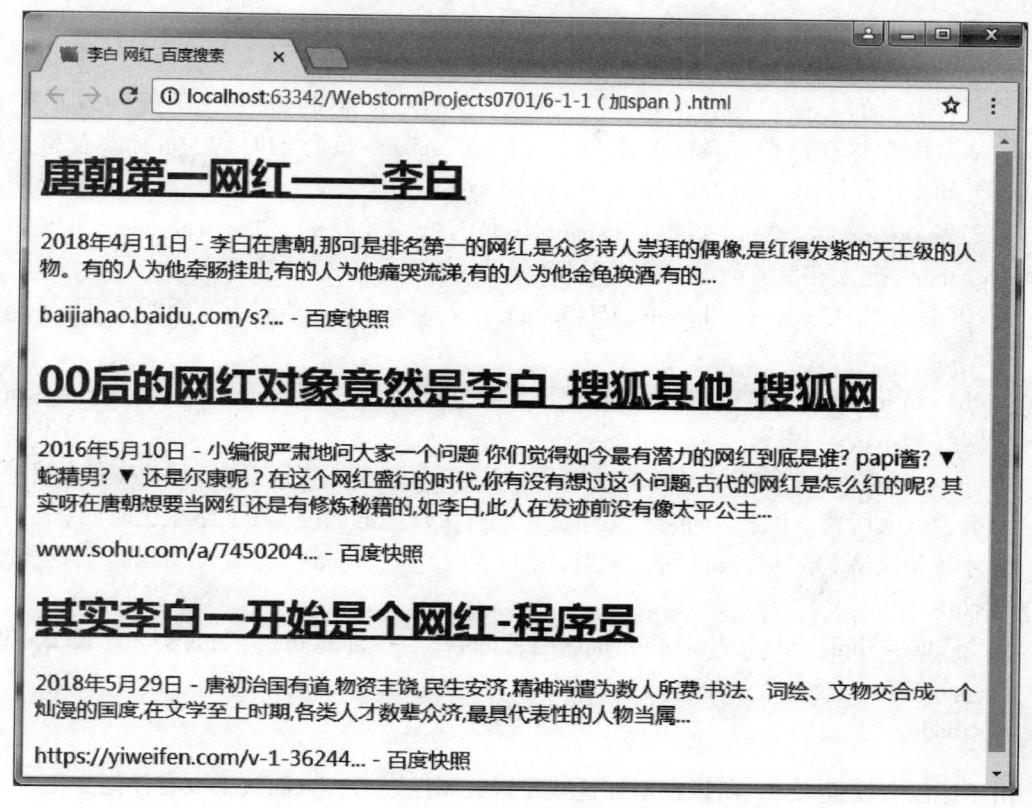

图 11-4　HTML 效果

页面效果

（2）为 HTML 加上 <span> 元素、class 属性等。

通过分析最终页面效果，对于同类的元素增加 class 属性，如根据段落功能，将 <p> 替换为 <p class="content"> 和 <p class="link">，将搜索关键字"李白"替换为 <span class="li">李白 </span>，将搜索关键字"网红"替换为 <span class="star"> 网红 </span>，将"百度快照"替换为 <span class="quick"> 百度快照 </span>。

此处可用编辑软件的"替换"菜单，这样可以提高操作效率。此时代码更新为：

```
1   <body>
2   <h1><a href="#"> 唐朝第一 <span class="star"> 网红 </span>——<span class="li"> 李
    白 </span></a></h1>
3   <p class="content">2018 年 4 月 11 日 – <span class="li"> 李白 </span> 在唐朝 , 那可
4   是排名第一的 <span class="star"> 网红 </span>, 是众多诗人崇拜的偶像 , 是红得发紫
5   的天王级的人物。有的人为他牵肠挂肚 , 有的人为他痛哭流涕 , 有的人为他金龟换酒 ,
    有的 ...</p>
6   <p class="link"> baijiahao.baidu.com/s?... – <span class="quick"> 百度快照 </span></p>
```

7	`<h1><a href="#">`00 后的 `<span class="star">` 网红 `</span>` 对象竟然是 `<span class="-`
8	`li">` 李白 `</span>`_ 搜狐其他 _ 搜狐网 `</a></h1>`
9	`<p class="content">`2016 年 5 月 10 日 – 小编很严肃地问大家一个问题 你们觉得如今
10	最有潜力的 `<span class="star">` 网红 `</span>` 到底是谁？papi 酱？▼蛇精男？▼ 还
11	是尔康呢？在这个 `<span class="star">` 网红 `</span>` 盛行的时代，你有没有想过这
12	个问题，古代的 `<span class="star">` 网红 `</span>` 是怎么红的呢？其实呀在唐朝想
13	要当 `<span class="star">` 网红 `</span>` 还是有修炼秘籍的，如 `<span class="li">` 李白
	`</span>`，此人在发迹前没有像太平公主 ...`</p>`
14	`<p class="link">` www.sohu.com/a/7450204... – `<span class="quick">` 百度快照 `</span>`
	`</p>`
15	`<h1><a href="#">` 其实 `<span class="li">` 李白 `</span>` 一开始是个 `<span class="star">`
16	网红 `</span>`- 程序员 `</a></h1>`
17	`<p class="content">`2018 年 5 月 29 日 – 唐初治国有道，物资丰饶，民生安济，精神消
18	遣为数人所费，书法、词绘、文物交合成一个灿漫的国度，在文学至上时期，各类人
	才数辈众济，最具代表性的人物当属 ...
19	`</p>`
20	`<p class="link">`https://yiweifen.com/v-1-36244... – `<span class="quick">` 百度快照 `</`
	`span></p>`
21	`</body>`

由于还没有设置 CSS，所以在增加这些元素或属性之后，页面效果没有任何变化。

（3）设置 CSS 效果。

根据页面效果，调整 CSS 规则，优化 CSS 代码。以下是最终的 CSS 设置。

```
1    body{
2         font-family:Arial;
3         font-size:13px;
4         margin:0px;
5         padding-left:10px;
6    }
7    h1{
8         font-size:16px;
9         margin:0px;
10        padding-top:10px;
11   }
12   p.content{
13        line-height:1.4em;
```

```
14          padding–top:8px;
15          margin:0px;
16      }
17      p.link{
18          color:#008000;
19          padding–bottom: 20px;
20          margin:0px;
21      }
22      span.star,span.li{
23          color:#c60a00;
24      }
25      span.quick{
26          color:#66666;
27          text–decoration: underline;
28      }
```

页面效果

代码说明：

（1）本例的 CSS 设置中，有关文本设置的属性包括 font–family、font–size、text–decoration、line–height、color 等。

（2）本例的 CSS 设置中，除了文本设置之外，都是有关盒子模型的设置，包括 margin、padding 等，以控制元素之间的距离。

继承	√ CSS 继承指的是子元素会继承父元素的样式，但并不是所有样式属性都能继承。
	√ 以 text–、font–、line– 开头的属性大多是可以继承的。

11.3 CSS3 新增的文本属性

在 CSS3 中包含许多新的文本样式特性。本节主要介绍如下两个常用的文本属性：text–shadow 属性和 word–wrap 属性。

11.3.1 text–shadow 属性

在 CSS3 中，text–shadow 可向文本应用阴影，如图 11–5 所示。

图 11–5 阴影特效

要实现向标题添加阴影的文本特效，具体 CSS 代码如下：

```
<style>
    h1{text-shadow:5px 5px 5px #ff0000;}
</style>
```

text-shadow 属性值的含义依次是水平阴影的位置、垂直阴影的位置、模糊的距离、阴影的颜色。水平阴影的位置和垂直阴影的位置允许为负值。

思考与验证

将上述代码中 text-shadow 属性值改为 −5px −10px 7px #ffff00，还是你喜欢的效果吗？

11.3.2 word-wrap 属性

在 CSS3 中，word-wrap 属性允许对文本进行强制换行。网页版块设计时，当文本内容超出区域时，可以利用文本自动换行 word-wrap 属性解决。对于太长的单词，也可以用 word-wrap 进行拆分并换到下一行。下面是对长单词进行拆分并换行的代码。

```
<style>
    p{word-wrap: break-word;}
</style>
```

【例 11-2】 CSS3 文本属性的应用。

对 <h1> 元素设置文本阴影效果，对某个段落中的长单词进行强制换行。

```
1      h1{
2          text-shadow:5px 5px 5px #ff0000;
3      }
4      p.test
5      {
6          width:11em;
7          border:1px solid #000000;
8          word-wrap:break-word;
9      }
10    <body>
11      <h1>CSS3 文本样式 </h1>
12      <p class="test">This paragraph contains a very long word: thisisaveryveryveryveryveryve-
        rylongword.
13      The long word will break and wrap to the next line.HowDoYouFeelHowDoYouFeel baby?</p>
14    </body>
```

代码说明：

（1）第 2 行 text-shadow 属性值表示阴影在文字的右下方 5 px，模糊距离 5 px，阴影颜色为红色。第 3 个值越大，模糊度就越大，取消第 3 个值时，则无模糊。

（2）第 8 行 word-wrap 修饰段落中如果有太长的单词，并不是一行写到头（这样就超出区块了），而是强制自动换行（break-word）。不进行 word-wrap 设置时的效果如图 11-6 所示。

（3）第 6 行 width:11em 表示段落的宽度是 11 个中文字符那么长。

（4）在 Chrome 浏览器中的页面效果如图 11-7 所示。

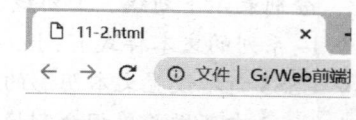

图 11-6　无 word-wrap 设置　　页面效果　　图 11-7　阴影和自动换行效果

11.3.3　CSS3 新增的其他文本属性

除了 text-shadow、word-wrap 属性，CSS3 中还新增了关于文本外观、裁剪（即隐藏）、排版、溢出等方面的属性。可参考表 11-3。

表 11-3　CSS3 中新增的文本属性

属性	描述	CSS
hanging-punctuation	规定标点字符是否位于线框之外	3
punctuation-trim	规定是否对标点字符进行修剪	3
text-align-last	设置最后一行的对齐或紧挨着强制换行符之前的行	3
text-emphasis	向元素的文本应用重点标记及重点标记的前景色	3
text-justify	规定当 text-align 为 justify 时所使用的对齐方法	3
text-outline	规定文本的轮廓	3
text-overflow	规定当文本溢出包含元素时发生的事情	3
text-shadow	向文本添加阴影	3
text-wrap	规定文本的换行规则	3
word-break	规定非中日韩文本的换行规则	3
word-wrap	允许对长的不可分割的单词进行分割并换到下一行	3

★点睛★

✧ color 属性表示文本的颜色，font- 系列属性常用来表示字体、字体大小、字体粗细等。

✧ text- 系列的属性常用来表示文本的水平对齐方式、文本修饰、大小写等。

✧ 对于段落等元素，常用的首行缩进是 text-indent 属性，其中单位常用 em。

✧ text-decoration 用来修饰文本，其属性值有 underline、overline、line-through 和 none，分别表示下划线、上划线、中划线和无修饰。

✧ l- 系列的文本样式有：line-height，表示行高；letter-spacing，表示字间距。

✧ CSS3 新增设置文本阴影的属性：text-shadow。

✧ CSS3 中新增长单词分割换行的属性：word-wrap。

★章节测试★

一、连线

1. 将如下 CSS 属性和对应描述连线。

text-decoration	字间距
text-transform	行高
text-align	大小写
line-height	词间距
word-spacing	文本对齐
letter-spacing	文本修饰

2. 将左边的颜色值和右边的颜色名连线。

#cc6600	white
#cccccc	橙色
#000000	灰色
#ffffff	maroon
#800000	yellow
#ffff00	black

二、判断

1. sans-serif 专指西文中含有衬线的字体。

2. CSS 规则 em{text-decoration:underline overline;} 是正确的，表示对 <em> 元素既有下划线，又有上划线的装饰。

3. 父元素的文本装饰（text-decoration）不能被子元素继承。

三、填空

1. CSS 提供了很多属性对字体的外观加以控制，比如字体＿＿＿＿＿＿＿＿、字体大小＿＿＿＿＿＿＿＿、字体粗细＿＿＿＿＿＿＿、字体样式＿＿＿＿＿＿＿、字体颜色＿＿＿＿＿＿＿和字体装饰＿＿＿＿＿＿等。

2. 如果要使用某种字体，而默认情况下用户可能没有安装这种字体，可以在 CSS 中使用 ＿＿＿＿＿＿＿＿规则。

3. ＿＿＿＿＿＿＿＿＿＿属性用于设置斜体或倾斜文本。斜体或倾斜文本都是倾斜的。

四、写出 CSS 代码并上机验证

1. 将页面中的二级标题从默认的 bold 值（粗体）改为 normal（正常粗细）。
2. 设置 id 值为 p1 的元素的行高为 20 px。
3. 将段落设置为字体大小 14 px，首行缩进 28 px。

五、颜色翻译

将图 11-8 所示的 CSS 中的 16 种基本颜色翻译成中文。

black (#000000)	silver (#C0C0C0)	gray (#808080)	white (#FFFFFF)
maroon (#800000)	red (#FF0000)	purple (#800080)	fuchsia (#FF00FF)
green (#008000)	lime (#00FF00)	olive (#808000)	yellow (#FFFF00)
navy (#000080)	blue (#0000FF)	teal (#008080)	aqua (#00FFFF)

图 11-8　将 CSS 中的 16 种基本颜色翻译成中文

第 12 章
CSS 设置图片效果

在 HTML 中可以通过很多属性进行图片的调整，但是，通过 CSS 统一设置与管理不但可以更加精确地调整图片的各种属性，还可以实现很多特殊的效果。

本章主要介绍 CSS 设置图片的方法，包括图片样式、图片对齐、背景图片和图文混排等。

学习目标：

序号	基本要求
1	会通过 CSS 设置图片边框效果，理解图片设置 width 百分比单位的含义
2	弄清水平对齐方式中图片与参照物的关系，了解垂直对齐方式中图片与周边元素的关系
3	会为元素设置背景颜色、背景图片
4	能根据需求设置背景图片的位置、重复情况，以及固定相对于浏览器的背景图片
5	了解部分 CSS3 新增的背景设置

12.1   图片的边框（border）

在介绍盒子模型时提到，页面中每个元素都可以看作一个盒子。盒子模型的重要属性包括 border（边框）属性。因此，在 CSS 中通过 border 属性可为图片添加各式各样的边框。具体来说，包括 border–color、border–style 和 border–width 属性等。

【例 12–1】 图片样式——边框的设置。

为两张图片分别设置虚线边框、点画线边框。

CSS 代码：

```
1      img.test1 {
2                border–style: dashed;        /* 虚线 */
3                border–color: #00ff00;       /* 边框颜色为 lime（正绿色）*/
4                border–width: 2px;           /* 边框粗细 */
56            }
7      img.test2 {
8                border–style: dotted;        /* 点画线 */
9                border–color: #800000;       /* 边框颜色为 maroon（酱紫色、栗色）*/
10               border–width: 10px;
11           }
```

\<body\> 部分：

```
1    <img src="images/butterfly.jpg" class="test1">
2    <img src="images/butterfly.jpg" class="test2">
```

图片的边框效果如图 12-1 所示。

图 12-1　图片的边框效果

页面效果

也可以为各个方向上的 border 单独设置样式，比如 border-left-style、border-bottom-color 等。和介绍盒子模型时一样，此处 border 也可以将各个值写到同一语句中，用空格分离，如 border: 5px groove #ff00ff;（groove 代表 3D 沟槽边框）。

^练一练^

对图片做出如下设置，请写出对应的 CSS 代码：
img{
　　　　border-left-style:_____　　/* 左点画线 */
　　　　_____: #ff00ff　　/* 左边框颜色 */
　　　　_____: 10px;　　/* 下边框宽度 */
　　　　}

12.2　图片的大小（width 属性、height 属性）

在介绍盒子模型时，width 和 height 属性表示盒子内容区的宽度和高度。同样，图片元素也可以通过这两个属性实现图片的缩放。当 width 的值设置为 50% 时，图片的宽度将调整为父元素宽度的一半。

【例 12-2】　图片样式——大小的设置。
应用 CSS 为图片设置 width。
CSS 代码：

```
1    img.test1 {
2        width: 50%;    /* 相对宽度 */
```

```
3        }
4        img.test2 {
5            width: 160px;   /* 绝对宽度 */
6        }
```

<body> 部分代码：

```
1    <body>
2        <img src="images/butterfly.jpg" class="test1">
3        <img src="images/butterfly.jpg" class="test2">
4    </body>
```

页面效果如图 12-2 所示。其中 50% 的值表示该图片为其父元素（<body>）宽度的一半。调整浏览器窗口大小时，会发现 width 值为 50% 的图片会随着窗口的缩放而缩放，160 px 的图片的大小始终不变。

图 12-2　图片的缩放

页面效果

12.3　图片的对齐方式

图文混排时，图片的对齐方式尤其重要。图片的对齐方式包括水平方向上的对齐（横向对齐）和竖直方向上的对齐（纵向对齐）。

12.3.1　横向对齐方式（text-align 属性）

图片水平对齐与 11.2 节 CSS 文本属性讲述的文字水平对齐基本相同，分为左、中、右

三种。不同的是，图片的水平对齐通常不能直接通过设置图片的 text-align 属性，而是设置其父元素的 text-align 属性来实现的（原因可参阅 11.2.5 节 text-align 属性）。text-align 的属性值主要是 left、right、center。

【例 12-3】　图片样式——对齐方式。

通过 CSS 为三张图片设置相对于页面的三种水平对齐方式。

CSS 代码：

```
1    p { border: 5px dotted blue; }
2    p.test1 { text-align: left;   /* 左对齐 */        }
3    p.test2 { text-align: center;  /* 水平居中对齐 */ }
4    p.test3 { text-align: right;  /* 右对齐 */        }
5    img { width: 160px;  }
```

<body> 部分代码：

```
1    <p class="test1"> <img src="images/butterfly.jpg"> </p>
2     <p class="test2"> <img src="images/butterfly.jpg"> </p>
3     <p class="test3"> <img src="images/butterfly.jpg"> </p>
```

设置父元素 <p> 的 text-align 属性，实现图片的水平对齐方式。效果如图 12-3 所示。

图 12-3　水平对齐方式

页面效果

12.3.2　纵向对齐方式（vertical-align 属性）

图片纵向（竖直方向）上的对齐方式主要体现在图文混排的情况下，尤其是当图片的高度与文字不一致时。纵向对齐方式是通过属性 vertical-align 来实现的，其值主要是 baseline、bottom、middle、top 等。

务必注意的是，vertical-align 是定义周围的内联元素或文本相对于该元素的垂直方式。

text-align	√ text-align 属性针对的是对所设置的块元素中的所有内容的水平对齐方式。
	√ text-align 属性只能在块元素上设置，如果直接在内联元素（如 <img>）上使用，则不起作用。

思考与验证

做图片的超链接，并对 <a> 元素应用 text-align 属性：a{text-align:center;}，能否实现其内 <img> 的居中对齐？小华在实践的时候，在 CSS 中加了一句，改成了 a{display:block; text-align:center;}，他可以实现 <img> 的居中对齐吗？

【例 12-4】图文混排。（文字素材：CH12/data/12-4 文字素材 .txt）

CSS 部分代码：

```
1    body{
2        background-color:#d8c7b4;  /* 页面背景颜色 */
3    }
4    p{
5        font-size:15px;              /* 段落字体大小 */
6    }
7    h2{                              /* 标题 */
8        text-decoration:underline;
9        font-size:18px;
10       font-weight:bold;
11       text-align:left;
12       color:#59340a;
13       clear:both; /* 不加此句，当 <p> 内容较少时，<h2> 也包围图片 */
14   }
15   p.content{
16       line-height:1.2em;
17       margin:0px;
18   }
19   img{
20       border:1px solid #664a2c;
21   }
22   img.pic1{
23       float:left;
24       margin-right:10px;
25       margin-bottom:5px;
26   }
27   img.logo{
28       float:right;
29       margin-left:10px;
```

```
30          margin−bottom:5px;
31          width:20%;
32          height:20%;
33      }
34      span.first{
35          font−size:60px;
36          font−family: 黑体 ;
37          float:left;
38          font−weight:bold;
39          color:#59340a;
40      }
```

在例中除了运用了首字放大的效果以外，还运用了 float:left 和 float:right，使文字环绕图片。为使图片与环绕文字有一定的距离，只需给 <img> 元素设置 margin 属性即可。如上述代码 23~24 行和 28~29 行。

HTML 部分代码：

```
1    <body>
2        <img src="images/movlogo.jpg" class="logo">
3        <p><span class="first"> 中 </span> 国大陆电影的国际化探索在 80 年代以后取得
4        了突破性成就。20 世纪 80 年代以前…… </p>
5        <h2> 少林寺 </h2>
6        <img src="images/mov01.jpg" class="pic1">
7        <p class="content"><br> 导演：张鑫炎 <br> 编剧：薛后、卢兆璋 <br> 主演：李
8        连杰、于海、丁岚、计春华、于承惠 <br> 上映时间：1982 年 <br>《少林寺》是由
         中原电影制片公司制作的一部动作电影。
9            <br> 该片讲述的是隋唐年间，著名武术家神腿张抗暴助义，遭王仁则陷杀，
10       其子小虎幸被少林武僧昙宗救出，小虎为报父仇，拜昙宗为师，取名觉远，习武少林，
         并落发为沙弥的故事。
11           <br> 隋朝末年，隋将王世充的侄子王仁则（于承惠饰）在督建河防工事时，
12       杀死了起来反抗暴虐的神腿张 …… 名传四海，威震四方。
13           <br>1982 年，内地公映后……
14       </p>
```

本例通过图文混排的技巧将文字和图片融为一体。页面效果如图 12−4 所示。

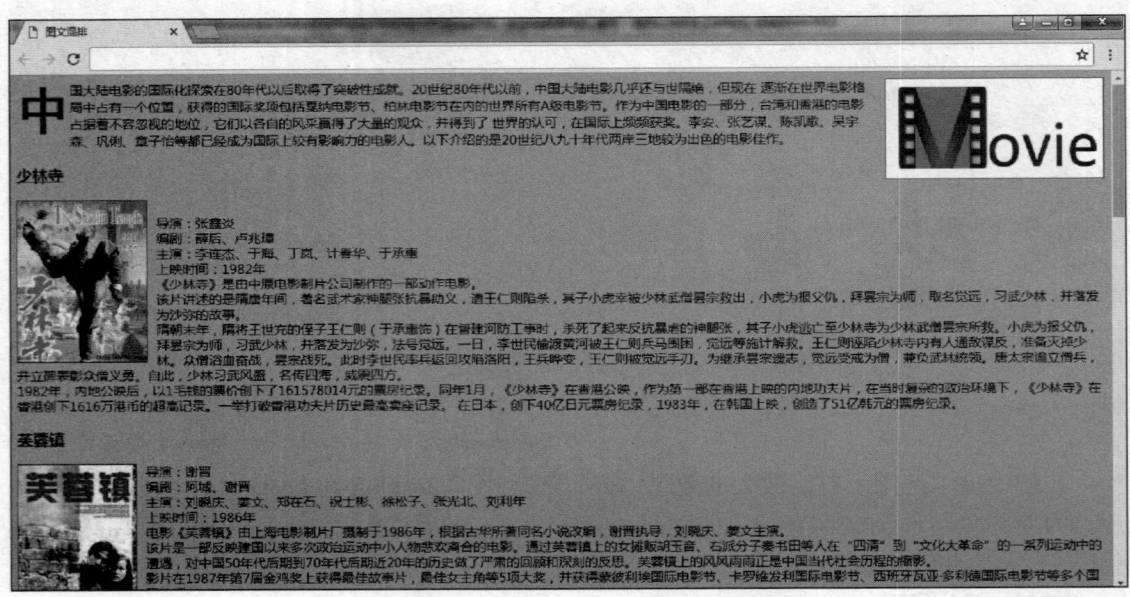

图 12-4　图文混排页面

12.4　背 景 图 像

页面效果

　　背景的设置是 CSS 的重要功能之一。在实际应用中，背景主要是为了突出页面的主题，与前景的文字颜色或图片颜色相配合。这里所说的背景包括背景颜色和背景图像。本节重点想要介绍的是背景图像的应用，但是要先从背景颜色谈起。

　　【例 12-5】　背景图片的设置。

　　想为页面创建如图 12-5 所示的背景效果，其中包括背景颜色和背景图片，背景图片放在段落的左上角。

12.4.1　背景颜色（background-color 属性）

　　背景颜色可以通过 background-color 属性来实现。

```
1    #quote {
2        background-color: #a7cece;
3    }
```

　　背景颜色值与上一节文字颜色值的设置一样，可以使用十六进制码、RGB 百分比、RGB 分量值和颜色的英文单词等。此时页面效果如图 12-6 所示。

12.4.2　背景图片（background-image 属性）

　　在 CSS 中给页面添加背景图片的方法就是使用 background-image 属性直接定义其 URL 值。这里的 URL 值可以是相对路径或绝对路径。追加如下代码：

图 12-5　页面背景

页面效果

一天，马小军又进了一户人家，看到一张女子的泳装照片。他立刻被这个笑容灿烂、浑身透着青春朝气的不知名的女孩所吸引。

她像一个幽灵，来无影，去无踪，只有我的感觉和嗅觉里留下了一些痕迹和芳香能证实她的存在。我发现了一个规律，几个人十几个人的遭遇战打得最惨，也常出人命，几十人上百人的架却往往打不起来，因为人勾来得越多就越容易勾来熟人，甚至两拨都去勾来同一拨人。有时候一种声音或者一种味道就可以把人带回真实的过去。长大懂事后，我才恍然大悟：弟弟的出生和我偷开爸爸的抽屉，玩那只大气球有关系，因为气球被扎漏了。我现在非常理解那些坚持谎言的人的处境，要做个诚实的人简直不可能。说真话的愿望里有多么强烈，受到的各种干扰就有多么大。我悲哀地发现，根本就无法还原真实，记忆总是被我的情感改头换面，并随之捉弄我，背叛我，把我搞得头脑混乱，真伪难辨。

通过院里小孩们的"头儿"刘忆苦，马小军竟然认识了他在照片上所看到的女孩米兰。比照片上还要好看的米兰立刻成为马小军的梦中情人，可米兰根本不拿他当大孩子看，而是喜欢刘忆

图 12-6　background-color 设置

```
1   #quote {
2       background-image: url(images/bg.gif);
3   }
```

这时发现页面增加了背景图像，不过这些图像会重复显示。效果如图 12-7 所示。

12.4.3　背景图片的重复（background-repeat 属性）

从上面的例子中可以看到背景图片都是直接重复铺满整个页面，背景图像默认会重复平铺。可以通过 background-repeat 属性设置图片的重复方式，其值包括 repeat-x（水平重复）、repeat-y（竖直重复）和 no-repeat（不重复）等。要去除背景图像的重复，可以追加如下代码：

一天，马小军又进了一户人家，看到一张女孩子的泳装照片。他立刻被这个笑容灿烂、浑身透着青春朝气的不知名的女孩所吸引。

她像一个幽灵，来无影，去无踪，只有我的感觉和嗅觉里留下了一些痕迹和芳香能证实她的存在。我发现了一个规律，几个人十几个人的遭遇战打得最惨，也常出人命，几十人上百人的架却往往打不起来，因为人勾来得越多就越容易勾来熟人，甚至两拨都去勾来同一拨人。有时候一种声音或者一种味道就可以把人带回真实的过去。长大懂事后，我才恍然大悟：弟弟的出生和我偷开爸爸的抽屉，玩那只大气球有关系，因为气球被扎漏了。我现在非常理解那些坚持谎言的人的处境，要做个诚实的人简直不可能。说真话的愿望有多么强烈，受到的各种干扰就有多么大。我悲哀地发现，根本就无法还原真实，记忆总是被我的情感改头换面，并随之捉弄我，背叛我，把我搞得头脑混乱，真伪难辨。

图 12-7　background-image 设置效果

```
1    #quote {
2        background-repeat: no-repeat;
3    }
```

此时背景图像只显示一张，位置位于左上角，如图 12-8 所示。

一天，马小军又进了一户人家，看到一张女孩子的泳装照片。他立刻被这个笑容灿烂、浑身透着青春朝气的不知名的女孩所吸引。

她像一个幽灵，来无影，去无踪，只有我的感觉和嗅觉里留下了一些痕迹和芳香能证实她的存在。我发现了一个规律，几个人十几个人的遭遇战打得最惨，也常出人命，几十人上百人的架却往往打不起来，因为人勾来得越多就越容易勾来熟人，甚至两拨都去勾来同一拨人。有时候一种声音或者一种味道就可以把人带回真实的过去。长大懂事后，我才恍然大悟：弟弟的出生和我偷开爸爸的抽屉，玩那只大气球有关系，因为气球被扎漏了。我现在非常理解那些坚持谎言的人的处境，要做个诚实的人简直不可能。说真话的愿望有多么强烈，受到的各种干扰就有多么大。我悲哀地发现，根本就无法还原真实，记忆总是被我的情感改头换面，并随之捉弄我，背叛我，把我搞得头脑混乱，真伪难辨。

图 12-8　去除背景图像的重复

12.4.4　背景图片的位置（background-position 属性）

默认情况下，背景图片都是显示在所在元素的左上角的。可以通过 background-position 属性进行背景图片位置的设置，比如：

```
1    #quote {
2        background-position: bottom right;
3    }
```

如果按照上述代码进行设置，背景图将显示在右下角，如图 12-9 所示。

一天，马小军又进了一户人家，看到一张女孩子的泳装照片。他立刻被这个笑容灿烂、浑身透着青春朝气的不知名的女孩所吸引。

她像一个幽灵，来无影，去无踪，只有我的感觉和嗅觉里留下了一些痕迹和芳香能证实她的存在。我发现了一个规律，几个人十几个人的遭遇战打得最惨，也常出人命，几十人上百人的架却往往打不起来，因为人勾来得越多就越容易勾来熟人，甚至两拨都去勾来同一拨人。有时候一种声音或者一种味道就可以把人带回真实的过去。长大懂事后，我才恍然大悟：弟弟的出生和我偷开爸爸的抽屉，玩那只大气球有关系，因为气球被扎漏了。我现在非常理解那些坚持谎言的人的处境，要做个诚实的人简直不可能。说真话的愿望有多么强烈，受到的各种干扰就有多么大。我悲哀地发现，根本就无法还原真实，记忆总是被我的情感改头换面，并随之捉弄我，背叛我，把我搞得头脑混乱，真伪难辨。

图 12-9　背景图像位置的设置

当然，按照页面预设效果，将背景图设置在左上角。代码如下：

```
1  #quote {
2      background-position: top left;
3  }
```

12.4.5 背景图片的固定（background-attachment 属性）

背景图片尺寸较大时，浏览器会出现滚动条，通常不希望图片随着文字的移动而移动，而是固定在一个位置上。在 CSS 中可以通过设置 background-attachment 属性的值为 fixed 来实现背景固定效果。比如：

```
1  body {
2      background-image: url(bg.gif);
3      background-attachment: fixed;
4  }
```

为了使页面美观，还设置了行高、字体、字体大小、字体样式、字体颜色、内边距、外边距、边框等属性。例 12-5 的最终 CSS 代码如下：

```
1  #quote{
2          background-color: #a7cece;
3          background-image: url(images/background.gif);
4          background-repeat: no-repeat;
5          background-position: top left;
6          line-height:  1.9em;
7          font-style: italic;
8          font-family: Georgia, "Times New Roman", Times, serif;
9          color: #444444;
10         border-color: white;
11         border-width: 1px;
12         border-style: dashed;
13         padding: 25px;
14         padding-left: 80px;
15         margin: 30px;
16         margin-right: 250px;
17  }
```

其中，体现背景图片设置的 CSS 规则是第 3、4、5 行。这 3 行代码也可以简写为：

```
background-image: #a7cece url(images/background.gif) no-repeat top left;
```

结合第 2 行，也可以将第 2、3、4、5 行简写为：

```
background: url(images/background.gif) no-repeat top left;
```

简写来了   body { background: blue url(bg2.jpg) no-repeat fixed 5px 10px; }
你能理解上述 CSS 规则的含义吗？ ⟶

★点睛★

◇ 图片边框的样式可用 border 设置，如果需要具体化边框，也可以用类似 border-style
   或 border-left-style 这样的写法。
◇ 图片的大小可用 width 和 height 进行设置，一般只用 width 设置百分比即可。百分比
   针对的是图片的父元素。
◇ 图片的水平对齐方式可以用 text-align 设置，只是它应该设置在图片的父元素中。
◇ 背景颜色的属性可以通过 background-color 来设置。
◇ background 属性既可以设置背景颜色，也可以设置背景图片。
◇ background-image 可以设置背景图片，background-position 可以设置背景图片的摆放
   位置，background-repeat 可以设置背景图片的重复，background-attachment 可以设置
   背景图片的固定。
◇ 和边框属性一样，背景属性的图片 URL、重复性、摆放位置等也可以写成一句。

★章节测试★

一、填空

1. CSS 中可使用_____属性来设置图片的水平对齐方式，该属性应该设置在
_____中。（选择：图片元素 / 图片元素的父元素）
   2. 举例说明如下的简写家族：
（1）border 系，如 border: 5px double #ff00ff;
（2）font 系，如_____
（3）padding 系，如_____
（4）margin 系，如_____
（5）background 系，如_____
   3. 为 <img> 元素设置水平居中的方法：_____

二、判断

   1. 在对图片元素进行 CSS 设置时，当 width 属性设置为 50% 时，则图片宽度变为原来
宽度的 50%。
   2. CSS 可以使用 background-position 属性来设置背景图片的位置。

3. 由于 <img> 元素不是块元素，所以 CSS 设置的 width 和 height 对它无效。

4. CSS 设置的 text-align:center; 不仅能使图片水平居中，也能实现文本水平居中。

5. 可以使用 vertical-align 属性来实现图片在 <div> 元素中垂直居中。

三、实践

选择你喜欢的一部电影，为它制作一个简单的影片介绍。应用 HTML+CSS，实现文本、图片、背景等的合理搭配。

第 13 章
CSS 布局与定位

已经了解了块元素、内联元素和盒子模型，这些正是建立页面布局的基础。现在需要了解如何安排页面上的所有元素，即 CSS 布局与定位。

学习目标：

序号	基本要求
1	掌握 float 布局的规则，能根据其特性原理实现常见的文字环绕的图文混排方式
2	能根据 float 布局的特点，通过一个元素或多个元素的浮动实现想要的布局
3	掌握通过 float 实现多列布局的基本思路（结合例 13-4）
4	掌握通过 CSS3 的盒布局实现多列等高的布局模式（结合例 13-5）
5	掌握通过 CSS3 的弹性盒布局实现多列等高、某列弹性可变的布局模式（结合例 13-6）
6	理解绝对定位、固定定位和相对定位的特征，能根据需求实现相应的定位

13.1 布 局 概 述

如果需要将文档的内容按照一定的规则排列，那么就需要布局。用 CSS 进行布局是前端的基本技能。CSS2 的布局技术主要用到定位（position）、浮动（float）、边距或盒模型；CSS3 又引进了多列布局和伸缩盒，添加了许多新特性，弥补了过去布局技术的一些不足。

以下是页面元素与布局的核心技巧。

（1）HTML5 强调代码的语义化。在做 HTML5 页面布局时，应首先考虑代码的语义化，尽量使代码中不含冗余的 DOM 结构，在此基础上尽可能使用 CSS 来完成页面布局。

（2）绝大部分的页面布局都是浮动（float）、定位（position）和内外边距（margin/padding）三者的有机结合。一些高级的布局效果会使用"负 margin"这样的独特技巧。

（3）了解元素的呈现方式（display）、元素与整个页面的关系（即文档流），从而对页面布局有更深入的理解。

（4）CSS3 中的多栏（multi-column）可以将内容自动分给指定的栏数。

（5）弹性盒模型的布局更适应移动端。

就目前的技术发展，布局主要会涉及浮动布局、定位布局、流式布局、弹性布局、多列布局、等高布局等。

13.2 浮动布局（float）

以前在图文混排等实例中就遇到过 float 布局的方式。为了更深入地理解浮动（float）、定位（position）等原理和特点，先来了解文档流。这是学习布局和定位的理论前提。

13.2.1 文档流

可以把 HTML 文件看成是元素的流（flow）。如果只考虑块元素，浏览器从 HTML 文件最上面开始，从上到下沿着元素流逐个显示所遇到的元素。每一个块元素会按它在 HTML 中出现的顺序放置在页面上，且每个块元素会带来一个换行。

块元素是自上向下流，各元素之间有一个换行；而内联元素则是在水平方向上自左向右的流向。可以想象，当多个挨着的内联元素在水平方向上摆放时，如果让浏览器窗口变窄，水平方向上放不下的内联元素会放在下一行；如果让浏览器窗口变得更窄，内容可能会使用多行。用图 13-1 来表达这种浏览器窗口调整后的变化。当然，可以把文本看成是内联元素的一种特殊情况，浏览器会把它分解成适当大小的内联元素，以适应给定的空间。

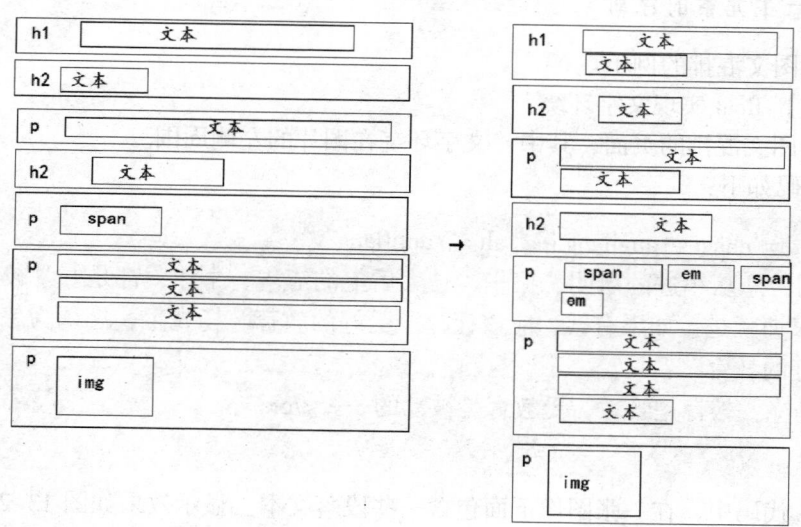

图 13-1 调整浏览器窗口的前后

当将浏览器窗口水平宽度缩小时，流向还是一样，不过块元素会占据更多垂直空间，有些内联元素会在垂直方向上占据多行才能放下。

这就是最普通的文档流（normal flow），即每一个块元素各自垂直堆叠，自上而下排布。

13.2.2 浮动

所谓元素的浮动，就是让元素向左或向右浮动，浮动后的元素会一直移动，直到包含块的边缘或另一个浮动元素的边缘。浮动布局是一种有规则的布局，通常是从上到下、从左向右（或从右向左）进行排列。

语法格式：

```
float: left;
```

或

```
float: right;
```

或

```
float: none; /* 默认情况 */
```

语法说明：

（1）元素只能左右移动，不能上下移动。

（2）一个浮动元素会尽量向左或向右移动，直到它的外边缘碰到包含框或另一个浮动框的边框为止。

（3）浮动元素之后的元素将围绕它。

（4）浮动元素之前的元素不会受到影响。

13.2.3 一个元素的浮动

来看一个图文混排的例子。

【例 13-1】 float 实现文字环绕。

设计一个图文混排的页面，其中，文字环绕在图片的左侧周围。

HTML 代码如下：

```
1    <img src="images/yangjiang.jpg" alt="YangJiang">
2    <p> 问：您从小进的启明、振华，长大后上的清华、牛津，都是好学校，也听说您
3    父母家训就是：如果有钱，应该让孩子受好的教育。杨先生，您认为怎样的教育才
     算"好的教育"？ </p>
4    <p> 杨绛：教育是管教，受教育是被动的……</p>
5    ……
```

在 HTML 代码中，在一张图像下面包含一些段落文本。显示效果如图 13-2 所示。

如果为其中的 <img> 元素设置了浮动，代码如下：

```
1    img{
2        float:right;
3        margin:20px;
4    }
```

在上面的代码中，为 <img> 设置了右浮动，<img> 元素就被从整个文档流中抽取出来，根据浮动的方向重新定位，<img> 原有的位置空了出来，被下方的段落取代，"上下"排列变成了"左右"排列。由于 <img> 浮动后占据了右侧的一块区域，因此段落中的内联（行内）元素将避开这一被占据的区域，最终呈现出图文混排的效果，如图 13-3 所示。

图 13-2　图文默认效果

图 13-3　图片右浮动

页面效果

```
                    改变正常文档流的两种方法：
 脱离文档流          ∨ 浮动（float）
                    ∨ 定位（position）
```

问与答

问：如果一个浮动元素，在其前其后皆有兄弟关系的段落文本，则这两个段落文本都会受浮动的影响吗？

答：浮动元素之后的元素将围绕它，浮动元素之前的元素不会受影响。可参考例 12-4。

问：设置浮动后的块元素，其宽度不再占据一整行，而是由其内容宽度决定吗？

答：是的。本来块元素是占据一整行的，我们为仅仅内含一个文字的 <p> 或 <div> 这样的块元素设置边框时，会发现它们一直延伸到父元素的边缘。而设置浮动后，将不再延伸，而是由内容宽度决定。

【例 13-2】 一个浮动元素的影响范围。

设计一个浮动元素，研究浮动影响的范围。（可对照 13.2.2 节的描述）

HTML 和 CSS 代码如下：

```
1        img {
2               float: right;
3               width: 20%;
4               margin-left: 15px;
5        }
6   <body>
7       <p>——《音乐之声》（The Sound of Music），是由罗伯特·怀斯执导，朱丽·安
8   德鲁斯、克里斯托弗·普卢默、理查德·海顿主演的音乐片……
9       </p>
10      <p>
11          <img src="images/music.jpg" />
12          ——22 岁的玛利亚（朱莉·安德鲁斯饰演）是萨尔茨堡修道院里的一名志
13  愿修女 ......
14          <br>
15          玛丽亚到达冯·特拉普家，发现他是一个有七个孩子的鳏夫……
16      </p>
    </body>
```

代码说明：

（1）在第 2 个 <p> 元素中，有 <img> 和一些文本，所以，当 <img> 元素设置了右浮动之后，其后面的文本会占据图像原来的位置，从而形成对图片的左边环绕。

（2）第 1 个 <p> 不受第 2 个 <p> 中图像浮动的任何影响。

（3）页面效果如图 13-4 所示。

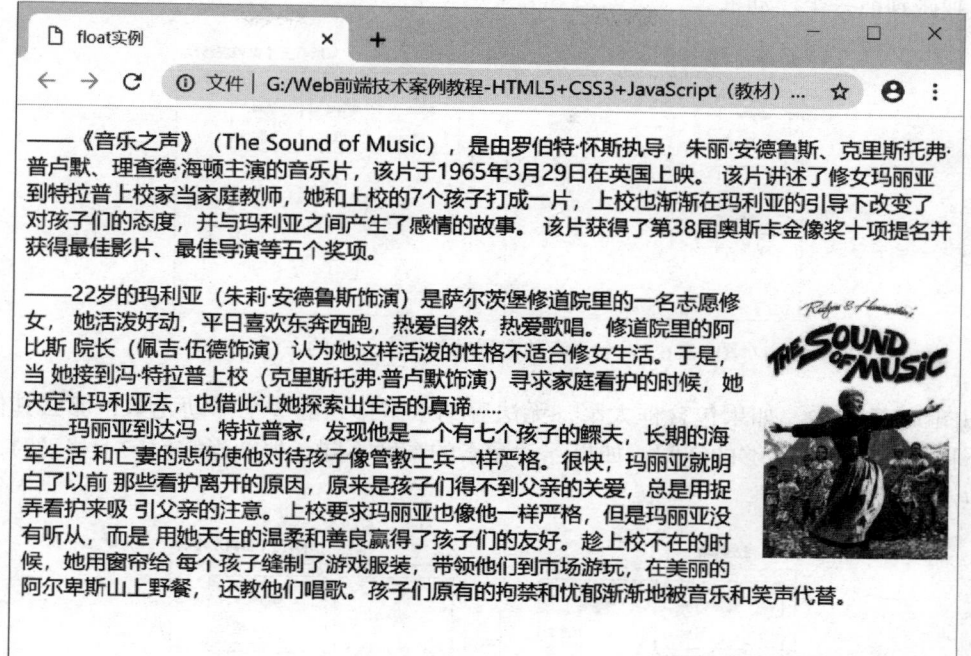

图 13-4　float 元素的影响范围

页面效果

13.2.4　多个元素的浮动

如果图像是右浮动，下面的文本流将环绕在它左边。如果把几个浮动的元素放到一起，只要有空间，它们将彼此相邻。

在图 13-5 中，当把框 1 向右浮动时，它脱离文档流并且向右移动，直到它的右边缘碰到包含框的右边缘。

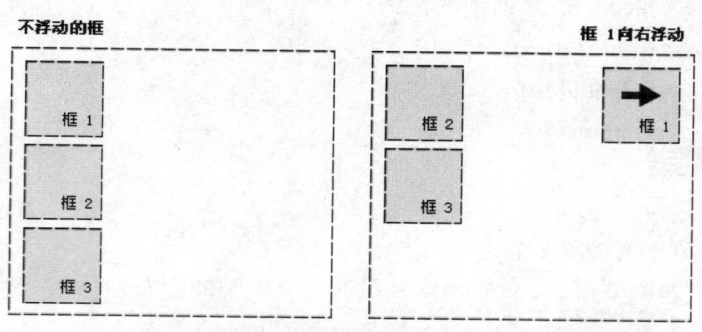

图 13-5　框 1 元素的右浮动

在图 13-6 中，当框 1 向左浮动时，它脱离文档流并且向左移动，直到它的左边缘碰到包含框的左边缘。因为它不再处于文档流中，所以它不占据空间，实际上覆盖住了框 2，使框 2 从视图中消失。

　　如果把所有 3 个框都向左移动，那么框 1 向左浮动直到碰到包含框，另外两个框也向左浮动直到碰到前一个浮动框。

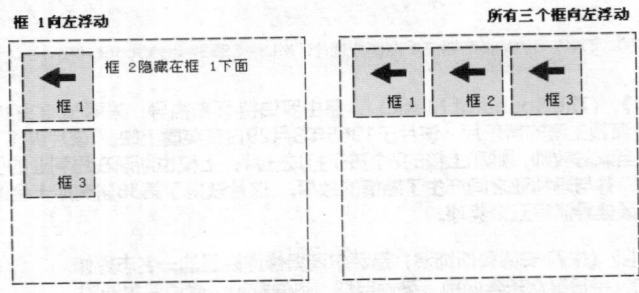

图 13-6　1 个元素的左浮动与 3 个元素的左浮动

　　如图 13-7 所示，如果包含框太窄，无法容纳水平排列的 3 个浮动元素，那么其他浮动块向下移动，直到有足够的空间。如果浮动元素的高度不同，那么当它们向下移动时，可能被其他浮动元素"卡住"。

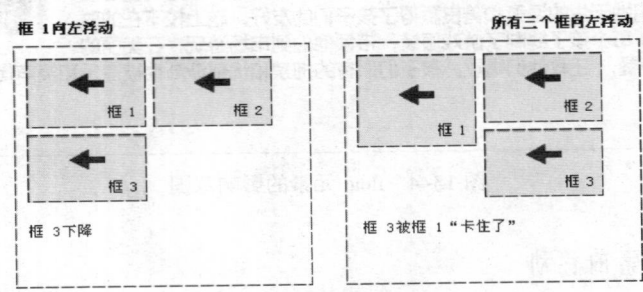

图 13-7　多个元素的左浮动

【例 13-3】　彼此相邻的浮动元素。

```
1        img {
2               float:left; /* 取消的话 */
3               width:110px;
4               height:90px;
5               margin:5px;
6        }
7   <body>
8       <h3> 图片缩略图 </h3>
9       <p> 试着调整窗口，看看当图片没有足够的空间会发生什么。</p>
10      <img src="images/flag01.jpg" >   <img src="images/flag02.jpg" >
11      <img src="images/flag03.jpg" >   <img src="images/flag04.jpg" >
12      <img src="images/flag05.jpg" >   <img src="images/flag06.jpg" >
13      <img src="images/flag07.jpg" >   <img src="images/flag08.jpg" >
14  </body>
```

代码说明：

（1）8 张图片都应用了左浮动，当浏览器窗口足够大时，这 8 张图片会浮动到同一行。页面效果如图 13-8 所示。

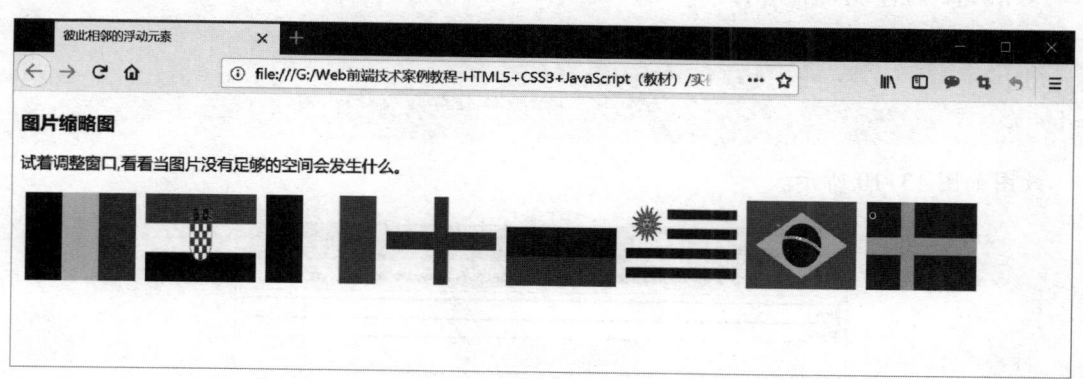

图 13-8 相邻的浮动元素

（2）当浏览器窗口缩小到同一行显示不了 8 张图片时，部分图片会自动浮动到下一行。页面效果如图 13-9 所示。

图 13-9 相邻的浮动元素

页面效果

思考与验证

关于块元素的宽度。因为块元素占据一整行，所以其宽度是延伸到其父元素的边缘（不管它里面内容的多少）。比如：

```
<body>
  <div id="father">
    <div id="son1">box1</div>
    <div id="son2">box2</div>
  </div>
</body>
```

效图如图 13-10 所示。

图 13-10　运行效果

请思考页面效果的变化：（1）若只对 box1 设置左浮动呢？（2）若只对 box2 设置右浮动呢？（3）若 box1 和 box2 皆设为左浮动呢？

13.2.5　清除浮动

浮动可以使元素左右移动。当对多个并列的元素使用浮动时，最后一个浮动元素还是会影响到下一个可能不相关的元素，并引发很多意想不到的问题。在 CSS 中使用 clear 属性来清除浮动带来的影响。

语法格式：

```
clear: both;
```

语法说明：

（1）clear 属性的取值包括 left、right 和 both，往往直截了当地使用 clear:both; 清除所有浮动。

（2）一般都是在浮动元素的后面增加一个空元素（比如
 或空的 <div>），然后为这个空元素定义 clear:both; 以清除浮动。

（3）补充一句，清除浮动还有一种方法，即 overflow:hidden。

问与答

问：浮动常用在哪些方面？

答：单个元素的浮动常用在图文混排时的文字环绕；多个元素的并列浮动最常用于实现水平方向上的并排布局，如两列布局、多列布局。

问：clear 属性是清除浮动的吗？

答：是的。网页排版时，最下端的"脚注"部分通常需要设置 clear 属性，以消除正文部分各种排版方法对它的影响。

13.2.6 float 实现多列布局的例子

【例 13-4】 float 实现三列布局。

```
1    <body>
2        <div id="wrapper">
3            <div class="col">
4                    <img src="images/mov01.jpg" />
5                    <h1> 风声 </h1>
6                    <p> ★华语影史首部谍战巨片，2009 年票房冠军野心之作……</p>
7            </div>
8            <div class="col">
9                    <img src="images/mov02.jpg" />
10                   <h1> 疯狂的赛车 </h1>
11                   <p> ★由七个编剧写成的故事，竟然可以如此巧妙地串在一起……</p>
12            </div>
13            <div class="col">
14                    <img src="images/mov03.jpg" />
15                    <h1> 寒战 </h1>
16                    <p> ★《寒战》是集合郭富城、梁家辉、刘德华三大影帝的警匪动
    作强片……</p>
17            </div>
18        </div>
19    </body>
```

代码说明：

（1）上述代码是两层 <div> 嵌套，外层是 id 属性名为 wrapper 的 <div> 元素，它包括了所有内容，在其下有 3 个类名为 col 的 <div> 元素，每个元素代表一列，每一列中含有一张图片、一个标题元素和一段说明文字。

（2）形成横排 3 列的布局。CSS 代码如下。

```
1    #wrapper {
2                width: 100%;
3    }
4    .col {
5                width: 33.33%;
6                float: left;
7                text-align: center;
8                box-sizing: border-box; //
9                padding: 20px;
```

```
10                color: #fff;
11                background: #4d647e;
12         }
13    .col p {
14                text-align: left;
15         }
16    .col img {
17                width: 40%;
18                margin-top: 10px;
19         }
20    .col:nth-child(2) {
21                background: #f1b67f;
22         }
23    .col:nth-child(3) {
24                background: #6b977f;
25         }
```

代码说明：

（1）wrapper 的宽度设置为 100%，每一列的宽度为 1/3，并设置左浮动形成三列效果。

（2）除了为 3 个 <div> 设置左浮动之外，还要为它们设置盒模型的类型，即 box-sizing 属性。当 box-sizing 属性值为 border-box 时，表示采用与 IE6 一样的盒模型，也就是当用于指定一个元素的 width、height 属性时，包含 border、padding 和 content（内容）。

（3）上述代码在 Chrome 浏览器中的效果如图 13-11 所示。

图 13-11　设置盒模型和浮动

box-sizing 属性	box-sizing 属性允许以某些方式定义某些元素，以适应指定区域。其值： √ border-box，可令浏览器呈现出带有指定宽度和高度的框，并把边框和内边距放入框中。即 width=border+padding+content。 √ content-box，width 不包括边框和内边距（CSS2.1 版本），默认值。

（4）如果没有设置 box-sizing 的值为 border-box，那么 33.3%×3，再加上 padding 的值，肯定超过 100% 了。那样第三个浮动元素就浮不到同一排了，就会形成图 13-12 所示的效果。

图 13-12　没有设置盒模型

（5）当然，如果此时 3 个 <div> 的 box-sizing 和 padding 都不设置，仅仅靠左浮动，也可以实现三者的并排布局。因为在默认情况下，盒模型的 width 仅仅指的是内容的宽度。这种情况下没有了 padding，33.3%×3 略小于 100%，显然并排浮动的宽度是够用的。在 Chrome 中的效果如图 13-13 所示。

需要说明的是，仅仅用 float 而不用 CSS3 的盒布局（即 box-sizing 属性）也可以实现如图 13-11 所示的多列样式（比如，padding 改为 0，而 <p> 的 padding 也设置一下），但很难解决各列高度不一的问题。

多栏布局 刘德华和林志玲　刘德华和林志玲　刘德华和林志玲 刘德华和林志玲　刘德华和林志玲　刘德华和林志玲 刘德华和林志玲　刘德华和林志玲　刘德华和林志玲 刘德华和林志玲　刘德华和林志玲　刘德华和林志玲	·多栏布局是 CSS3 新增的功能，这里的多栏主要针对的是文本。 ·多用于报纸或杂志的排版，比如： div{ 　　-moz-column-count:3; /* Firefox */ 　　-webkit-column-count:3; /* Safari and Chrome */ 　　column-count:3; 　　column-gap: 5px; }

图 13-13　没有设置盒模型和 padding 时

页面效果

13.3　盒布局和弹性盒布局

盒布局和弹性盒布局是 CSS3 新增的布局模式。

13.3.1　盒布局

通过例 13-4，大体了解了盒模型对于 float 布局的作用。这里主要用到了 box-sizing 这个 CSS3 的属性。

语法格式：

box-sizing: content-box;

或

box-sizing: border-box;

语法说明：

（1）content-box 为默认值，表示采用内容盒模型，也就是目前 W3C 的盒模型。当用户指定一个元素的 width 和 height 属性时，仅仅用于设置 box 的大小。

（2）border-box 表示采用与 IE6 一样的盒模型，当用于指定一个元素的 width 和 height 属性时，包含 border、padding 和 content。

【例 13-5】盒布局。

本例不用 float 布局，仅仅通过 CSS3 的盒布局方法实现 3 列等高的布局模式。

在 13-4 例中，3 列布局中每一列的文字内容长度不同，导致各列的高度也不相同（如图 13-11）。如何让这些列的高度一致呢？

在 CSS3 中，可以通过 box 的 display 属性来使用盒布局。针对 Firefox 浏览器，需要将其

写为 –moz–box；针对 Safari 浏览器或 Chrome 浏览器，需要将其写为 –webkit–box；IE 浏览器不支持该属性。

需要注意的是，使用盒布局的方式时，首先要删掉之前对 3 个 <div> 设置的左浮动，然后在 wrapper 中应用 box 的 display 属性。代码如下：

```
1    #wrapper{
2         display: –moz–box;
3         display: –webkit–box;
4    }
```

进行如上盒布局设置后，代码在 Chrome 浏览器中的页面效果如图 13–14 所示。

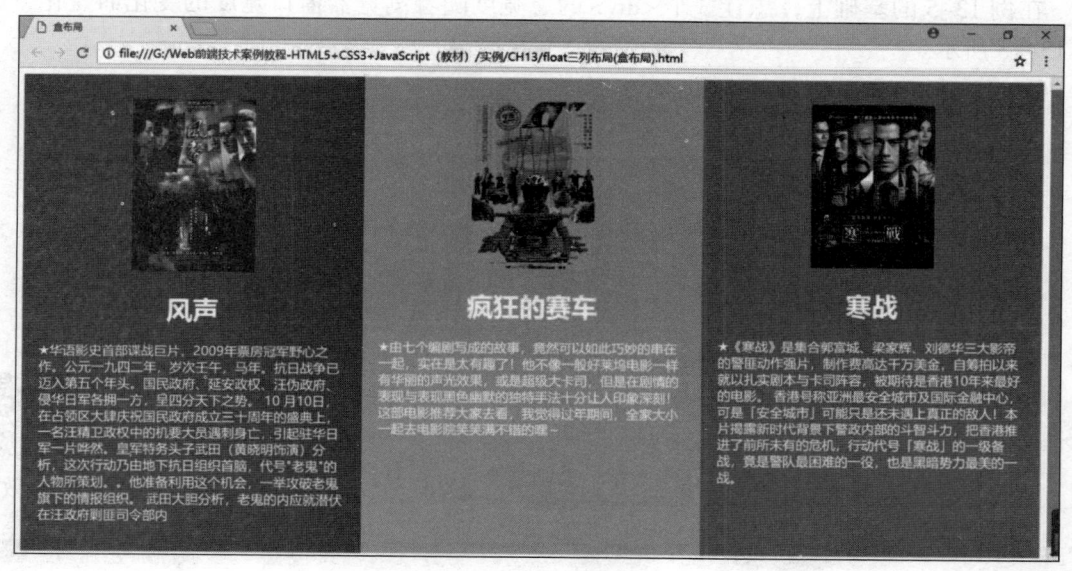

图 13–14　盒布局

13.3.2　弹性盒布局

页面效果

在例 13–5 的盒布局例子中，没有使用 float 属性，而是通过盒模型就实现了 3 列布局。当然，也设置了 3 个 <div> 的 width 属性（33.3%）。

百分比虽然灵活，但是各种宽度、间距数值的计算比较死板。可以通过一种更加灵活的布局模型即 Flexbox 来实现。这种模型称为弹性盒布局模型（Flexible Box Model）。

弹性盒布局中主要用到的属性有 box–flex、box–flex–group、box–orient 等。比如，box–flex 属性的语法格式如下。

　　–moz–box–flex: 数值；

或

　　–webkit–box–flex: 数值；

语法说明：

（1）box–flex 属性使盒布局变为弹性盒布局。

（2）对于 Firefox 浏览器，写成 –moz–box–flex 属性；对于 Safari 或 Chrome 浏览器，写成 –webkit–box–flex 属性。IE 浏览器不支持该属性。

（3）数值用于设置子元素占据 box 中剩余的空间值。

Flexbox 对于移动端有着特别的意义。传统的 float 定位布局，对于移动端的渲染消耗较大。而在 Flexbox 中，float 成为历史，还提升了移动端的效能。此外，开发者也不必再去计算那些让人头疼的 padding、margin、width 和 height 等。

【例 13–6】 弹性盒布局。

通过 CSS3 的弹性盒布局的方法，实现三列等高布局，且中间列宽度弹性可变。

在例 13–5 的基础上，想让 3 个 <div> 的总宽度随着浏览器窗口宽度的变化而变化，如图 13–15 所示。

页面效果

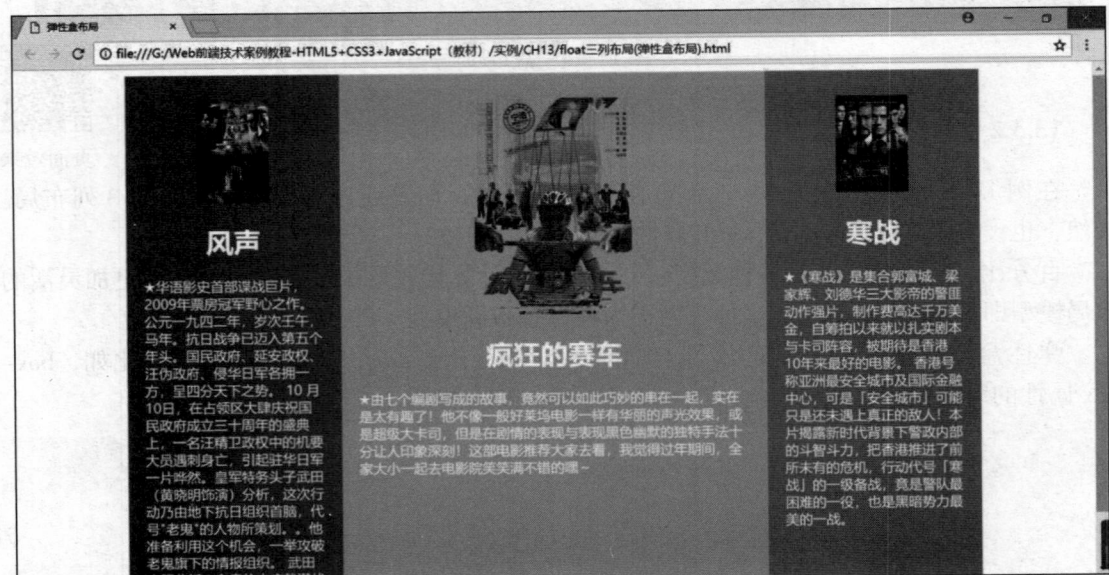

图 13–15 弹性盒布局（窗口大小的变化）

设计思路如下：

（1）对左右两个 <div> 使用固定 width，中间 <div> 使用弹性盒布局（box-flex 属性）。

```
1    #left{
2        width: 250px;
3    }
4    #right{
5        width: 250px;
6    }
7    #center{
8        -moz-box-flex: 1;
9        -webkit-box-flex: 1;
10   }
```

（2）和例 13-5 一样，依然对 wrapper 设置盒模型的浏览器显示属性（即 display: -moz-box 和 -webkit-box）。

```
1    #wrapper{
2        display:-moz-box;
3        display: -webkit-box;
4    }
```

（3）和例 13-5 一样，依然对 3 个 div 设置 border-box 类型的盒模型，并取消了固定 width 为 33.3% 的属性。

```
1    .col {
2        /* width: 33.33%;              */
3        text-align: center;
4        box-sizing: border-box;
5        padding: 20px;
6        color: #fff;
7        background: #4d647e;
8    }
```

（4）当为 wrapper 设置了 box 属性后，就无法实现页面内容居中了，因此，设计一个 id 为 container 的 div 将 wrapper 包裹起来，并为其设置最大宽度（max-width）。

```
1    #container{
2        width: 80%;
3        max-width: 1000px;
4        margin: 0 auto;
5    }
```

至此，实现了 3 个 <div> 的总宽度随着浏览器窗口宽度的变化而变化的效果。完整的代码可参考文件例 13-6。

下面再谈谈 box-orient 属性。

使用弹性盒布局时，可以通过 box-orient 来指定多个元素的排列方向，从而实现水平排列或垂直排列的切换。

```
1    #container{
2        width: 80%;
3        max-width: 1000px;
4        margin: 0 auto;
5    }
6    # wrapper{
7            display: –moz–box;
8            display: -webkit–box;
9            –moz–box–orient: vertical;
10           –webkit–box–orient: vertical;
11   }
```

完整的代码可参考素材文件"13-6-1.html"。文件"13-6-2.html"是通过 box-ordi-nal-group 属性来改变元素的显示顺序。

13-6-1.html 页面效果　　　　13-6-2.html 页面效果

13.4　定位（position）

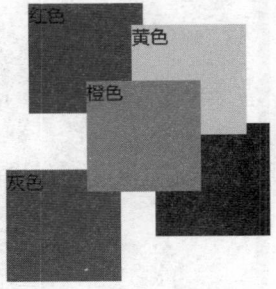

定位适用于不规则的排版，通常会将需要排列的元素定义为绝对定位或固定定位，定位元素可以向四个方向（上下左右）随意偏移。比较典型的例子有照片墙，如图 13-16 所示。

CSS 中的 position 属性规定元素的定位类型，即指定元素的位置。position 属性一共有 4 个值，分别为 static、absolute、relative 和 fixed。参考表 13-1。

图 13-16　照片墙效果

表 13-1　position 属性

position 属性值	描述
static	默认值。没有定位，元素出现在正常的流中
absolute	生成绝对定位的元素，相对于 static 定位以外的第一个父元素进行定位。元素的位置通过 left、top、right 及 bottom 属性进行规定
fixed	生成绝对定位的元素，相对于浏览器窗口进行定位 元素的位置通过 left、top、right 及 bottom 属性进行规定
relative	生成相对定位的元素，相对于其正常位置进行定位 "left:20" 会向元素的 left 位置添加 20 像素
inherit	规定应该从父元素继承 position 属性的值

任何元素都可以定位，不过绝对（absolute）或固定（fixed）元素会生成一个块级框，而不论该元素本身是什么类型。相对（relative）定位元素会相对于它在正常流中的默认位置偏移。

13.4.1　绝 对 定 位

在 CSS 中，使用 position:absolute; 实现绝对定位。绝对定位是应用最为广泛的定位，因为它能精确地把元素定位到想要的位置。

和浮动元素一样，变成绝对定位的元素就完全脱离文档流了，绝对定位元素的前面或后面的元素会认为这个元素并不存在，即这个元素浮在其他元素上面，它成了独立出来的元素。

【例 13-7】　absolute 定位。

为一些元素设置绝对定位，观察它们的位置变化。

CSS 代码如下：

```
1    h2.abs
2    {
3          position:absolute;
4          left:50px;
5          top:200px;
6          background-color: #ccc;
7    }
8    img{
9          position:absolute;
10         right:50px;
11         top:50px;
12   }
```

注意观察 <h2>、<img>、<li> 等元素在 HTML 代码中的位置，HTML 部分代码如下：

```
1    <h2 class="abs"> 这是带有绝对定位的标题 </h2>
2    <img src="images/logo.jpg">
3    <ol>
4          <li> 通过绝对定位，元素可以放置到页面上的任何位置。</li>
5          <li> 标题 h2 距离页面左侧 50px，距离页面顶部 200px。</li>
6          <li> 图片 img 距离页面右侧 50px，距离页面顶部 50px。</li>
7          <li> 不管浏览器窗口怎么缩放，absolute 定位的元素位置固定不变。</li>
8    </ol>
```

因为 <h2>、<img> 都被设置成绝对定位，所以，在浏览器结果中，<h2>、<img> 元素被定位到固定的位置，不管浏览器窗口如何缩放，如图 13-17 所示。

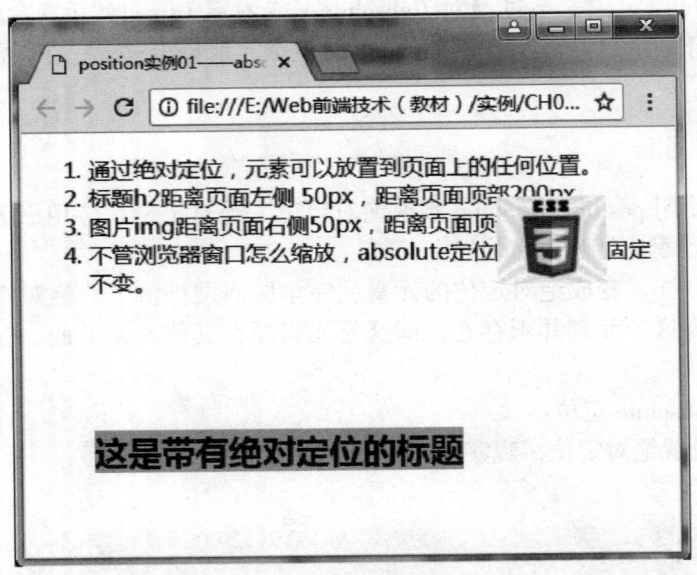

图 13-17　绝对定位

页面效果

　　top、right、bottom 和 left 这四个 CSS 属性可以设置为像素值，也可以设置为百分数。它们是配合 position 属性使用的，表示的含义与 position 的属性值有关。这 4 个属性不一定全部都用到，一般只会用到其中两个。

　　（1）position: absolute;，表示块的各个边界到页面边框的距离。

　　（2）position: relative;，表示各个边界到原来位置的距离。

　　（3）position: static;，没有任何效果。

　　需要注意的是，对于父子关系的块元素，当将子元素设置为绝对定位时，它们的父子关系解除。以下举例说明。

　　【例 13-8】　absolute 定位——父子关系的解除。

　　有如下父子关系的三个块元素：

```
1    <div id="father">
2            <div id="block1"> absolute </div>
3            <div id="block2"> block2 </div>
4    </div>
```

　　通过 CSS 将 block1 设置为绝对定位，block2 保持默认，则 block1 不再属于 father 的子块，并且绝对定位了位置，子块 block2 便移动到了父块的最上端。完整的 CSS 代码如下：

```
1    #father{
2        background-color:#a0c8ff;
3        border:1px dashed #000000;
4        width:100%;
```

```
5          height:100%;
6          padding:5px;
7      }
8      #block1{
9          background-color:#fff0ac;
10         border:1px dashed #000000;
11         padding:10px;
12         position:absolute;                /* absolute */
13         left:30px;
14         top:35px;
15     }
16     #block2{
17         background-color:#ffbd76;
18         border:1px dashed #000000;
19         padding:10px;
20     }
```

在 Chrome 浏览器中的浏览效果如图 13–18 所示。

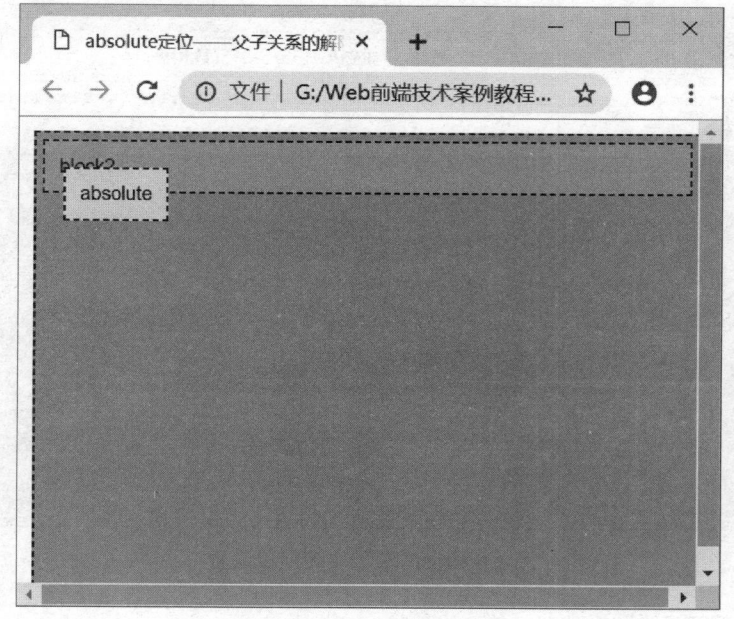

图 13–18　absolute 定位

页面效果

当然，如果将两个子块的 position 属性都设置为 absolute，它们都按照各自的属性进行
定位，都不再属于其父块。

问与答

问： 当两个子块绝对定位都不属于其父块时，导致两个子块重叠，谁在谁上面？

答： CSS 默认后加入页面中的元素会覆盖之前的元素，所以，CSS 在后面的子块在上面。

问： 固定定位和绝对定位的位置都是相对于浏览器的吗？

答： 默认情况下，固定定位和绝对定位的位置是相对于浏览器的，而相对定位的位置是相对于原始位置的。

13.4.2 相对定位

position 的属性值为 relative 时，该元素是相对于其正常位置来进行定位的，同样配合 top、right、bottom 和 left 四个属性来使用。下面举例说明。

【例 13-9】 有无 relative 定位的区别。

文件 13-11（1）：两个子块 block1 和 block2 都没有设置 relative 定位。

文件 13-11（2）：子块 block1 设置 relative 定位，子块 block2 没有设置。

文件 13-11（3）：两个子块 block1 和 block2 都设置 relative 定位。

这三个文件对应的在 Chrome 浏览器中的效果图如图 13-19~ 图 13-21 所示。

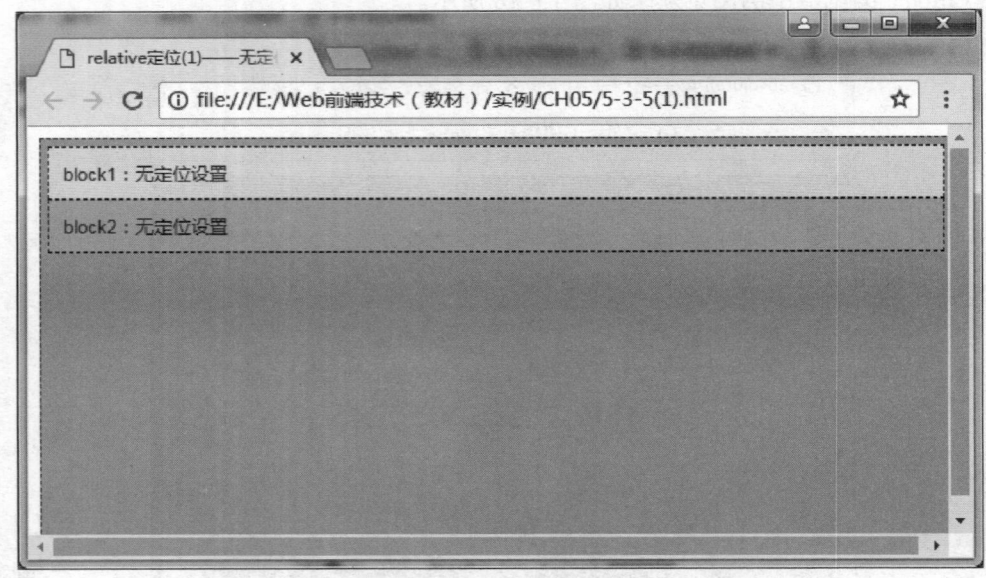

图 13-19　两个子块无定位设置

页面效果

三个文件的 HTML 代码基本一样：

```
1    <div id="father">
2            <div id="block1">…... </div>
3            <div id="block2">……</div>
4    </div>
```

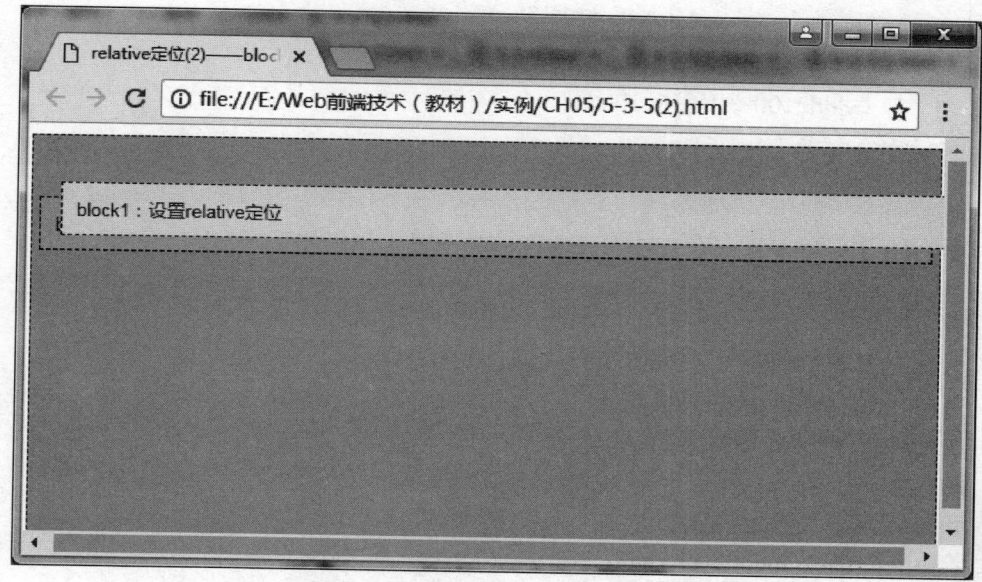

图 13-20　子块 block1 有 relative 定位设置

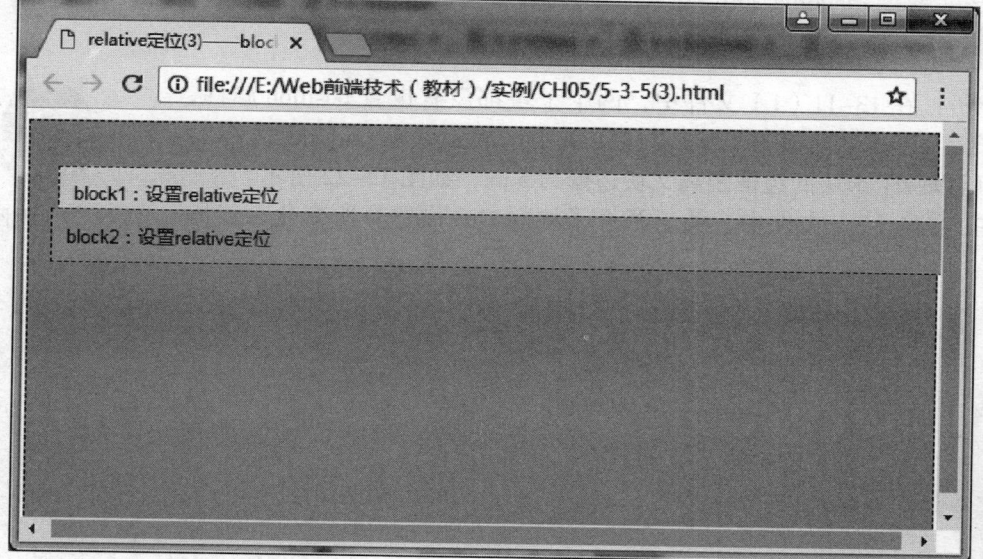

图 13-21　子块 block1、block2 都有 relative 定位设置

三个文件关于父块的 CSS 设置是一样的，代码如下：

```
1    body{
2            font-family:Arial;
3            font-size:13px;
4    }
5    #father{
```

```
6              background-color:#a0c8ff;
7              border:1px dashed #000000;
8              width:100%; height:100%;
9              padding:5px;
10     }
```

在 13-11（1）文件中，关于两个子块的 CSS 设置，代码如下：

```
1     #block1{                              /*block1 无定位设置 */
2              background-color:#fff0ac;
3              border:1px dashed #000000;
4              padding:10px;
5     }
6     #block2{                              /*block2 无定位设置 */
7              background-color:#ffbd76;
8              border:1px dashed #000000;
9              padding:10px;
10     }
```

分析：在 13-11（1）文件中，两个子块都没有设置 position 属性，此时子块 1、子块 2 按顺序出现在父块中。因父块的 padding 设置为 5 px，所以两个子块的边框距离父块边框为 5 px，如图 13-22 所示。

在 13-11（2）文件中，关于两个子块的 CSS 设置有所变化，代码如下：

图 13-22　返回顶部

```
1     #block1{
2              background-color:#fff0ac;
3              border:1px dashed #000000;
4              padding:10px;
5              position:relative;                /* relative 相对定位 */
6              left:15px;                /* 子元素的左边框距离它原来的位置 15 px*/
7              top:10%;
8     }
9     #block2{
10             background-color:#ffbd76;
11             border:1px dashed #000000;
12             padding:10px;
13     }
```

分析：在 13-11（2）文件中，子块 block1 设置为 relative 定位，子块 2 没有任何定位设

置，从显示结果（如图 13-19 所示）可以看出子块 1 仍然属于其父块，所以子块 2 还在原来的位置上，并没有像例 13-10 那样移动到父块顶端。

在 13-11（3）文件中，两个子块的 CSS 设置都设置为 relative 定位，代码如下：

```
1    #block1{
2            background-color:#fff0ac;
3            border:1px dashed #000000;
4            padding:10px;
5            position:relative;          /* relative 相对定位 */
6            left:15px;                       /* 子元素的左边框距离它原来的位置 15px*/
7            top:10%;
8    }
9    #block2{
10           background-color:#ffbd76;
11           border:1px dashed #000000;
12           padding:10px;
13           position:relative;          /* relative 相对定位 */
14           left:10px;                       /* 子元素的左边框距离它原来的位置 10px*/
15           top:20px;
16    }
```

分析：在 13-11（3）文件中，子块 1 和子块 2 都设置为 relative 定位，从显示结果（如图 13-20 所示）可以看出，块的位置是相对于它原来的位置进行调整的，而不是父块。同样，重叠部分子块 2 在上方，子块 1 在下方。

13.4.3　固定定位

当将块元素的 position 属性设置为 fixed 时，本质上与将其设置为 absolute 一样，只不过块元素不随着浏览器的滚动条向上或向下移动。

比如，将一组导航菜单设置为 position:fixed;，那么，当用滚动条滚动页面内容时，导航菜单将固定不动。本书在例 14-3 固定导航条一例中有 fixed 定位的应用。

固定定位还常和锚点链接相结合，用于实现返回顶部的功能。

★点睛★

✧ 浮动和定位都使元素脱离了原先的文档流。

✧ 浮动 float 的属性值有 left、right 和 none，表示对设置元素的左浮动、右浮动和无浮动。

✧ 一个浮动元素会尽量向左或向右移动，直到它的外边缘碰到包含框或另一个浮动框的边框为止。

✧ 浮动元素之后的元素将围绕着浮动元素；浮动元素之前的元素不会受到影响。

❖ float 实现多列布局，就是对多个并列元素进行浮动的结果。

❖ 清除浮动的方法是 clear 属性，它经常应用于最后一个浮动元素之后的元素。

❖ 对于多个并列的浮动元素，内容的多少决定了各自的宽度和高度，除非进行专门的宽度和高度的设置。一般只进行宽度的设置。

❖ 对于 float 实现的多列布局，当浮动元素的内容很难确定多少时，其高度往往不同。

❖ 盒布局是 CSS3 中新增的属性，是应用 box 的 display 属性实现的。

❖ 盒布局可以实现多列布局，且实现高度的一致性。

❖ 弹性盒布局也是 CSS3 中新增的属性，是在盒布局的基础上增加 box-flex 系列属性实现的。

❖ CSS 通过 position 属性进行定位设置，包括绝对定位、固定定位、相对定位和默认的静态定位。

❖ 应用 position:absolute; 使得绝对定位发生时，则该元素脱离了文档流，也会造成父子等关系的解除。

❖ 绝对定位使得元素从文档流中拖出来，不占用原来元素的空间，然后使用 left、right、top、bottom 属性相对于其最接近的一个具有定位属性的父级元素进行绝对定位。如果不存在，就逐级向上排查，直到相对于 <body> 元素，即相对于浏览器窗口。

❖ 如果想为元素设置固定定位，需要设置 position:fixed;，直接以浏览器窗口作为参考进行定位，它是浮动在页面中，元素位置不会随浏览器窗口的滚动条滚动而变化。

❖ 如果想为元素设置相对定位，需要设置 position:relative;，它还是会占用该元素在文档中初始的页面空间，通过 left、right、top、bottom 属性确定元素在正常文档流中的偏移位置。即相对于自身的本来位置的偏移。

❖ left、right、top、bottom 属性在配合 position 之后出现，且一般用两个属性即可。

★章节测试★

一、应用本章所学实现为图片签名

父块中有两个子块，子块 1 中放置一张图片，子块 2 中放置一行签名，使用 CSS 的定位将签名设置在图片的右下方。HTML 代码如下：

```
1    <div id="father">
2              <div id="block1"><img src="images/gx.jpg"> </div>
3              <div id="block2"> QQ Photo</div>
4    </div>
```

页面效果如图 13-23 所示。

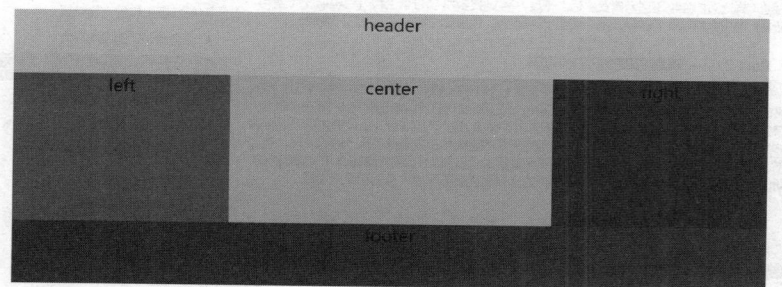

图 13-23　图片签名

二、实现一个圣杯布局

圣杯布局（Holy Grail）是指页面从上到下由页头、内容和页脚组成，内容有左、中、右三列组成，如图 13-24 所示。

页面效果

图 13-24　圣杯布局

页面效果

在圣杯布局中，左右两列的宽度固定，中间列自适应，并且要最先显示（即在 HTML 文档中，中间元素被放在最前面）。

三、实现照片墙效果

应用本章所学，实现如图 13-25 所示的照片墙定位效果。图片可换成你喜欢的动漫卡通。

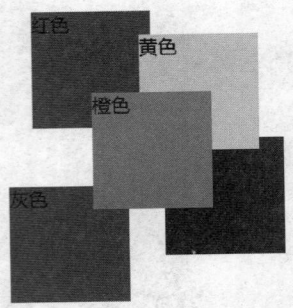

图 13-25　照片墙

页面效果

四、float 多列布局

应用 float 布局，实现如图 13-26 所示的页面效果。尽量选用 HTML5 语义化元素。

图 13-26　多列布局

页面效果

第 14 章

CSS 列表、表格与超链接

在 HTML 部分已经介绍了列表、表格和超链接，但是它们中的大部分属性都被 HTML5 放弃，需要用 CSS 来设计列表、表格和超链接的表现。

本章主要介绍与列表、表格及超链接相关的样式，以及垂直导航栏、水平导航栏的创建。

学习目标：

序号	基本要求
1	了解常见的列表样式属性，会设置和去除列表的符号类型
2	会设置表格标题的位置和边框的间距等属性，了解空单元格的边框的隐藏设置等
3	掌握超链接下的 4 个伪类选择器的写法及其含义
4	弄懂 E:hover 选择器的含义，并能举例说明
5	掌握 CSS 设置鼠标样式的方法
6	掌握 CSS 设置水平导航栏和垂直导航栏的一般思路

14.1　列表样式

CSS 中列表的样式主要包括项目标记符号、图像标记、项目标记符号的位置三个方面。其对应的属性和说明见表 14-1。

表 14-1　CSS 列表属性

列表属性	说明
list-style-type	定义列表项的项目标记符号
list-style-image	定义列表项的图像标记
list-style-position	定义列表项的项目标记符号的位置
list-style	复合属性，包括上面介绍的 3 个子属性

这些属性大都有一些固定的取值，下面分别介绍每一种属性。

14.1.1　list-style-type 属性

list-style-type 属性可以设置列表的符号类型。一般来说，list-style-type 属性针对的是 <ul> 或 <ol>，而不是 <li>。

Web 前端技术案例教程（HTML5+CSS3+JavaScript）

语法格式：

> list–style–type: 取值；

关于 list–style–type 属性的取值可参考表 14–2。

表 14–2　list–style–type 属性的常见取值

属性值	说明
none	不使用项目标记符号
disc	实心圆●（默认值）
circle	空心圆○
square	正方形■
decimal	阿拉伯数字：1、2、3、…（默认值）
lower–roman	小写罗马字母：i、ii、iii、…
upper–roman	大写罗马字母：Ⅰ、Ⅱ、Ⅲ、…
lower–alpha	小写英文字母：a、b、c、…
upper–alpha	大写英文字母：A、B、C、…

list–style–type 属性针对的是有序列表（<ol>）和无序列表（<ul>），所以对应的属性取值略有不同。比如，取值 decimal、lower–alpha 针对的是有序列表。

由于列表项目符号并不美观，因此经常需要去掉。无论是 <ol> 还是 <ul>，去除项目列表符号都是常见的 CSS 设置，其代码如下：

> list–style–type: none;

14.1.2　list–style–image 属性

在 CSS 中，可以使用 list–style–image 属性来自定义列表项图片，即用图片代替列表项符号。

语法格式：

> list–style–image: url(…);

语法说明：

（1）list–style–image 属性的默认值为 none，表示不使用图像标记。

（2）url 表示设置图像标记的图像路径。

14.1.3　list–style–position 属性

list–style–position 属性用于设置列表中列表项标记符号的位置。

语法格式：

> list-style-position: outside;

或

> list-style-position: inside;

语法说明：

（1）list-style-position 属性有两个固定取值。

（2）outside 为默认值，表示列表项标记符号放在文本左侧，且环绕文本不根据标记对齐。

（3）inside 表示列表项标记符号放置在文本以内，且环绕文本根据标记对齐，如图 14-1 所示。

outside的项目符号：   **inside的项目符号：**

- 项目符号的位置是outside
- 项目符号的位置是outside
- 项目符号的位置是outside

- 项目符号的位置是inside
- 项目符号的位置是inside
- 项目符号的位置是inside

图 14-1   list-style-position 属性

14.2 表 格 样 式

在早期的网页设计中，表格是一种常用的布局元素。随着 CSS 的发展，目前表格主要用于显示数据。在 CSS 中，专门用于表格的属性见表 14-3。

表 14-3   CSS 表格属性

表格属性	说明
caption-side	设置表格的 caption 显示在表格的哪一边
border-collapse	设置边框是分开还是合并
border-spacing	设置当边框独立时，行和单元格的边框在横向和纵向上的间距
empty-cells	设置当单元格无内容时，是否显示该单元格的边框
table-layout	设置表格内容的布局算法

14.2.1 caption-side 属性

默认情况下，表格标题（<caption>）是在表格的上方。在 CSS 中，可以通过 caption-side 属性来定义表格标题的位置。

语法格式：

> caption-side: top;

或

> caption-side: bottom;

语法说明：

（1）caption-side 有两个固定取值：top、bottom。top 是默认值，表示标题在表格上方。

（2）在 <table> 中和在 <caption> 中定义 caption-side 属性的效果是一样的。一般情况下在 <table> 中定义。

（3）要使用该属性，需要为 <table> 添加 <caption> 元素。

14.2.2　border-collapse 属性

border-collapse 属性用于去除单元格之间的空隙，也就是将两条边框合并成一条。

语法格式：

```
border-collapse: separate;
```

或

```
border-collapse: collapse;
```

语法说明：

（1）separate 值表示边框分开，有空隙，即不合并边框。这是默认值。

（2）collapse 值表示边框合并，无空隙，即合并边框。也就是说，相邻的单元格或者行共用同一个边框，如图 14-2 所示。 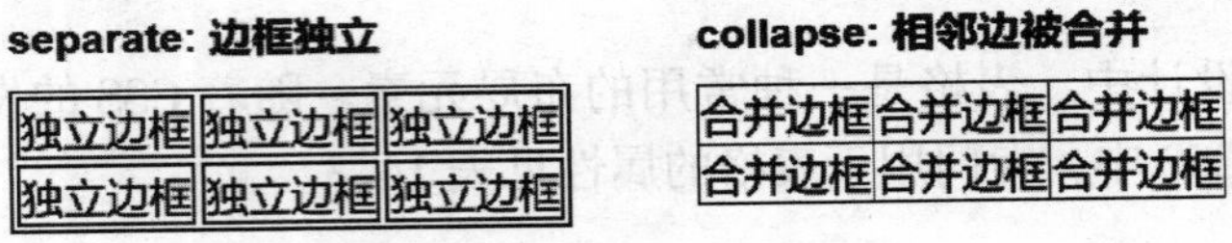

图 14-2　border-collapse 属性

14.2.3　border-spacing 属性

上一小节介绍了如何去除边框间距，但是在实际开发中，有时需要定义边框的间距，这又如何实现呢？

在 CSS 中可以使用 border-spacing 属性来定义表格边框间距。

语法格式：

```
border-spacing: 像素值;
```

语法说明：

（1）border-spacing 也是在 <table> 元素中定义的。

（2）如果只设置 1 个值，则表示横向和纵向上间距一样；如果设置 2 个值，则表示第 1 个作用于横向间距，第 2 个作用于纵向间距。

（3）如果 border-collapse 属性设置为 collapse，则 border-spacing 无效。如图 14-3 所示。

14.2.4　其他属性

除了上述 3 个外，针对表格的 CSS 属性还有如下几个。

边框独立时border-spacing生效

独立边框	独立边框	独立边框
独立边框	独立边框	独立边框

相邻边被合并时border-spacing无效

合并边框	合并边框	合并边框
合并边框	合并边框	合并边框

图 14-3　border-spacing 属性

1. empty-cells 属性

该属性用于设置当表格的单元格无内容时，是否显示该单元格的边框。

语法格式：

```
empty-cells: show;
```

或

```
empty-cells: hide;
```

语法说明：

（1）show 为默认值，表示当表格的单元格无内容时，显示该单元格的边框。

（2）hide 表示当表格的单元格无内容时，隐藏该单元格的边框。

（3）和 border-spacing 属性类似，当 border-collapse 属性设置为 collapse 时，则 empty-cells 属性无效。

2. table-layout 属性

该属性用于设置表格内容的布局算法。

语法格式：

```
table-layout: auto;
```

或

```
table-layout: fixed;
```

语法说明：

（1）auto 为默认值，表示表格将基于各单元格的内容自动布局，每一个单元格内容读取计算完成才会显示。如果内容较多，则速度较慢。

（2）fixed 表示固定布局，表格布局将基于表格宽度、边框、单元格间距、列宽度等表格属性，而与表格内容无关。

14.3　超链接样式

在浏览器中，超链接的外观在不同的情况下是不一样的。这里说的不同情况，包括鼠标未经过时、鼠标经过时、鼠标点击时和鼠标点击后。

14.3.1 伪类选择器

在 CSS 中，使用"超链接伪类"来定义超链接在鼠标的不同时期的样式。
语法格式：

```
a:link{ … }
a:visited{ … }
a:hover{ … }
a:active{ … }
```

语法说明：
（1）上述 4 个伪类选择器分别代表超链接不同状态，见表 14-4。

表 14-4　超链接伪类

伪类	说明
a:link	定义 a 元素未访问时的样式
a:visited	定义 a 元素访问后的样式
a:hover	定义鼠标经过 a 元素时的样式
a:active	定义鼠标点击激活时的样式

（2）定义这 4 个伪类，必须按照 link、visited、hover、active 的顺序进行。
（3）在实际开发中，主要用到两种状态：未访问时的状态和鼠标经过时的状态。
（4）对于未访问时的状态，一般直接针对 a 元素进行定义，没必要使用 a:link 选择器。

14.3.2 元素 :hover 选择器

实际开发中，对于超链接伪类来说，主要使用 a:hover 这一个伪类选择器。
:hover 伪类不仅可用于 a 元素，还可以定义任何一个元素在鼠标经过时的样式。
语法格式：

```
元素 : hover{ … }
```

语法说明：
（1）元素通常用 E 表示，所以，元素 :hover 有时也表达成 E:hover。实际应用中，用具体的元素代替 E。
（2）代码 img:hover{border: 2px solid red;} 表示当鼠标经过图像时，图像会增加一个边框。

^练一练^

结合以前所学，归纳一下你现在所了解的所有的 CSS 选择器类型。

14.3.3 鼠标样式

在 CSS 中，定义鼠标样式的两种方式：浏览器鼠标样式和自定义鼠标样式。

这两种方式都是通过 cursor 属性来定义鼠标样式的。

语法格式：

> cursor: 取值

或

> cursor: url(图像地址), 属性值

语法说明：

（1）cursor 属性取值见表 14-5。在实际开发中，主要使用 default、pointer、text 等。

表 14-5　浏览器鼠标样式

属性值	外观	属性值	外观
default（默认值）		help	
pointer		move	
text		e-resize 或 w-resize	
crosshair		ne-resize 或 sw-resize	
wait		nw-resize 或 se-resize	

（2）自定义鼠标图片后缀名一般都是 .cur，可以使用 Photoshop 来制作。第二个属性值一般为 default、pointer 或 text，分别代表正常选择、链接选择、文本选择。

14.4　导　航　栏

作为标准的 HTML 页面，导航栏是一个基本的必需部分。导航栏其实就是一个链接列表，所以很多时候会使用 <ul> 和 <li> 元素来创建导航栏。为了美化和布局导航栏，需要专门介绍使用 CSS 设置导航栏的方法。

14.4.1　垂直导航栏

导航栏是指位于页面顶部或者侧边区域的一排水平或垂直的导航按钮，它起着链接站点的各个页面的作用。常见的水平导航栏和垂直导航栏如图 14-4 所示。

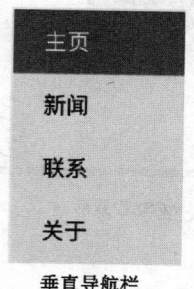

垂直导航栏

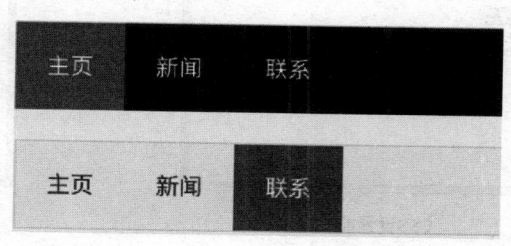

水平导航栏

图 14-4　导航栏

本小节主要介绍垂直导航栏的制作。

【例 14-1】 没有进行 CSS 设置的导航栏。

```
1    <body>
2      <ul>
3        <li><a href="#home"> 主页 </a></li>
4        <li><a href="#news"> 新闻 </a></li>
5        <li><a href="#contact"> 联系 </a></li>
6        <li><a href="#about"> 关于 </a></li>
7      </ul>
8    </body>
9    </html>
```

上述导航栏的超链接是放在 <ul> 的 <li> 元素中的，这个页面没有进行 CSS 设置时的效果如图 14-5 所示。

下面逐步为例 14-1 的导航栏设置 CSS 效果。

【例 14-2】 CSS 设置垂直导航栏。

CSS 实现如下效果：

（1）去掉项目符号，整个垂直导航栏宽度为 200 px，背景色为银灰色（#f1f1f1）。

（2）超链接改为块元素，文字颜色为黑色，块的左右内边距为 16 px、上下内边距为 8 px，去掉默认的下划线修饰。

（3）鼠标经过超链接时，背景色改为焦黑色（#555），文字颜色为白色。

页面效果如图 14-6 所示。

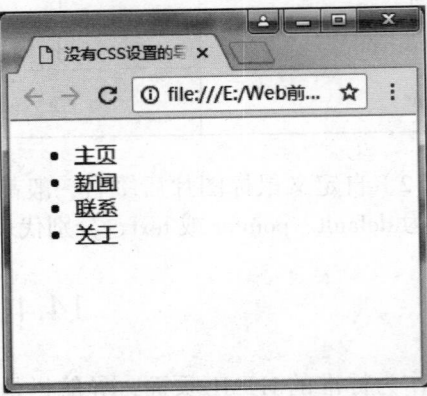

图 14-5　没有进行 CSS 设置时的导航栏　页面效果

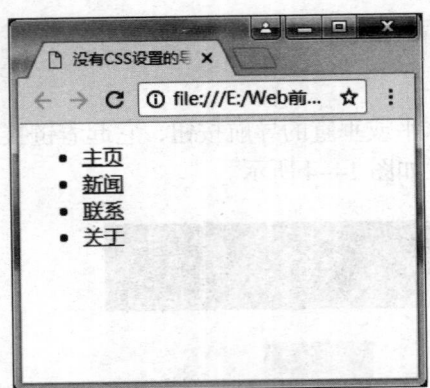

CSS设置前

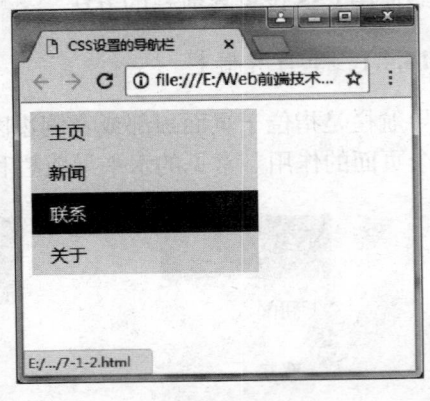

CSS设置后

图 14-6　CSS 设置前后的效果图

页面效果

CSS 代码如下：

```
1    ul {
2                list-style-type: none;   /* 去除项目符号 */
3                margin:0px;
4                padding:0px;
5                width:200px;        /* 导航栏宽度 */
6                background-color: #f1f1f1;   /* 导航栏背景色 */
7    }
8    li a{
9                display: block;    /* 块元素设置 */
10               color: #000000;
11               padding:8px 16px;
12               text-decoration: none; /* 去除下划线修饰 */
13   }
14   li a:hover{
15               background-color: #555;
16               color:white;
17   }
```

第 9 行 display:block; 表示把当前元素（<a> 元素）转换为块元素，让这一行整体变为可点击的链接区域（不只是文本）。

^练一练^

为上述例子的导航栏增加边框，并将链接文字设置为水平居中，效果如图 14-7（b）所示。注意，设置边框时应避免最底下边框的重复问题（如图 14-7（a）所示）。

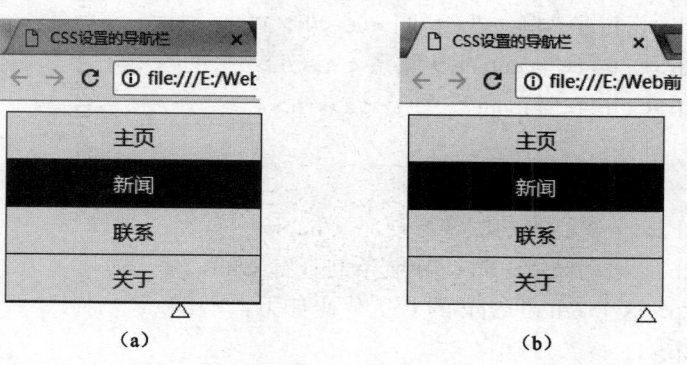

图 14-7　导航栏增加边框效果

:last-child 选择器	li:last-child { border-bottom:none;}/* 去掉最后一个 <li> 的下边框（图 14-7)*/ 如果感兴趣，可以参考第 22 章 jQuery 基础中介绍的过滤选择器。

【例 14-3】 全屏高度的固定导航条。

CSS 实现如下效果：

（1）导航条位于页面左边，宽度为页面的 25%，高度为 100%，相对浏览器进行固定定位；

（2）导航条溢出时，浏览器会显示滚动条，以便查看其余的内容；

（3）将导航条的首个链接设置为默认选中。（扩展实现）

页面效果如图 14-8 所示。

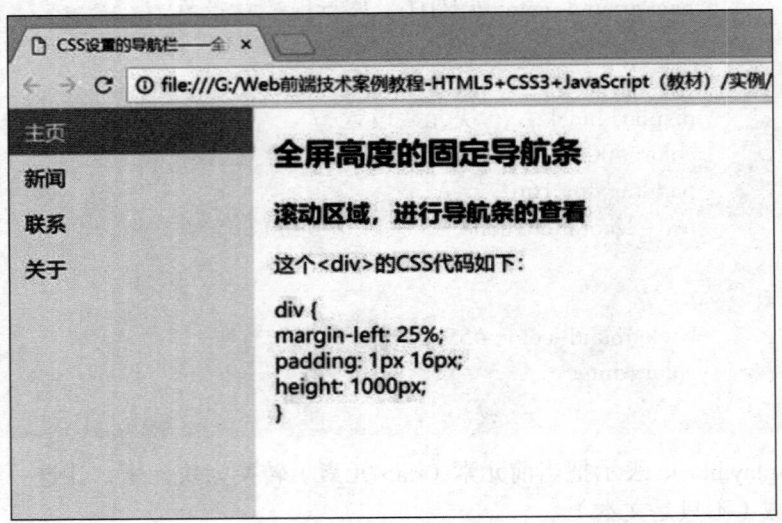

图 14-8　全屏高度的固定导航条

页面效果

HTML 部分代码：

```
1    <ul>
2        <li><a href="#home"> 主页 </a></li>
3        <li><a href="#news"> 新闻 </a></li>
4        <li><a href="#contact"> 联系 </a></li>
5        <li><a href="#about"> 关于 </a></li>
6    </ul>
7    <div>
8        <h2> 全屏高度的固定导航条 </h2>
9        <h3> 滚动区域，进行导航条的查看 </h3>
10       <p> 这个 &lt;div&gt; 的 CSS 代码如下： </p>
11       <p>
12           div {<br>
13           margin-left: 25%;<br>
14           padding: 1px 16px;<br>
15            height: 1000px;<br>
16           }
```

```
17              </p>
18          </div>
```

CSS 部分代码：

```
1   body{
2           margin:0;
3       }
4       ul{
5           list-style-type: none;
6           margin:0px;
7           padding:0px;
8           width: 25%;
9           background-color: #f1f1f1;
10          position:fixed;   /* 生成固定定位的元素，相对于浏览器窗口进行定位 */
11          height:100%;
12          overflow:auto;  /*overflow 属性规定当内容溢出元素框时发生的事情 */
13      }
14      li a{
15          display: block;
16          color: #000;
17          padding:8px 16px;
18          text-decoration: none;
19      }
20      li a:hover{
21          background-color: #555;
22          color:white;
23      }
24      div {
25          margin-left: 25%;  /* 配合上面 <ul> 的 width 的 25% 的设置，以防调整窗口
26   时重合 */
27          padding: 1px 16px;
28          height: 1000px;
29      }
    }
```

此时基本实现了页面效果，浏览结果如图 14-9 所示。

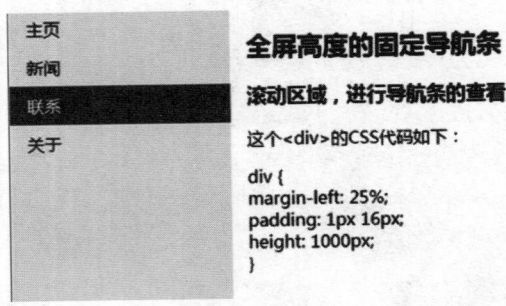

图 14-9　导航条页面效果

思考与验证

在上面垂直导航条的基础上设计实现导航条的首个链接为默认选中。

需要为第一个超链接元素设置一个样式，CSS 部分修改代码如下：

```
li a.active {   /* 增加一个 class 选择器，专门给首个链接引用 */
        background-color:#4CAF50;
        color:white;
    }
li a:hover:not(.active){ /* 修改 a:hover 的样式，不可为 .active 选择器所用 */
        background-color: #555;
        color:white;
    }
```

为首个超链接增加 .active 样式的引用，对应的 HTML 部分代码修改如下：

```
<ul>
        <li><a class="active" href="#home"> 主页 </a></li>
        <li><a href="#news"> 新闻 </a></li>
        <li><a href="#contact"> 联系 </a></li>
        <li><a href="#about"> 关于 </a></li>
    </ul>
```

页面效果

14.4.2　水平导航栏

使用内联元素或浮动的列表项都可以创建水平导航栏。这两种方法都不错，但如果希望链接拥有相同的尺寸，就必须使用浮动的方法。关于浮动，可以参阅第 13 章。

【例 14-4】　用内联元素法创建水平导航栏。

HTML 部分代码：

```
1    <div id="nav">
2         <ul>
3                   <li><a href="#home"> 主页 </a></li>
4                   <li><a href="#news"> 新闻报道 </a></li>
5                   <li><a href="#contact"> 联系方式 </a></li>
6                   <li><a href="#about"> 留言板 </a></li>
7         </ul>
8    </div>
```

在上述的 HTML 代码中，超链接是放在 <li> 元素中的，<li> 元素本身是块元素，本例是演示用内联元素法创建水平导航栏，因此需要在 CSS 中将 <li> 元素转换为内联元素，则这些超链接将转换为水平行内显示。

CSS 部分代码：

```
1    #nav {
2         text-align: center;
3         background-color: #F5F5DC;
4    }
5    #nav ul {
6         list-style-type: none;
7         line-height: 5em;
8    }
9    #nav ul li {
10        display: inline;    /* 转换为内联元素 */
11   }
12   #nav a {
13        text-decoration: none;
14        background-color: #CCCCCC;
15   }
16   #nav a:hover {
17             background-color: #E6E6FA;
18   }
```

默认情况下，<li> 元素是块元素，通过 CSS 代码的第 10 行将块元素转换为内联元素。在这个例子中，链接的宽度是不同的，页面效果如图 14-10 所示。

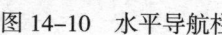

图 14-10　水平导航栏

页面效果

【例 14-5】 用浮动法创建水平导航栏。

要求实现如图 14-11 所示的效果，即导航栏水平显示、每个超链接都具有相同的尺寸（4 个超链接，最右边是整个导航栏的背景）。

页面效果

图 14-11 水平导航栏

HTML 部分代码：

```
1    <div id="nav">
2         <ul>
3              <li><a href="#home"> 主页 </a></li>
4              <li><a href="#news"> 新闻报道 </a></li>
5              <li><a href="#contact"> 联系方式 </a></li>
6              <li><a href="#about"> 留言板 </a></li>
7         </ul>
8    </div>
```

CSS 部分代码：

```
1         #nav {
2              height: 5em;
3              width: 50em;
4              margin: 0 auto;
5              background-color: #F5F5DC;
6              text-align: center;
7         }
8         #nav ul {
9              margin: 0;padding: 0;
10             list-style-type: none;
11        }
12        #nav ul li {
13             float:left;      /* 左浮动 */
14        }
15        #nav a {
16             display:block;    /* 转换为块元素 */
17             width: 10em;    /* 设置块的宽度 */
18             height: 5em;
19             line-height: 5em;
```

```
20                  text-decoration: none;
21                  background-color: #CCCCCC;
22            }
23      #nav a:hover {
24                  background-color: #E6E6FA;
25            }
```

代码说明：

（1）上述代码中，float:left; 使用 float 来把块元素滑向彼此。

（2）代码 display:block; 把链接显示为块元素可使整个链接区域可点击（不仅仅是文本），同时也允许规定宽度。

（3）由于块元素默认占用全部可用宽度，链接无法浮动至彼此左右相邻，因此需要自定义宽度：width:10em;。

思考与验证

在例 14-5 中的 #nav ul 选择器中，追加一句 CSS 设置：display: inline-block;，页面效果将变成整个水平导航栏居中显示，如图 14-12 所示。自己实践一下，并思考为什么。

图 14-12　水平导航栏居中显示　　　　　　页面效果

★点睛★

◇ 去掉列表的默认符号，一般是针对 ul 或 ol 设置 CSS：list-style-type:none。属性 list-style-type 还可以定义项目标记符号样式。

◇ list-style 属性是 list-style-type、list-style-image 和 list-style-position 属性的复合写法。

◇ caption-side 可以设置表格标题在表格上方（top）还是下方（bottom）。

◇ border-collapse 属性用于去除单元格之间的空隙。border-spacing 用于定义边框的间距。

◇ 超链接在不同状态可以设置不同的样式。不同状态用伪类选择器表达，如 a:link、a:visited、a:hover 和 a:active，分别表示超链接未访问、访问后、鼠标经过和鼠标点击时的状态。

◇ 鼠标样式可以用 cursor 属性来定义，如 cursor:pointer; 表示鼠标样式为小手状👆。

◇ 导航栏其实就是一个链接列表，一般用 <ul>+<li> 来创建导航栏。

◇ 用 <ul>+<li> 创建的导航栏默认是垂直状。水平导航栏大都采用浮动（float）法设置。

★章节测试★

一、连线

将下面右边的描述和它对应的 CSS 属性连线。

caption-side	设置表格内容的布局算法
list-style-type	设置表格边框的间距
cursor	设置表格标题在上方或下方
border-collapse	去掉列表项目符号
border-spacing	设置表格无空隙边框
table-layout	定义鼠标样式

二、判断

1. 如果 CSS 的 border-collapse 属性设置为 collapse，则 border-spacing 无效。

2. 可以通过 CSS 的 caption-side 属性更改表格标题的位置，但该属性只能在 <caption> 中定义，在 <table> 中定义无效。

3. border-collapse:collapse; 可以去掉表格边框的间距，即设置无空隙边框。

4. 当表格的单元格无内容时，可用 table-layout 属性设置是否显示该单元格的边框。

5. 对于未访问过的超链接，可直接对 <a> 元素进行 CSS 设置，没有必要使用 a:link 选择器。

6. 用于定义鼠标经过 E 元素时的伪类选择器是 E:active。

7. CSS 语法不区分大小写，且在元素调用 id 或 class 选择器名时也不区分大小写。

三、写出 CSS 代码并上机验证

1. 设置表格内容的布局算法为固定布局。

2. 当鼠标经过图像时，图像会增加一个 2 px 的实线黑边框。

3. 将 id 为 nav 的元素下的超链接设置为块元素。

第 15 章
CSS 过渡与动画

在 CSS3 之前，如果希望标签元素实现从一种样式转变为另一种样式，使网页变得更加动感，提供更好的用户体验，需要借助 Flash 或 JavaScript。CSS3 新出现的属性 transition（过渡）、transform（变换）、animation（动画）可以轻松实现所要的效果。

学习目标：

序号	基本要求
1	理解 transition 属性对其他 CSS 属性的过渡设置
2	会用 transition 属性实现某个 HTML 元素的属性的过渡设置
3	理解 transform 属性对元素变换（如旋转、拉伸、翻转、缩放等）的设置
4	会用 transform 属性实现某个 HTML 元素的变换设置
5	能够通过 @keyframes 和 animation 属性实现动画的设置

15.1 过 渡

过渡（transition）主要用来对某个 CSS 属性的变化过程进行控制，即当元素的大小、颜色、透明度、布局等数值改变时，可以使其产生过渡的动画效果。transition 属性具体可分为 4 个子属性，见表 15-1。

表 15-1 过渡属性

过渡属性	说明
transition-delay	设置过渡开始前的延迟时间（默认值为 0）
transition-duration	设置过渡开始到过渡完成的时间（默认值为 0）
transition-property	设置 HTML 元素中参与过渡的属性
transition-timing-function	设置过渡的样式函数（如 linear、ease、ease-in 等）

常见的写法是简写属性 transition，在该属性下设置其他 4 个属性，属性值的顺序一般为 property、duration、timing-function、delay。

语法格式：

```
transition: [transition-property]
```

或

[transition-duration]

或

[transition-timing-function]

或

[transition-delay]

语法说明：

（1）transition 为复合属性。如 transition: all.3s ease 2s; 表示执行元素所有属性的过渡效果，过渡时间为 0.3 s，过渡时间是逐渐变慢，并在触发过渡效果后延迟 2 s 执行过渡效果。

（2）transition-timing-function 是指过渡效果的运行速度，以下是可以选择的值及其含义：linear（匀速）、ease（逐渐变慢，默认值）、ease-in（加速）、ease-out（减速）、ease-in-out（加速后减速）。

【例 15-1】 过渡的应用。

设置两个 CSS 属性的变化：一个含过渡变化，一个不含过渡变化。

```
1   <!DOCTYPE html>
2   <html>
3   <head>
4       <style>
5           #transA {
6               width: 200px;
7               height: 30px;
8               background-color: maroon;
9           }
10          #transB {
11              width: 200px;
12              height: 30px;
13              background-color: blue;
14              transition: width 2s .2s;        //
15          }
16          #transA:hover, #transB:hover {
17              width: 400px;
18          }
19      </style>
20  </head>
21  <body>
22      <div id="transA">
23      </div>
24      <div id="transB">
25      </div>
26  </body>
27  </html>
```

代码说明：

（1）本例实现的效果是两个 <div> 元素在鼠标经过时（hover）都变成原来 2 倍的长度，鼠标离开时都恢复原来的长度。第一个没有过渡效果，第二个有过渡效果。

（2）这里的过渡效果是，当鼠标经过第二个 <div> 元素区域 0.2 s 后，元素宽度逐渐变为 2 倍长度，有 2 s 的过渡效果。

（3）代码 transition:width 2s.2s; 的三个值分别代表过渡属性、过渡时间、过渡时刻。

（4）在 Chrome 浏览器中的页面效果如图 15-1 所示。

图 15-1　过渡前后

15.2　变　　换

页面效果

通过变换（transform）属性可以对元素进行旋转、拉伸、翻转、缩放等操作。变换属性分为 2D 变换与 3D 变换，通常与过渡属性搭配使用来完成一些动画效果。

变换常用的属性有 transform、transform-origin、transform-style，详见表 15-2。

表 15-2　变换属性

变换属性	说明
transform	定义元素向 2D 或 3D 变换
transform-origin	改变元素的位置
transform-style	设置嵌套元素在三维空间中呈现的方式

transform 属性可以通过 CSS 提供的多个函数对 HTML 元素进行二维和三维的变换。

语法格式：

```
transform:none
```

或

```
变换函数；
```

语法说明：

（1）transform 的默认值为 none，表示不进行变换。

（2）可以一次为 transform 指定多个变换函数，多个函数之间用空格分隔。常见的变换函数见表 15-3。

表 15-3　变换函数

变换属性	说明
translate(x,y)	定义 2D 平移变换
translate3d(x,y)	定义 3D 变换
translateX(x)	定义沿 X 轴平移变换（Y 轴和 Z 轴同理）
scale(x,y)	定义 2D 缩放变换
scale3d(x,y,z)	定义 3D 缩放变换
scaleX(x)	通过设置 X 轴的值进行缩放（Y 轴和 Z 轴同理）
rotate(angle)	定义 2D 旋转，角度值后需跟角度单位 deg
skew(x-angle, y-angle)	定义沿着 X 轴和 Y 轴的 2D 倾斜转换

transform-origin 设置旋转元素的基点位置，2D 转换元素可以改变元素的 X 轴和 Y 轴，3D 转换元素还可以更改元素的 Z 轴。不设置时，默认的旋转坐标为元素的中心。

语法格式：

```
transform-origin: x-axis  y-axis;
```

或

```
transform-origin: x-axis y-axis z-axis;
```

语法说明：

（1）transform-origin 的属性值可以有 2 个或 3 个：

① x-axis, 可以使用的值有 left、right、center、像素、百分比。

② y-axis, 可以使用的值有 left、right、center、像素、百分比。

③ z-axis, 可以使用的值有像素。

（2）比如代码 transform-origin: left bottom; transform: rotate（45deg); 表示将原点设置为左下角，然后旋转 45°。

【例 15-2】 变换的应用。

```
1    <head>
2        <style>
3            body{
4                padding-left:200px;
5                padding-top:200px;
6            }
7            #flagPos{
8                width:200px;
9                height: 100px;
10               border:1px solid #000;
11           }
```

```
12              #transformA{
13                  width:200px;
14                  height: 100px;
15                  background-color:red;
16                      transform:rotate(30deg);
17                  /* transform-origin:0 0; */
18              }
19          </style>
20      </head>
21      <body>
22          <div id="flagPos">
23              <div id="transformA">
24              </div>
25          </div>
26      </body>
```

代码说明：

（1）transform: rotate (30deg); 将使元素旋转 30°，默认的旋转基点左边为（50% 50%）或（center center），表示元素的中心。此时页面效果如图 15-2（a）所示。

（2）如果添加代码 transform-origin: 0 0;，将变换基点到左上角位置，此时页面效果如图 15-2（b）所示。

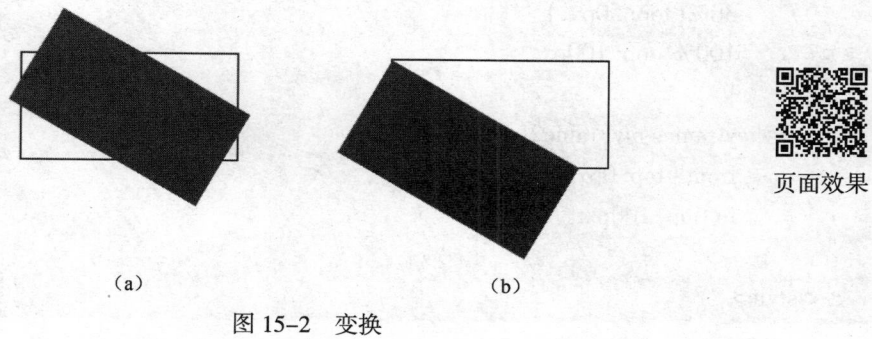

页面效果

(a)　　　　　　　　　　　　(b)

图 15-2　变换

15.3　动　　画

本教材中，主要在 3 个地方讲述动画（animation）：一是在 HTML 多媒体章节中稍微涉及动画类的元素，二是在本节通过 CSS3 新增的功能实现动画，三是 jQuery 通过一些函数实现动画效果。

CSS3 动画是指利用 CSS 代码让页面中的元素动起来形成的动画。CSS3 动画功能可以在许多页面中取代动画图片、Flash 动画和 JavaScript 动画等，使网页变得更加绚丽多彩。

一般来说，用 @keyframes 来创建动画，用 animation 属性来设置动画的特效。

15.3.1 @keyframes 关键字

通过 @keyframes 指定动画名称和动画关键帧可以创建动画。在 @keyframes 中设置 CSS 样式，就能创建由当前样式逐渐改为新样式的动画效果。

语法格式：

```
@keyframes 动画名称 {
阶段 1 {CSS 样式 }
阶段 2{CSS 样式 }
阶段 3{CSS 样式 }
}
```

语法说明：

动画阶段的写法有如下两种方式：

① 每个阶段用百分比表示，从 0% 到 100%（起止必须设置，即 0% 和 100%）。

② 使用 from 和 to 表示从某阶段到某阶段。

代码示例如下：

```
<style>
  @keyframes myFrame1 {
      0% { top:0px; }
      30%{ top: 50px; }
      100%{ top: 100px; }
      }
  @keyframes myFrame2{
      from { top: 0px; }
      to {top: 100px;}
    }
</style>
```

15.3.2 animation 属性

animation 属性用于设置对象所应用的动画特效详情。创建好一个动画后，需要在 CSS 选择器中引用 animation 动画属性，调用声明好的关键帧动画。animation 属性中必须有动画名称和时长，否则动画不会生效。

语法格式：

```
animation: 动画名称 时长 ;
```

语法说明：

（1）animation 是复合属性，其包含的常见子属性见表 15-4。通过该属性可以设置动画

持续时间、延迟时间、动画类型等。

表 15-4　动画属性

动画属性	说明
animation	复合属性。设置 HTML 元素所应用的动画特效
animation-name	设置 HTML 元素所应用的动画名称
animation-duration	设置 HTML 元素动画的持续时间
animation-timing-function	设置 HTML 元素动画的过渡类型（如 linear、ease 等）
animation-delay	设置 HTML 元素动画延迟的时间（默认值为 0）
animation-iteration-count	设置 HTML 元素动画的循环次数（默认值为 1）
animation-direction	设置 HTML 元素动画在循环中的运动方向
animation-play-state	设置 HTML 元素动画的状态
animation-fill-mode	设置 HTML 元素动画停止时的状态

（2）和很多复合属性一样，修改动画的属性可以通过设置具体子属性的属性值来实现，也可以使用 animation 属性来设置。

（3）animation-timing-function 子属性类似于 transition-timing-function，其属性值也为 linear、ease、ease-in、ease-out、ease-in-out。

【例 15-3】 动画（animation）的应用。

```
1        div {
2               width: 200px;
3               height: 200px;
4               background-color: brown;
5        }
6        #div1 {
7               animation-name: frame1;
8               animation-duration: 5s;
9               animation-timing-function: ease;
10              animation-iteration-count: infinite;    //
11       }
12       #div2 {
13              animation: frame1 3s ease infinite;
14       }
15       @keyframes frame1 {
16           from {
17               width: 200px;
```

```
18                  }
19              to {
20                  width: 400px;
21                  }
22              }
23  <body>
24      <div id="div1">
25          这是一个 div1
26      </div>
27      <div id="div2">
28          这是一个 div2
29      </div>
30  </body>
```

代码说明：

（1）div1 和 div2 都引用了动画效果的设置。div1 通过设置多个子属性来实现动画播放效果；div2 是通过 animation 复合属性进行设置的。

（2）animation 属性要和 @keyframes 结合起来使用，才能实现动画播放效果的设置。

（3）Chrome 浏览器中的页面效果如图 15-3 所示。

图 15-3　动画属性

页面效果

★点睛★

❖ transition（过渡）是 CSS3 新增的属性，它可以实现对某个 CSS 属性的变化过程的控制。

◇ #transB{width:200px; transition: width 2s.2s;} #transB:hover{width:400px;} 表示鼠标经过 #transB 所指的元素时，宽度变成 400 px，2 s 的过渡效果，在鼠标经过 0.2 s 之后产生过渡效果。

◇ transform（变换）属性可以通过 CSS 提供的多个函数对 HTML 元素进行二维或三维的变换。

◇ CSS3 动画指的是：用 @keyframes 创建动画，用 animation 属性设置动画的特效详情。

★章节测试★

一、写出 CSS 代码并上机验证

1. 为 width 属性设置为在其变化 0.3 s 的时刻，有 2 s 的过渡效果。

2. 为 id 值为 transB 的元素设置过渡效果：过渡持续 5 s，逐渐变慢，并在触发过渡效果 1 s 后执行过渡效果。

3. 将 id 值为 transA 的元素基于元素的中心水平旋转 30°（顺时针）。

4. 将 id 值为 transA 的元素基于元素的左上角水平旋转 40°（顺时针）。

5. 对 id 值为 divB 的元素设置动画特性：引用名为 frame1 的动画，持续 3 s，逐渐变慢且无限循环。

二、实践

基于 CSS3 动画技术制作响应式放大菜单，当鼠标经过菜单选项时，产生对该菜单进行放大的动画效果。如图 15-4 所示，图 15-4（a）为初始状态，图 15-4（b）为鼠标经过时的效果。

> **注意：** 鼠标经过时，有动画效果，即放大的渐进过程。

（a）

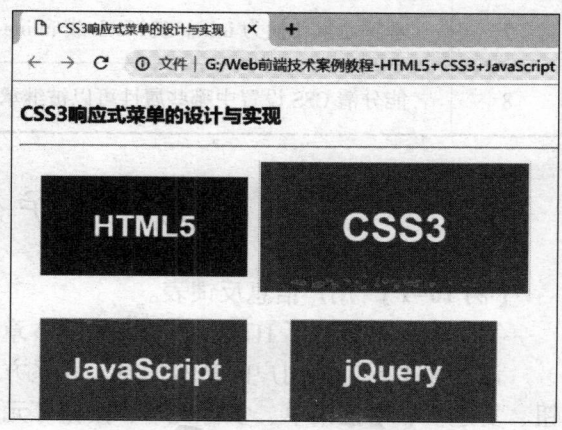
（b）

图 15-4　CSS3 动画制作的响应式放大菜单

页面效果

第 16 章

HTML+CSS 综合案例（一）

以上章节分别介绍了 HTML 和 CSS 方面的知识。第 16 章和第 17 章主要通过两个综合案例进一步巩固 HTML、CSS 方面的知识与技能。本章主要通过 HTML 和 CSS 实现"用户信息反馈表"的表单页面设置。例中主要应用了表单元素，并通过 CSS 对表单元素进行样式设置。

学习目标：

序号	基本要求
1	熟练掌握常见的 HTML 表单元素
2	能对表单元素进行分组设计
3	能设置页面固定宽度且居中的样式
4	会进行溢出内容的处理
5	会将 <label> 和它周围的文本或内联元素设置为顶部或底部对齐
6	会通过 !important 方法提高某条 CSS 规则的优先权
7	理解元素转换为 inline 或 block 或 inline-block 的意义
8	能分清 CSS 设置中哪些属性可以被继承，哪些不可以被继承

16.1 用户信息反馈表

【例 16-1】 用户信息反馈表。

第 7 章着重介绍了 HTML 表单元素，本章将从 HTML 和 CSS 两个角度进行讲述。

该页面主要包括用户的基本信息、联系方式、客户体验等内容，应用了文本框、单选按钮、复选框、下拉菜单、多行文本、按钮等元素，页面效果如图 16-1 所示。

页面效果

图 16-1 用户信息反馈表

16.2 HTML 代码

本例的 HTML 代码可以参考例 7-6 用户信息反馈表。由于篇幅所限，本章不再罗列。以下是对 HTML 代码的简要说明。

（1）将页面中的所有内容置于 \<div id="wrapper"\> 中，主要是为了通过 CSS 对页面进行整体的样式修饰。

（2）在 \<form\> 元素下共有 5 个 \<fieldset\> 元素，代表页面表单的 5 个分组。在一些 \<fieldset\> 下还会有嵌套 \<fieldset\> 元素。

（3）同样地，在 \<ul\> 下的某一个 \<li\> 元素中也有 \<ul\> 的嵌套，用于表达表单的层次关系。

页面效果如图 16-2 所示。

用户信息反馈表

基本信息
- 用户名：请输入你的用户名
- 性别：
  - ◇ ● 男
  - ◇ ● 女
- 年龄：
- 职业：

联系方式
- 电话号码：
- 电子邮件：
- 单位地址：
- 国家：中国 ▼

客户体验
- 卫生状况：
  - ◇ ● 非常好
  - ◇ ● 好
  - ◇ ● 一般
  - ◇ ● 差
- 了解途径：
  - ◇ ■ 朋友介绍
  - ◇ ■ 广告单
  - ◇ ■ 电视宣传
  - ◇ ■ 其他
- 建议或意见：

- ■ 愿意接收来自其他用户的信息
- ■ 愿意接收来我们其他产品的优惠信息

确定提交

图 16-2　用户信息反馈表

页面效果

16.3　CSS 代码

为 HTML 页面增加 CSS 样式，代码如下：

```
1    *{
2        margin:0px;
3        padding:0px;
4    }
5    body{
6        font-size:14px;
7    }
8    #wrapper{
9        width: 600px;
10       margin:0 auto;
11   }
12   h1{
13       font-size:30px;
```

```
14          margin:20px;
15      }
16      fieldset{
17          background-color:#f1f1f1;
18          border:none;
19          margin-bottom: 12px;
20          overflow:hidden; /* 溢出元素内容区的内容会如何处理 */
21          padding: 0 10px;
22      }
23      fieldset legend{
24          font-size:20px;
25          padding-left: 30px;
26      }
27      ul{
28          background-color: #fff;
29          list-style: none;
30          margin:12px;
31          padding:10px;
32      }
33      li{
34          margin:0.5em 0;
35      }
36      label{
37          display: inline-block;
38          padding:3px 6px;
39          text-align: right;
40          width: 120px;
41          vertical-align: top;
42      }
43      .large{
44          background:#e2f7fc;
45          width:200px;
46          border:1px solid #ccc;
47      }
48      textarea{
49          font:inherit;
50          height: 100px;
51          width: 300px !important;
```

```
52      }
53      .radios{    /* 或写成 fieldset.radios*/
54          display: inline;
55          margin:0;
56          padding:0;
57      }
58      .radios ul{
59          display: inline-block;
60          list-style: none;
61          margin:0;
62          padding:0;
63      }
64      .radios li{
65          margin:0;
66          display: inline-block;
67      }
68      .radios label{
69          margin-right: 10px;
70          width:auto;
71      }
72      .radios input{
73          width:20px;
74          margin-top:5px;
75      }
76      .checkboxes{    /* 最底下的两个复选框 */
77          margin:0;
78          padding:0;
79      }
80      .checkboxes input{
81          margin:7px 10px 0 30px;
82      }
83      .checkboxes label{
84          text-align: left;
85          width:auto;
86      }
87      .feedback{
88          background-color:#06f;
89          border:none;
```

```
90          color:#fff;
91          margin:12px;
92          padding:3px;
93          width:100px;
94          height:30px;
95     }
96     .feedalign{
97          text-align:right;
98     }
```

代码说明：

（1）#wrapper{…} 中设置宽度为 600 px，并水平居中显示。这里的设置思路是固定宽度，并设置左右外边距为 auto（自动）。

水平 居中	#wrapper{ width:600px; 　　　　position:relative; 　　　　left:50%; 　　　　margin-left:-300px; 　　　　}	这是除了本例写法之外的第二种 设置元素固定宽度且居中的方式。

（2）第 20 行中有代码：overflow:hidden;，表示溢出元素内容区的内容的处理方式——隐藏。

overflow	（1）visible（默认值）表示不会修剪，会呈现在元素框之外； （2）hidden 表示隐藏； （3）scroll 表示添加滚动条； （4）auto 表示根据内容自动添加滚动条。

（3）在第 36~42 行中设置 <label> 元素，其中 display:inline-block; 表示将规定元素设置成行内块元素，即既有 block（块）的宽度、高度特性，又有 inline（行内）的同行显示特性。

（4）第 39、40 行中，水平右对齐的表达和固定宽度相结合，实现 <label> 宽度固定并文本右对齐。

（5）在同一行内有多个 <label> 元素，但高度可能不同，通常将这些元素设置为顶部对齐，如第 41 行代码。

（6）第 49 行中，对 <textarea> 元素设置 font:inherit;，表示继承上级元素的设置。因为在 <textarea> 所有的上级元素中，只有 <body> 定义了 font，所以继承 <body> 中的设置。

（7）第 51 行 width:300px !important; 中的 !important 可以提高规则优先权（相当于写在最下面）。至于这里为什么要提高优先权，读者可以对照上下文进行分析。

代码在 Chrome 浏览器中的效果如图 16-3 所示。

图 16-3　用户信息反馈表

★章节测试★

1. 参考本章案例，实现如图 16-4 所示的页面效果。

2. 百度页面是初学者经常练习的页面。请结合自己所学，实现百度的首页效果，如图 16-5 所示。

图 16-4　订单表单

页面效果

图 16-5　百度首页

第 17 章

HTML+CSS 综合案例（二）

本章主要是通过一个常见的个人文集的页面来介绍 HTML 框架搭建、CSS 排版的整体思路和页面的 CSS 细节美化。

学习目标：

序号	基本要求
1	了解页面制作的整体思路和过程
2	了解页面风格与色调搭配的设计
3	能够通过页面效果搭建出页面的 HTML 架构
4	能够通过 CSS 实现固定宽度且居中的排版
5	能够灵活运用 CSS 技术实现页面的排版、美化

17.1 分析架构

【例 17-1】 个人文集页面。

本例以恬静、大方的蓝色为主基调，配上与页面主题相关的图片，效果如图 17-1 所示。

17.1.1 设计分析

网页成功的配色方案可以完美地体现出网站的主题及表达出网站的信息，更能表现出这个网站的内涵。一般来说，网页配色有的简单、时尚且高雅，有的简单、洁净且进步，有的传统、稳重且古典，有的轻快、华丽且动感等，各种各样，不一而足。

个人文集是用户用来打理自己心情、表达自我的网站，选择的色调全凭用户个人的喜好。本例主要表达作者恬静、清新的风格，重点表达自己对文字内容的感怀，因此采用蓝色为主色调，而页面背景是浅蓝色，再结合适当的配图，最终呈现出明朗、悠闲而又清新的感觉。

本例中，页面设计是最为常见的固定宽度且居中的版式。

一望无际的轨道给以人无限的遐想，3 个独立的文字区域与之相映成辉，这样的页面主题直接表达出整个个人文集的风采。左侧的文字和图片都来自作者喜欢的文学作品，一个是 2018 年饱受好评的影视文学作品，一个是 20 世纪的校园文学经典。

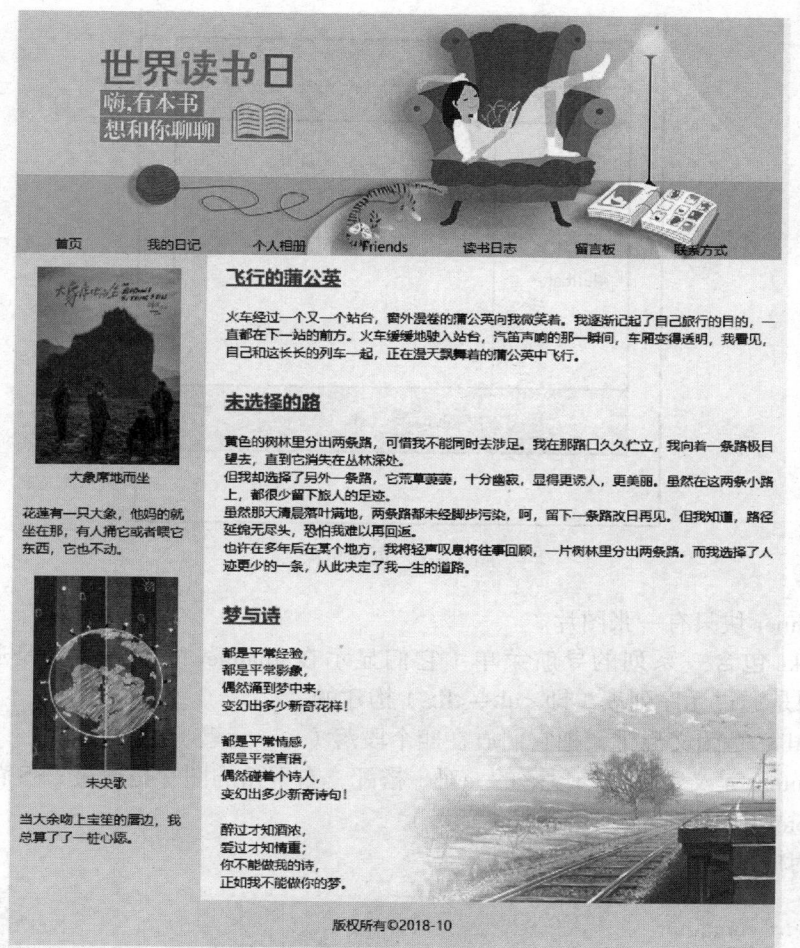

页面效果

图 17-1 "世界读书日"效果图

17.1.2 排版架构

本例采用传统的图文排版模式，如图 17-2 所示。

这里将所有页面内容用一个 <div> 包裹起来，框架代码如下：

```
1    <div id="container">
2        <div id="banner"></div>
3        <div id="links"></div>
4        <div id="leftbar"></div>
5        <div id="content"></div>
6        <div id="footer"></div>
7    </div>
```

以下是对于 5 个 <div> 的分析说明。

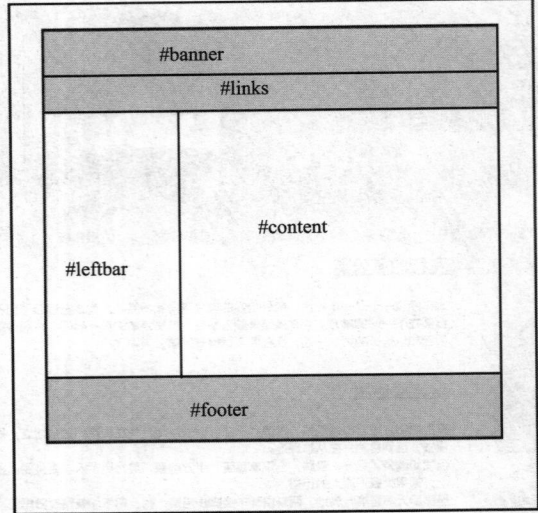

图 17-2　页面框架

（1）#banner 块只有一张图片。

（2）#links 包含一系列的导航菜单（它们显示在 #banner 中的图片上是通过 CSS 实现的），菜单项是通过无序列表（即 <ul>+<li>）构建的。

（3）#leftbar 是图文混排，把它们放在四个段落（<p> 元素）中。

（4）#content 是文字标题与段落的一对一搭配，右下角的图片是通过 CSS 背景实现的。

（5）#footer 中仅有一个段落（<p> 元素）。

以下是对应的 HTML 代码：

```
1    <div id="container">
2        <div id="banner"> <img src=""> </div>
3        <div id="links">
4            <ul>
5              <li></li><li></li><li></li><li></li><li></li><li></li><li></li>
6            </ul>
7        </div>
8        <div id="leftbar">
9            <p></p><p></p><p></p><p></p>
10       </div>
11       <div id="content">
12           <h2></h2><p></p>  <h2></h2><p></p>  <h2></h2><p></p>
13       </div>
14       <div id="footer">
15           <p></p>
16       </div>
17   </div>
```

17.2 模块拆分

对页面的整体框架有了大体设计之后，再分别对各个模块进行处理，最后统一整合。这也是页面设计的通常步骤，养成良好的设计习惯便可熟能生巧。

17.2.1 banner 与导航菜单

由于 #banner 仅仅放置一张图片，而导航菜单（#links）又位于图片的上面，所以将这两个 <div> 块放在一起考虑。#links 采用相对定位的方法进行移动，从而移动到 #banner 上。效果如图 17-3 所示。

图 17-3 banner 与导航菜单

```
1    #links{
2        margin: −20px 0 10px 0;
3        position: relative;
4    }
```

17.2.2 侧边栏

页面的侧边栏（#leftbar）包含了两张图片和两个段落的文字（图片下的一行文字可以看成换行实现）。

将 #leftbar 的宽度设定为 200 px，且向左浮动。

```
1    #leftbar{
2        width:200px;
3        float: left;
4        background−color: #d2e7ff;
5        text−align: center;
6        padding−top:25px;
7    }
```

设置完整体的 #leftbar 后，还需要对这里的段落（<p> 元素）和图片进行设置。

```
1    #leftbar .para1{
2        text-align:left;
3        padding:20px 10px;
4    }
5    #leftbar img{
6        width:75%;
7    }
```

17.2.3　内容部分

内容部分（#content）位于页面的主体位置，根据 CSS 布局章节所讲的方法，将其也设置为向左浮动，并指定宽度为 600 px。

```
1    #content{
2        float: left;
3        width:600px;
4        background:url(../images/bg.jpg) no-repeat bottom right;
5        /* background-color: aquamarine; */
6    }
```

对 #content 设置完成后，便开始设置每个子块的细节。这里主要涉及段落和标题之间的距离、文字的设置等。

```
1    #content h2{
2        padding:20px 0 10px 20px;
3        text-decoration: underline;
4        color:#6565c0;
5        font-size: 20px;
6    }
7    #content p{
8        padding:10px 0 10px 20px;
9    }
```

17.2.4　脚注部分

脚注部分（#footer）主要用来放一些版权信息等，要求简单明了。这里除了进行背景色、文本居中等设置之外，还要消除其上面 div 块中 float 设置的影响。

```
1    #footer{
2        clear:both;                              /* 消除 float 的影响 */
3        text-align:center;
```

```
4            background-color:#d2e7ff;
5        }
6        #footer p{
7            padding:15px 0;
8        }
```

17.3 整 体 调 整

通过 17.1 节对整体的排版和 17.2 节对各个模块的制作，整个页面已基本成形，最后对页面做一些细节上的调整。比如各个块之间的 padding 和 margin 值是否与整体页面协调、各个子块之间是否协调统一等。

对于固定宽度且居中的版式，需要考虑为页面添加背景，以适合宽屏用户使用。以下代码主要实现了固定宽度且居中、背景图片的填充（使 #leftbar 的左下角与 #leftbar 设置的背景色一致）等。

```
1        *{
2            margin: 0;
3            padding:0;
45       }
6        body{
7            font-size:14px;
8            background-color: #e9fbff;
9        }
10       #container{
11           width:800px;
12           margin:0 auto;
13           background:url(../images/container_bg.jpg) repeat-y;/**/
14       }
```

固定宽度
且居中
	除了上例中通过设置 width 和 margin 的方法之外，还有第二种方法：
	#container{
	　　　position:relative;
	　　　left:50%;
	　　　width:800px;
	　　　margin-left:-400px;　/* 其值是 width 值的一半的负值 */
	}

至此，整个页面就制作完成了。这里需要指出的是，对于放在网络上的站点，制作时要考虑浏览器之间的兼容问题。通常的方法是将两个浏览器都打开，进行整体和细节上的对照，逐渐调整，实现基本一致的效果。本例已在 Chrome、Firefox 和 IE 浏览器中测试比较，显示效果几乎完全一样。

★章节测试★

1. 将例 17-1 改写成 HTML5 语义化元素的结构页面，并修改 CSS 代码，实现一样的效果。可适当参考第 9 章 HTML5 布局。

2. 实现如图 17-4 所示的页面效果。（尽量使用 HTML5 的语义化元素）

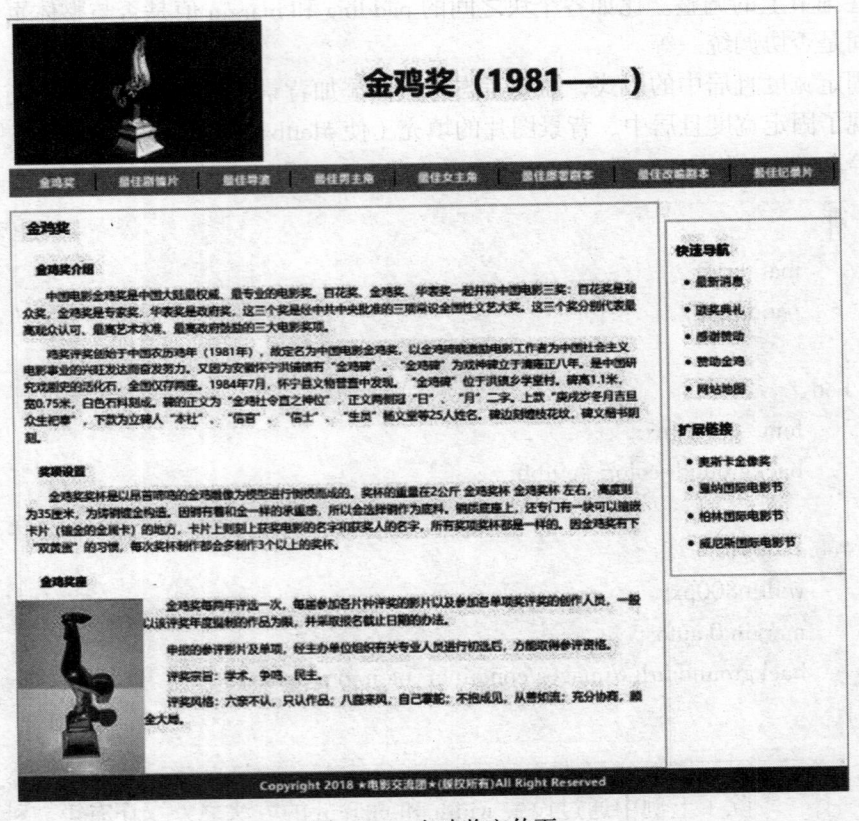

图 17-4　金鸡奖宣传页

 页面效果

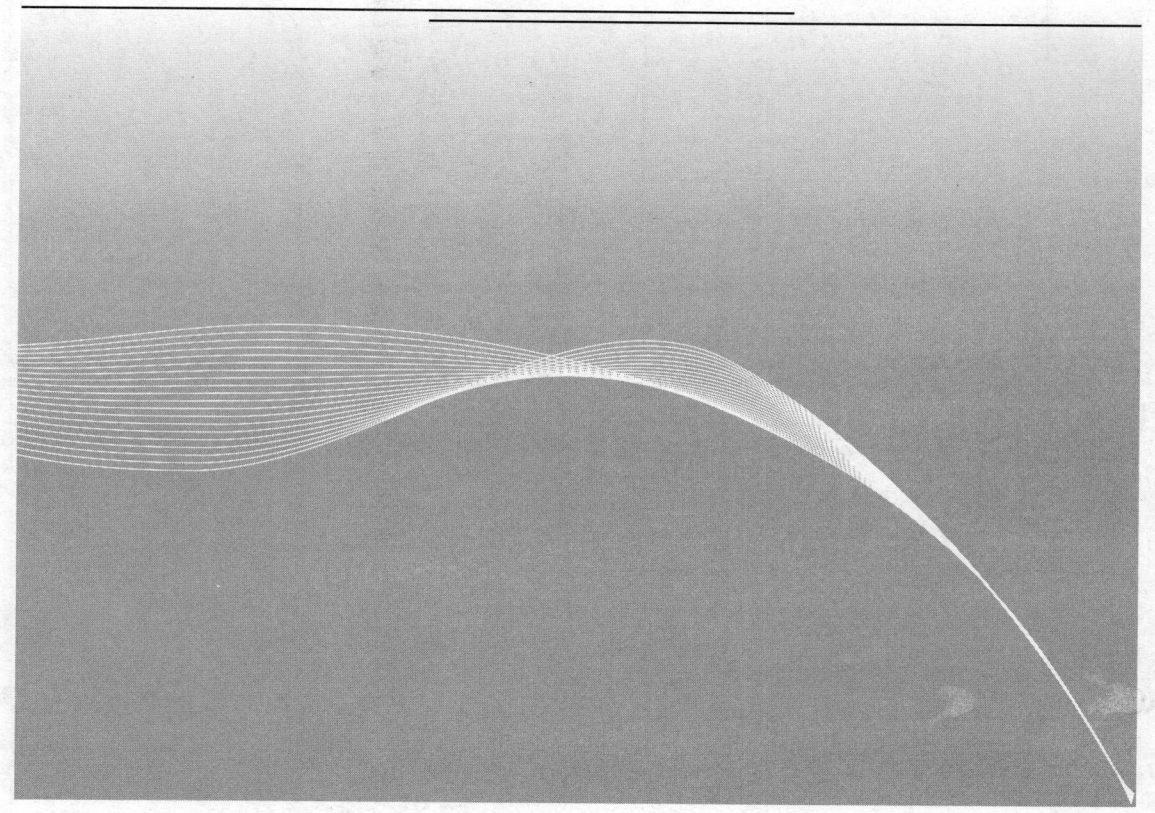

第三部分

JavaScript

第 18 章

JavaScript 基础

JavaScript 通常简称为 JS。它是一种嵌入到 HTML 页面中的编程语言，由浏览器一边解释一边执行。本章介绍 JavaScript 语言的基础知识。

学习目标：

序号	基本要求
1	会在 HTML 文档中引入 JavaScript 代码或文件
2	了解 JavaScript 的基本语法
3	了解 JavaScript 中变量的声明方式、命名规范和数据类型
4	理解常见的变量函数，并能够应用这些函数
5	弄懂 JavaScript 中的运算符含义，会进行运算
6	了解 JavaScript 中的选择结构和循环结构的写法

18.1 JavaScript 引入方式

在 HTML 中引入 JavaScript，一般有三种方式：外部 JavaScript、内部 JavaScript 和元素事件 JavaScript。这与 CSS 的三种引入方式（外部链接样式表、内部样式表、行内样式表）非常类似。

18.1.1 外部 JavaScript

外部 JavaScript 指的是将 HTML 代码和 JavaScript 代码单独放在不同的文件中，然后在 HTML 中使用 <script> 元素引入 JavaScript 代码。

语法格式：

```
<head> <script src="JavaScript 文件 URL"> </script> </head>
```

或

```
<body> <script src="JavaScript 文件 URL"> </script> </body>
```

语法说明：

（1）<script> 的 src 属性表示 JavaScript 文件的路径。

（2）JavaScript 文件可以在 <head> 或 <body> 中引入。这里提醒一下，外部 CSS 文件只可以在 <head> 中引入，用的是 <link> 元素及其 href 属性。

（3）引入外部 CSS 文件使用的是 <link> 元素，而引入 JavaScript 文件用的是 <script> 元素。

再谈 src	src 是 source 的缩写，src 指向的内容会嵌入到文档当前元素所在的位置。常用 src 属性的元素有 <img>、<script>。

18.1.2　内部 JavaScript

内部 JavaScript 指的是 HTML 代码和 JavaScript 代码放在同一个文件中。JavaScript 代码写在 <script> 与 </script> 之间。

语法格式：

```
<head> <script> … </script> </head>
```

或

```
<body> <script> … </script> </body>
```

语法说明：

（1）同样，内部 JavaScript 代码可以在 <head> 或 <body> 中引入。一般情况下都在 <head> 中引入。

（2）以下是内部 JavaScript 的例子。

【例 18-1】 内部 JavaScript。

```
1    <!DOCTYPE html>
2    <html>
3    <head>
4      <meta charset="utf-8"> <title> 内部 JavaScript</title>
5      <script>
6        document.write(" 欢迎来到 JavaScript 乐园 !");
7      </script>
8    </head>
9    <body>
10   </body>
11   </html>
```

代码说明：

（1）document.write( ) 表示在页面中输出内容；write( ) 是 document 对象的常见方法。

（2）上述代码在 Chrome 浏览器中的预览效果如图 18-1 所示。

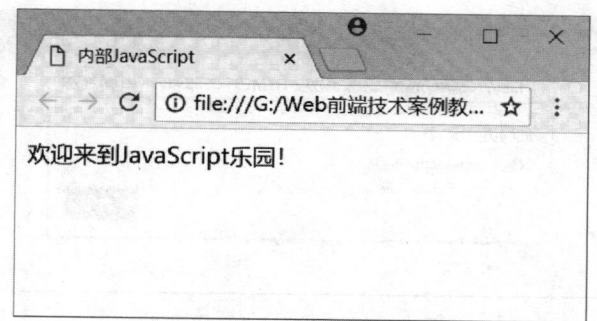

图 18-1　内部 JavaScript

页面效果

18.1.3　元素事件 JavaScript

元素事件 JavaScript 指的是在元素的"事件属性"中编写 JavaScript 或调用函数。
语法格式：

> < 元素名 … 事件名 ="JS 代码 ">

或

> < 元素名 … 事件名 =" 函数调用 ">

语法说明：
（1）事件名 ="JS 代码 " 指的是将 JS 代码直接写在这里。一般用于 JS 代码较少的情况。
（2）例 18-2 是事件名 ="JS 代码 " 的例子，例 18-3 是事件名 =" 函数调用 " 的例子。
【例 18-2】　事件名 ="JS 代码 "。

```
1    <!DOCTYPE html>
2    <html>
3    <head>
4        <meta charset="utf-8"> <title> 事件名 ="JS 代码 "</title>
5    </head>
6    <body>
7        <input type="button" value=" 按钮 " onclick="alert(' 欢迎来到 JavaScript 乐园 !');">
8    </body>
9    </html>
```

代码说明：
（1）alert( ) 表示弹出一个对话框。
（2）onclick 是一个常见的事件属性，表示单击该元素的响应。
（3）上述代码在 Chrome 浏览器中的预览效果如图 18-2 所示。
事件名 =" 函数调用 " 指的是事件触发该函数的调用。函数的定义放在 <script> 元
素中。

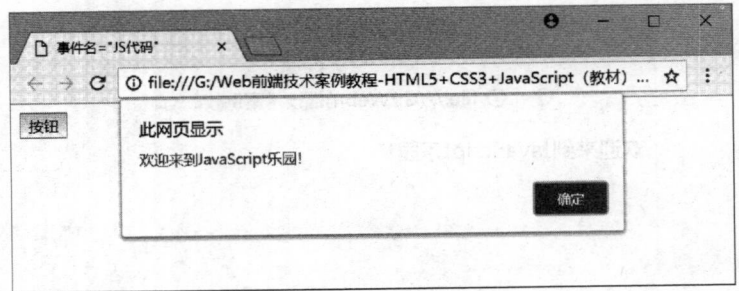

图 18-2　事件名 ="JS 代码 "

【例 18-3】 事件名 =" 函数调用 "。

```
1    <!DOCTYPE html>
2    <html>
3    <head>
4      <meta charset="utf-8">
5      <title> 事件名 =" 函数调用 "</title>
6      <script>
7        function alertMes( ) {
8          alert(" 欢迎来到 JavaScript 乐园 !!");
9        }
10     </script>
11   </head>
12   <body>
13     <input type="button" value=" 按钮 " onclick="alertMes( );">
14   </body>
15   </html>
```

代码说明：

（1）自定义函数 alertMes( ) 写在 <script> 元素中，函数名前加关键字 function。

（2）onclick 事件属性的值为 alertMes( ) 函数调用。

（3）上述代码在 Chrome 浏览器中预览的效果如图 18-3 所示。

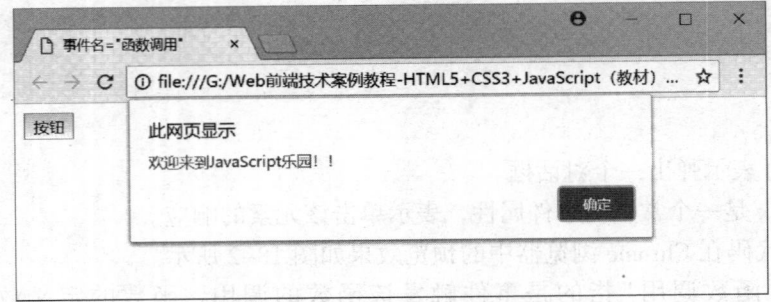

图 18-3　事件名 =" 函数调用 "

18.2　JavaScript 的变量

JavaScript 是一门弱类型的语言，在声明变量时不需要声明变量的数据类型，统一使用 var 关键字声明。JavaScript 中有 6 种基本数据类型，变量的具体类型取决于变量所赋值的类型。

18.2.1　变量的声明

在 JavaScript 中，要想使用一个变量，一般需要进行两步：① 变量的声明；② 变量的赋值。

变量的声明有如下 3 种方式。

1. 使用 var 声明变量

语法格式：

```
var 变量名 = 值;
```

语法说明：

（1）使用 var 声明的变量只在当前函数作用域有效，在其他作用域无法使用。

（2）下面的例子中会在浏览器窗口显示 100 这个数值。

```
<script>
    var a = 100;
    document.write(a);
</script>
```

2. 不使用 var，直接赋值声明变量

语法格式：

```
变量名 = 值;
```

语法说明：

声明变量时，不使用 var 关键字，直接通过赋值声明变量。这种方式默认为全局变量，在整个 JavaScript 文件中有效。

3. 使用一个 var 同时声明多个变量

语法格式：

```
var 变量名 1 = 值 1, 变量名 2= 值 2;
```

或

```
var 变量名 1，变量名 2，变量名 3= 值;
```

语法说明：

（1）在后一种格式中，只有变量名 3 是已赋值的，前两个变量均为 undefined（未定义）。

（2）同一个变量可以多次赋值。

多次赋值	var a = 100; a = " 编程艺术 "; 同一变量可以进行多次不同赋值, 每次重新赋值时, 都会修改变量的数据类型。

18.2.2 变量的命名规范

（1）变量名只能由字母、数字、下划线、$ 组成，且开头不能是数字。

（2）变量区分大小写，大写字母与小写字母为不同的变量。

（3）变量名命名要符合两大法则之一。① 小驼峰法则：变量首字母为小写，之后每个单词首字母大写；② 匈牙利命名法：变量所有字母都小写，单词之间用下划线分割。

helloJavaScript	// 正确写法（小驼峰法则）
hello_java_script	// 正确写法（匈牙利命名法）
hellojavascript	// 错误写法

（4）变量名不能使用 JavaScript 中的关键字，如 NaN、Undefined 等。

18.2.3 变量的数据类型

JavaScript 中基本数据类型主要有 6 种。

1. Undefined：未定义

使用 var 声明变量，却没有进行初始化赋值，结果为 Undefined。

```
<script type="text/javascript">
    var a;
    var b="Web 前端设计 ";
    console.log(a);
    console.log(b);
    console.log(c);
</script>
```

页面效果

代码说明：

（1）使用 var 声明 a，但未赋值，a 为 Undefined；b 使用 var 声明，且赋值；而对于 c，没有声明就直接使用，会报错。

（2）console.log() 表示从浏览器控制台输出。

（3）在 Chrome 浏览器中，查看"开发者工具"→"Console"可以看到如图 18-4 所示的信息。

2. NULL：空引用

NULL 在 JavaScript 中是一种特殊的数据类型，表示一种空的引用，也就是这个变量中什么都没有。同时，NULL 作为关键字不区分大小写。NULL、Null、null 都是合法的。

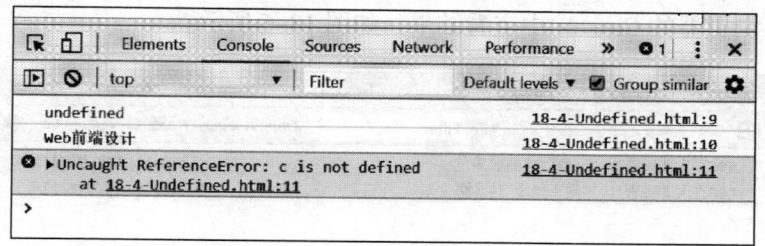

图 18-4　Console 查看

```
var a = null;
```

3. Boolean：布尔类型

Boolean 类型可选值只有两个：true 或 false，表示真或假。

```
var a = true;
var b = 1 > 99;
console.log(a);
console.log(b);
```

页面效果

代码说明：

（1）a 被直接赋值为 true；b 通过计算，被赋值为 false。

（2）在 Chrome 浏览器的 Console 中查看结果，如图 18-5 所示。

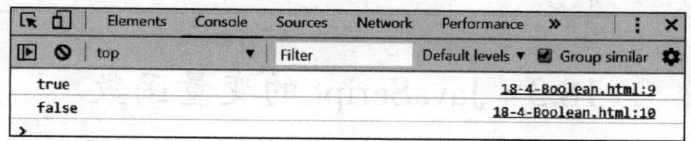

图 18-5　Console 查看

4. Number：数值类型

在 JavaScript 中，没有区分整数类型或小数类型，而是统一使用数值类型，即 Number 类型。

```
var a = 108;
var b = 108.315;
```

5. String：字符串类型

使用双引号（""）或单引号（''）包裹的内容，被称为字符串。这两种写法没有区别，且可以互相包含。

```
var a = "BBC 百大非英语片，' 七武士 ' 高居第一 ";
var b ='BBC 百大非英语片，" 霸王别姬 " 排名第十二 ';
console.log(a);
console.log(b);
```

页面效果

在 Chrome 浏览器的 Console 中查看结果，如图 18-6 所示。

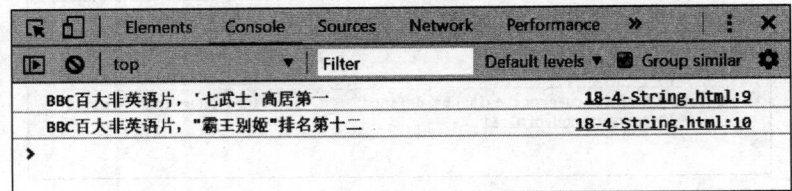

图 18-6 Console 查看

6. Object：对象类型

Object 是对象类型，在 JavaScript 中，函数、数组、自定义对象等都属于对象类型。

^练一练^

根据你所见所学，总结归纳，填入表 18-1。

表 18-1 总结归纳

技术类别	注释形式
HTML	
CSS	
JavaScript	

18.3 JavaScript 的变量函数

JavaScript 中提供了大量的内置函数，用户一般可以直接使用这些函数。本节介绍的变量函数也是 JavaScript 内置函数。

JavaScript 变量函数主要是用于检测变量的数据类型或转换变量的数据类型。

18.3.1 Number( ) 函数

Number( ) 函数可以将其他数据类型变量转换为数值类型，具体可以分为以下几种情况。

（1）字符串类型转数值；

（2）布尔类型转数值；

（3）NULL 与 Undefined 转数值；

（4）Object 类型转数值。

Number( ) 函数主要用来将"数字型字符串"转换为数字。比如，"108""3.14159"等这些就是"数字型字符串"，而"liu123""500px"等这些就不是。

举例如下：

```
Number("108");              // 转换结果为 108
Number("");                 // 转换结果为 0
Number("108abc");           // 转换结果为 NaN
Number(true);               // 转换结果为 1
Number(false);              // 转换结果为 0
Number(null);               // 转换结果为 0
Number(undefined);          // 转换结果为 NaN
```

代码说明：

（1）空串转换为数值时，结果为 0。

（2）true 转换为数值时，结果为 1；false 转换为数值时，结果为 0。

（3）null 转换为数值时，结果为 0。

（4）Undefined 转换为数值时，结果为 NaN；字符串包含其他非数字字符时，不可以转换为数值，否则结果为 NaN（关键字 NaN 代表非数字值的特殊值）。

（5）对于 Object 类型，一般先调用 ValueOf( ) 方法，确定函数是否有返回值，再进行相应转换。

18.3.2　parseInt( ) 函数

parseInt( ) 函数可以将字符串类型转换为整数数值类型。具体可以分为以下几种情况。

（1）空串转换为整数。

（2）纯数值字符串转换为整数。

（3）混合字符串转换为整数。

parseInt( ) 和 parseFloat( ) 的作用是提取"首字母为数字的任意字符串"中的数字。parseInt( ) 提取的是整数部分；parseFloat( ) 不仅提取整数部分，还会提取小数部分。

举例如下：

```
parseInt("108");            // 转换结果为 108
parseInt ("");              // 转换结果为 NaN
parseInt ("108.76");        // 转换结果为 108
parseInt ("108.76abc");     // 转换结果为 108
parseInt ("abc 108.76");    // 转换结果为 NaN
```

代码说明：

（1）纯数值字符串进行 parseInt( ) 转换时，遇到小数，会直接去掉小数部分，不进行四舍五入。

（2）空串不能转换为整型，结果为 NaN。

（3）包含其他字符的混合字符串进行 parseInt( ) 转换时，截取第一个非数值字符前的数值部分。若字符串的首字符为非数字字符时，不能转换，结果为 NaN。

（4）parseInt( ) 函数只能转换 String 类型，对 Boolean、null、Undefined 进行转换时，结果均为 NaN。

18.3.3 parseFloat( ) 函数

parseFloat 函数可以将字符串转换为小数数值类型，使用方式和 parseInt( ) 类似。当转换整数字符串时，结果为整数；当转换包含小数点的字符串时，结果保留小数点。

举例如下：

```
parseFloat("108");          // 转换结果为 108（和 parseInt("108") 一样）
parseFloat ("108abc205");        // 转换结果为 108
parseFloat ("108.76ab");      // 转换结果为 108.76
parseFloat ("a108");         // 转换结果为 NaN
parseFloat("a 108.76");        // 转换结果为 NaN
```

代码说明：

（1）只要是数字开始的混合字符串，都可以使用 parseInt( ) 或 parseFloat( ) 进行转换得到数值。

（2）只要是非数字开始的混合字符串，都不可以转换成数值（无论是 parseInt( ) 还是 parseFloat( )）。

（3）和 parseInt( ) 一样，parseFloat( ) 只能转换 String 类型，对 Boolean、null、Undefined 进行转换时，结果均为 NaN。

toString( )	在 JavaScript 中，将数字转换成字符串，有两种方式： ✓ 与空字符串相加； ✓ 对象的 toString( ) 方法。 比如：var a = 1988；var b=a.toString( )+2000； document.write(b)；// 输出 19882000

18.3.4 isNaN( ) 函数

isNaN 函数可以判断一个变量或常量是否为 NaN（非数值）。使用 isNaN( ) 进行判断时，会尝试使用 Number( ) 函数进行转换，如果能转换为数字，则不是 NaN，结果为 false。

具体有以下几种情况。

（1）纯数字字符串，判断结果为 false。

（2）空串，判断结果为 false。

（3）包含其他字符，判断结果为 true。

（4）布尔类型，判断结果为 false。

举例如下：

```
isNaN("108");             // 判断结果为 false
isNaN ("");              // 判断结果为 false
isNaN ("108 ab");          // 判断结果为 true
isNaN (false);            // 判断结果为 false
```

代码说明：

（1）对于字符串 "108"，先用 Number( ) 转换为数值类型的 108，所以 isNaN( ) 结果为 false。

（2）对于空串 ""，先用 Number( ) 转换为数值类型的 0，所以 isNaN( ) 结果为 false。

（3）对于包含其他字符的字符串，先用 Number( ) 转换为 NaN，所以 isNaN( ) 结果为 true。

18.3.5　typeof( )

typeof 可以用来检测一个变量的数据类型，传入一个变量，返回变量所属的数据类型。具体有表 18-2 所示的几种情况。

表 18-2　typeof( ) 运算符

返回值	变量类型	举例
number	整型、浮点型	typeof(123)
string	字符串	typeof("kitty")
boolean	true、false	typeof(true)
undefined	未定义的变量	typeof(x)
object	对象、数组、空变量	typeof(null)
function	函数	

为了方便使用，JavaScript 为 typeof 提供了两种写法，分别是函数写法和指令写法。

（1）函数写法：保留 ( )，变量通过 ( ) 传入。这种写法可以将 typeof( ) 看成是运算符。
语法格式：

```
typeof(...);
```

语法说明：

函数调用方式将变量通过 ( ) 里面的数据传入。

（2）指令写法：省略 ( )，变量紧跟在 typeof 的后面。这种写法可以将 type 看成是运算符。
语法格式：

```
typeof ... ;
```

18.4　JavaScript 的运算符

在 JavaScript 中，运算符指的是变量或值进行运算操作的符号。5 种常见的运算符：

（1）算术运算符；

（2）赋值运算符；

（3）关系运算符；

（4）逻辑运算符；

（5）条件运算符。

18.4.1 算术运算符

和很多编程语言一样，JavaScript 中的算术运算符主要包括加、减、乘、除等，见表 18-3。

表 18-3 算术运算符

运算符	说明	举例
+	加	10+20　// 结果为 30
−	减	10−20　// 结果为 −10
*	乘	10*2　// 结果为 20
/	除	10/2　// 结果为 5
%	取余	15%6　// 结果为 3
++	自增	var i=3; i++ //
−−	自减	var i=5; i−− //

运算符说明：

（1）JavaScript 中的加法运算符，需要注意 3 点。

① 数字 + 数字 = 数字

② 字符串 + 字符串 = 字符串

③ 字符串 + 数字 = 字符串

举例如下：

```
var a = 12+13;  //a 的值为 25
var str = "Web 前端技术 "+" 案例教程 ";   // str 的值为 "Web 前端技术案例教程 "
var str = "UU 的出生年份是 "+2018;     //str 的值为 "UU 的出生年份是 2018"
```

（2）++ 和 −− 分别表示自增和自减运算，即在原来的基础上加 1 或减 1。

（3）关于写法 i++ 和 ++i。假设 i 初始值为 5，则前者表达式的值为 5，后者表达式的值为 6。它们的共同点在于，下一次出现 i 时，i 的值都增为 6。

【例 18-4】 加法运算符。

```
1        var a=30+38;
2        var b="Web 前端技术 "+" 案例教程 ";
3        var c="MoMo 的出生年份是 "+2018;
4        document.write(a+"<br>"+b+"<br>"+c);
```

代码说明：

（1）在 JavaScript 中，加法除了表示数学中的数值加法之外，还表示一种连接。

（2）document.write( ) 方法不仅可以在浏览器中输出字符串、数值，还可以输出 HTML 标签。这里可以用加法运算符将字符串、数值、HTML 标签连接起来。

（3）在 Chrome 浏览器中的页面效果如图 18-7 所示。

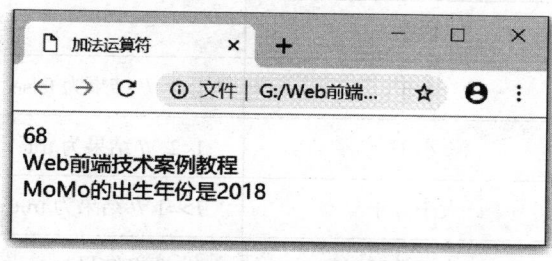

图 18-7　加法运算符

页面效果

思考与验证

有代码如下：

```
var str = "2018" + 1000;
document.write(str);
```

输出结果是多少？为什么？

18.4.2　赋值运算符

在 JavaScript 中，赋值运算符是将右边表达式的值保存到左边的变量中。赋值运算符主要是 "=" 及其复合写法，见表 18-4。

表 18-4　赋值运算符

运算符	举例
=	var a=10;
+=	var a+=b;　// 等价于 var a=a+b;
-=	var a-=b;
*=	var a*=b;
/=	var a/=b;
%=	var a%=b;

其中，a+=b 等价于 a=a+b，+=、-=、*= 运算符都是简化写法。

18.4.3　关系运算符

关系运算就是将运算符两边的值或表达式进行比较，如果比较结果是对的，则返

回 true；如果比较结果是错的，则返回 false。因此，关系运算符也称为比较运算符，见表 18-5。

表 18-5　关系运算符

运算符	说明	举例
>	大于	1>2 //结果为 false
<	小于	1<2 //结果为 true
>=	大于等于	1>=1 //结果为 true
<=	小于等于	1<=2 //结果为 true
==	等于	1==2 //结果为 false
!=	不等于	1!=2 //结果为 true

其中，等号（=）表示赋值运算，是将等号右边的值赋给左边的变量，等号表达式的结果为等号的右边值或左边值；双等号（==）表示关系运算，表达式的结果为 true 或 false。

18.4.4　逻辑运算符

逻辑运算符有 3 种：&&（与）、||（或）、!（非）。逻辑运算的结果见表 18-6。

表 18-6　逻辑运算符

a	b	a&&b	a||b	!a
真	真	真	真	假
真	假	假	真	假
假	真	假	真	真
假	假	假	假	真

运算符说明：

（1）在 JavaScript 中，表中的真值为 true，假值为 false。

（2）逻辑与：当 && 左右两边的值均为 true 时，结果为 true，否则为 false。

（3）逻辑或：当 || 左右两边的值均为 false 时，结果为 false，否则为 true。

（4）逻辑非：当!右边的值为 true 时，结果为 false；当!右边的值为 false 时，结果为 true。

18.4.5　条件运算符

以上所讲的运算符的运算对象大多是两个，如乘法（*）、逻辑与（&&）、大于等于（>=）等，根据运算对象的个数，把具有两个运算对象的运算符称为双目运算符，把只有一

个运算对象的运算符称为单目运算符，如自增（++）、逻辑非（!）等。

条件运算符是三目运算符。

语法格式：

条件？表达式 1 : 表达式 2

语法说明：

（1）当条件为 true 时，结果为表达式 1 的值；当条件为 false 时，结果为表达式 2 的值。

（2）在下面的代码中，先输出"花样年华"，再输出"阳光灿烂的日子"。

```
var result1 = ( 10>9 ) ? " 花样年华 " : " 阳光灿烂的日子 ";
var result2 = ( 10<9 ) ? " 花样年华 " : " 阳光灿烂的日子 ";
document.writeln(result1);
document.writeln(result2);
```

18.4.6　运算符的优先级

运算符优先级较高者先于较低者执行，即先执行表达式中优先级高的运算符。这就是运算符的优先级。

当表达式中有多个具有相同优先级的运算符时，选择自左向右还是自右向左的运算顺序，这就是运算符的结合性。

常见运算符的优先级与结合性见表 18-7。

表 18-7　常见运算符的优先级与结合性

优先级	运算符	说明	结合性
1	()	圆括号	L
2	!, ++, --	逻辑非，自增，自减	R
3	*, /, %	乘法，除法，取余	L
4	+, -	加法，减法	L
5	<, <=, >, >=	小于，小于等于，大于，大于等于	L
6	==, !=	等于，不等于	L
7	&&	逻辑与	L
8	||	逻辑或	L
9	?:	条件运算符	R
10	=, +=, -=, *=, /=, %=	赋值，复合赋值	R

运算符说明：

（1）上述表格中，L 表示自左向右的结合性，R 表示自右向左的结合性。

（2）JavaScript 中，还有一些运算符是用关键字表示的，如 delete、void、instanceof 等。

（3）运算符操作对象如果是复杂的对象，通常会调用对象的 valueOf( ) 和 toString( ) 方法，取得可以操作的值。

18.5　选　择　结　构

如果学习过 C 或 Java 等任何一门编程语言，都应该了解程序的三大结构。同样，在 JavaScript 中，也有 3 种流程结构：

（1）顺序结构；

（2）选择结构；

（3）循环结构。

所谓顺序结构，就是代码很单纯地按照从上到下、从左到右的顺序执行的结构。本章重点介绍选择结构和循环结构。如果已经学习过 C、C#、Java 等中的任何一种语言，这部分内容可以忽略。

在 JavaScript 中，选择结构一共有两种形式：一种是 if 语句，另一种是 switch 语句。本节先介绍 if 语句。if 语句主要包括以下几种形式：

（1）单向选择：if … ；

（2）双向选择：if … else … ；

（3）多向选择：if … else if … else … ；

（4）if 语句的嵌套。

18.5.1　单向选择：if

语法格式：

```
if(条件)
{
    ……
}
```

语法说明：

（1）如果条件返回 true，则执行 { } 内部的代码；如果条件返回 false，则会跳过 { } 内部的代码，执行 { } 后面的代码。

（2）将 { } 大括号括起来的代码称为复合语句或语句块。

18.5.2　双向选择：if … else …

语法格式：

```
if ( 条件 )
{
    … // 程序块 1
}
else
{
    … // 程序块 2
}
```

语法说明：

（1）如果条件返回 true，则执行程序块 1 的代码；否则执行程序块 2 的代码。

（2）需要注意的是，else 后面不必再跟上条件了，否则逻辑就不通或画蛇添足了。

18.5.3　多向选择：**if … else if … else …**

语法格式：

```
if ( 条件 1)
{
    … // 当条件 1 为 true 时执行的代码
}
else if ( 条件 2)
{
    … // 当条件 2 为 true 时执行的代码
}
else
{
    … // 当条件 1 和条件 2 都为 false 时执行的代码
}
```

语法说明：

（1）上述格式说明的是一个三向选择的结构。

（2）需要注意的是，最后一个 else 后也不必画蛇添足地加上条件了。

^练一练^

根据上述语法格式，写出符合如下分段函数的四向选择结构。

$$y=\begin{cases} -1 & (x \leq -1) \\ -x^2 & (-1<x<0) \\ x^2 & (0<x<1) \\ 1 & (x \geq 1) \end{cases}$$

18.5.4 if 语句的嵌套

语法格式：

```
if ( 条件 1)
{
  if ( 条件 2)
  {
    … // 当条件 1 和条件 2 都为 true 时执行的代码
  }
  else
  {
    … // 当条件 1 为 true 而条件 2 为 false 时执行的代码
  }
}
…
```

语法说明：

（1）这种嵌套结构要按照 if 和 else 的含义及它们所处的位置来理解。

（2）else 表示否则的意思，必须明确它是和哪个 if 配对的。

18.5.5 多向选择：switch

语法格式：

```
switch ( 判断值 )
{
  case 取值 1:
      语句块 1; break;
  case 取值 2:
      语句块 2; break;
  …
  case 取值 n:
      语句块 n; break;
  default:
      语句块 n+1;
}
```

语法说明：

（1）当"判断值"与 case 中的某个"取值"相等时，就执行相应的"语句块"。

（2）default 也是一个分支，表示"判断值"与上面所有的"取值"都不一样时，执行该

处的语句块。

（3）break 表示中断，退出 switch 结构，如果没有 break 语句，则继续执行下一个 case 分支，直到遇到 break 语句或最后一个分支为止。

【例 18-5】 判断是整数还是小数。

通过 JavaScript 编程判断输入的数值是整数还是小数。

```
1       function showMes( )
2         {
3           var a = document.getElementById("txtId").value;
4           if (parseInt(a) == parseFloat(a))     // 分支 1
5           {
6               document.write(a+" 是整数 ");
7           }
8           else                    // 分支 2
9           {
10              document.write(a+" 是小数 ");
11          }
12        }
13    <body>
14      请输入一个整数或小数：<input type="text" id="txtId" name="txt">
15      <input type="button" value=" 测试 " onclick="showMes( )">
16    </body>
```

代码说明：

（1）在第 1~12 行的 function showMes( ) 中，有一个 if…else 的选择结构，用来判断 a 是不是整数。

（2）第 3 行 document.getElementById("txtId").value 是通过元素的 id 值获取元素的 value 值的。具体知识可以参阅第 21 章（21.2 节获取元素）。

（3）在文本框中分别输入 3.87 和 2，得到的输出分别是小数和整数。图 18-8 是输入 3.87 后的页面效果。

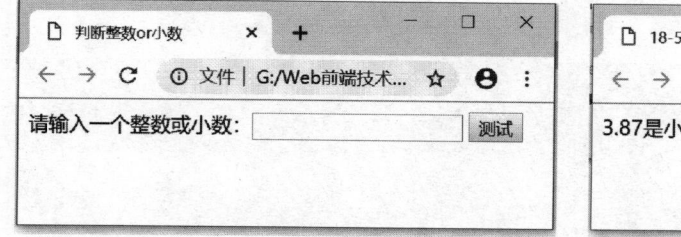
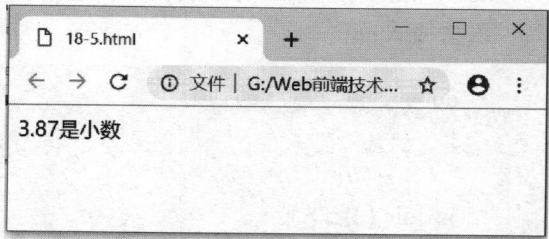

图 18-8 判断是整数还是小数

页面效果

思考与验证

在例 18-5 中，如果输入 2.0，则判断结果是整数还是小数？如果不符合你的判断，如何修改页面？

18.6 循 环 结 构

和 C、C#、Java 等语言一样，在 JavaScript 中，表示循环结构的语句有如下 3 种：

（1）while 语句；

（2）do … while 语句；

（3）for 语句。

18.6.1 while 语句

语法格式：

```
while（条件）
{
    … // 当条件为 true 时，循环执行
}
```

语法说明：

（1）一般把 { } 及其内部的代码称为循环体。

（2）如果条件为 true，则会执行循环体，并再次判断条件。如果条件仍是 true，则会继续重复执行循环体……直到条件为 false 时才结束循环。

（3）如果条件一直是 true，则该循环不停地执行循环体，也就是所谓的死循环。

（4）如果条件一开始就是 false，则循环体一次也不执行。

18.6.2 do … while 语句

do … while 和 while 的区别在于，它先执行循环体，然后再去判断条件。

语法格式：

```
do
{
    … //
} while（条件）;
```

语法说明：

（1）do … while 语句是先无条件执行循环体一次，然后再去判断是否符合条件。如果符合条件，则重复执行循环体；如果不符合条件，则结束循环。

（2）这种循环至少执行一次循环体。

（3）需要提醒的是，do…while 语句结尾处有一个分号（；），这个分号必须输入。

18.6.3　for 语句

和 C、Java 等语言一样，JavaScript 中的 for 语句格式也包含 3 个表达式。

语法格式：

```
for(初始化表达式;条件表达式;循环后的操作)
        ①            ②          ④
{
    … //③
}
```

语法说明：

（1）无论循环多少次，初始化表达式只执行一次。

（2）for 循环的流程是这样的：先执行①"初始化表达式"，再判断②"条件表达式"，如果条件表达式为 true，则执行③循环体。执行完循环体之后，再执行④"循环后的操作"，紧接着判断②"条件表达式"，如果成立，则执行③循环体，然后再④→②→③→④→②→③→④→②→…，直到②"条件表达式"不成立时结束循环。

（3）可以通过下面的例子进一步了解 for 语句的流程。

【例 18-6】 输出 1 000 以内的完数。

所谓完数，指的是它所有的真因子（即除了自身以外的约数）的和，恰好等于它本身。比如最小的完数是 6，它的真因子包括 1、2、3，其和正好是 6。

```
1        var str="";
2        var sum;
3        for(var n=1;n<1000;n++) //
4        {
5         sum=0;
6         for(var i=1;i<n;i++)    //
7         {
8          if(n%i==0)
9              sum=sum+i;
10        }
11        if(sum==n){
12            str = str+n+"、";
13          }
14        }
15        document.write("1000 以内的完数有："+str);
16   <body>
17   </body>
```

代码说明：

（1）第 6~10 行通过 for 循环求出整数 n 的真因子之和。

（2）第 11~13 行判断 n 是否为完数，如果是完数，就连接在 str 字符串上。

（3）第 3~14 行判断 1~1 000 以内的数是不是完数。

（4）本例在 Chrome 浏览器中的页面效果如图 18-9 所示。

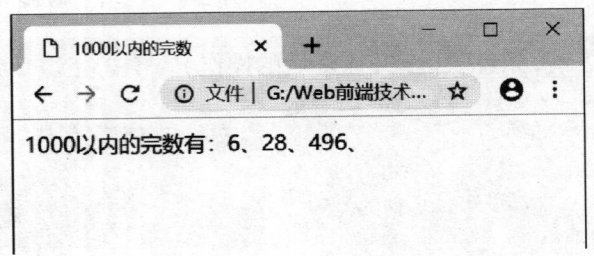

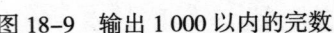

图 18-9　输出 1 000 以内的完数

页面效果

★点睛★

◇ 在 HTML 中，可以使用 <script> 元素嵌入 JavaScript 代码。

◇ 在 HTML 中，可以使用 <link> 元素引入外部的 JavaScript 文档。

◇ 在 JavaScript 中，要将字符串转换为数值，主要可以使用函数 Number( )、parseInt( ) 和 parseFloat( )。Number( ) 函数只能转换数字型字符串，后两个函数只能转换以数字开头的字符串。

◇ 可以使用 isNaN( ) 函数来判断一个变量或表达式或字符串是不是"非数值"。

◇ 和很多编程语言一样，JavaScript 中也有一些运算符，包括算术、关系、逻辑等运算。

◇ JavaScript 中表示选择结构，主要可以通过 if-else 或 switch 结构来实现。

◇ JavaScript 中表示循环结构，主要可以通过 for、while 或 do-while 结构来实现。

★章节测试★

一、判断

1. 表达式 parseInt("237")+20 和 Number("237")+20 的值都是 257。

2. parseInt( ) 和 parseFloat( ) 函数只能转换 String 类型的数据，对 Boolean、Undefined 进行转换时，结果均为 NaN。

3. 用 isNaN( ) 函数判断纯数字字符串，判断结果为 NaN。

4. 转换函数 parseInt("abc108.76") 的返回值为 108。

5. NaN 表示非数字值的特殊类型数据。

二、填空

1. 写出下面表达式的值。

（1）Number("329"); //_____

（2）Number("329wc"); //_____

（3）Number(true); //_____

（4）Number(""); //_____

（5）parseFloat("137.38abc"); //_____

（6）parseInt("156.78"); //_____

（7）parseFloat("a137.38"); //_____

（8）isNaN("108"); //_____

（9）isNaN("108ab"); //_____

（10）isNaN(""); //_____

2. 在 HTML 中嵌入 JavaScript 代码，应该使用的元素是 _____。

3. 在 JavaScript 中表示循环的结构有 3 种，分别是 _____。

4. 在 switch 多分支结构中，对于每一种分支，可以用关键字 _____ 来表示。对于不符合以上所有分支的其他情况，可以用关键字 _____ 来表示。每一个分支的最后一句，可以用 _____ 语句表示终止。

5. 在 JavaScript 中，要将字符串转换为数值，主要可以使用函数 _____、函数 _____ 或函数 _____ 来实现。

三、选择

1. parseFloat("156.99") 返回的值是（　　　）。

A. 156

B. 157

C. 156.99

D. "156.99"

2. 下面 JavaScript 变量中合法的是（　　　）。

A. −variable

B. function

C. 666variable

D. my_hobby

3. 代码 document.write("\" 复仇者 \" 联盟 "); 的输出结果是（　　　）。

A. 复仇者联盟

B. "复仇者" 联盟

C. \ "复仇者 \" 联盟

D. 语法有误，程序报错

4. 下面表达式值为 false 的是（　　　）。

A. (22<33)||(33<22)

B. ("w"=="w")&&("c"!="x")

C. !(33<=11)

D. (8>=8)&&(6<=4)

5. 下面代码运行之后，变量 c 的值为（　　　）。

```
var a, b, c;
a=2;
b="2";
c=a+b;
```

A. 22

B. 4

C. "4"

D. "22"

6. 下面代码运行之后，变量 b 的值为（　　　）。

```
var a, b;
a=9;
b=a++;
```

A. 8   B. 9   C. 10   D. Undefined

7. 下面代码运行之后，变量 i 的值为（   ）。

```
var i=6;
do{
    i++;
}while(i>100);
```

A. 6   B. 7   C. 100   D. 101

8. 下面代码运行之后，输出的结果是（   ）。

```
var sum=0;
var i=0;
for(; i<5; i++){
      sum+=i;
}
document.write(sum);
```

A. 9   B. 10   C. 11   D. 程序报错

9. 下面代码运行之后，输出的结果是（   ）。

```
var i=4;
switch(i){
   case 3: i++;
   case 4: i++;
   case 5: i++;
   case 6: i++;
   default: i++;
}
document.write(i);
```

A. 4   B. 5   C. 6   D. 8

10. 下面关于循环结构的说法中，错误的是（   ）。

A. while(!exp); 这一句代码中的 !exp 等价于 exp!=0

B. do–while 结构的循环体至少无条件执行一次

C. 在实际开发中，应该尽量避免"死循环"

D. for 循环是先执行循环体，后判断表达式

四、实践

1. 找出"水仙花数"。

所谓水仙花数，是指一个三位数，其各位数字的立方和等于该数本身。比如 153 就是一个水仙花数，因为 $153=1^3+5^3+3^3$。

写出 JavaScript 代码，实现所有水仙花数的输出。

2. 用 3 种循环结构求出 $1+2+3+\cdots+100$ 的值。

第 19 章

JavaScript 内置对象

在 JavaScript 中，小到一个变量，大到网页文档、窗口，甚至屏幕，都是对象，因此，面向对象编程是 JavaScript 的核心。在 JavaScript 中，既可以自定义对象编程，也可以使用 JavaScript 内置对象（也称为 JavaScript 本地对象）。本章介绍 JavaScript 的内置对象。

学习目标：

序号	基本要求
1	了解 JavaScript 中对象的类型，了解 JavaScript 中常见的内置对象
2	能够进行字符串对象的创建，了解字符串对象的常见属性和方法
3	能够进行数组对象的创建，了解数组对象的常见属性和方法
4	能够进行日期对象的创建，了解日期对象的常见方法
5	了解数学对象的常见属性和方法

19.1 对象的类型

在 JavaScript 中，对象可以分为两种：一种是"自定义对象"，另一种是"内置对象"。自定义对象指的是需要自己定义的对象，与"自定义函数"是一样的道理；内置对象指的是不需要自己定义（即系统已定义好的），可以直接使用的对象，与"内置函数"也是一样的道理。

JavaScript 中常用的内置对象主要有 String（字符串对象）、Array（数组对象）、Date（日期对象）、Math（数值对象）等。这些对象都有非常多的属性和方法。本章主要介绍这些对象的常用属性和方法。

需要提醒的是，本章主要介绍内置对象的常用属性和方法，对于不常用的，要么一笔带过，要么可能会放在表格中简要描述。大家在学习的过程中，也没有必要记住所有的知识点，只需记住常用的就可以了。和前面介绍的一些 CSS 属性一样，大部分东西称为"可翻阅知识"，也就是不需要记忆，等到需要的时候再回来翻一翻。

19.2 字符串对象（String）

在第 18.2 小节中介绍变量的数据类型时，就提到了字符串（String）类型。在 JavaScript 中，变量也是一种对象。所以本章主要从对象的角度来讲述字符串对象。

19.2.1　字符串对象的创建

创建字符串对象的方法有多种。

语法格式：

```
var myStr=new String(s);
```

或

```
var myStr=String(s);
```

或

```
var myStr="strvalue";
```

语法说明：

（1）3 种创建字符串对象的方法中，第 1 种是用关键字 new 调用 String 对象的构造函数来创建字符串对象的。该函数返回一个新创建的 String 对象，存放的是字符串参数 s。

（2）第 2 种方式是直接使用 String( ) 方法把 s 转换成原始的字符串，并返回转换后的值。

（3）第 3 种方式则是直接将字符串赋给一个字符串变量。

19.2.2　字符串对象的属性和方法

JavaScript 中提供了很多字符串处理方法，见表 19–1 和表 19–2。

表 19–1　字符串对象的方法和属性（一）

属性和方法	说明
length	获取字符串的长度
toLowerCase( )	所有字符转换为小写
toUpperCase( )	所有字符转换为大写
charAt(n)	获取某一个字符（n 表示下标）
substring(start, end)	求子串，截取范围是［start,end），即包括 start，但不包括 end 下标
replace(原串 , 替换串)	替换字符串（原串也可以是正则表达式）
split(" 分割符 ")	分割字符串（分隔符可以是一个字符、多个字符或一个正则表达式）
indexOf(指定字符串)	检索字符串的位置（返回值为字符串首次出现的下标，若无，返回 –1）
lastIndexOf(指定字符串)	（返回指定字符串最后出现的下标，若无，返回 –1）

在表 19–1 中，length 是属性，其余的都是字符串处理方法。

举例说明：

```
var str="I Love You";
var x=str.length;     // 则 x 的值为 10
```

```
var s=str.toLowerCase( );     // 则 s 的值为 "i love you"
document.write(" 第 3 个字符是： "+ str.charAt(2) + "<br>"); // 输出：第 3 个字符是：L
document.write(str.subString(2,5)); // 输出：Lov
document.write(str.replace("You", "Her"));   // 输出：I Love Her
```

代码说明：

（1）subString(m,n) 表示根据两个下标值求子串，求出的子串范围是 [m, n)。

（2）replace( ) 方法用于在字符串中用一些字符替换另一些字符，或替换一个与正则表达式匹配的子串。

**替换一个
&
替换所有**
	var str="I am loser, you are loser, we are loser. ";
	var str1=str.replace("loser","winner");
	var str2=str.replace(/loser/g, "winner");
	document.write(str1); // 输出：I am winner, you are loser, we are loser.
	document.write(str2); // 输出：I am winner, you are winner, we are winner.
	　　使用正则表达式 /loser/g 结合替换字符串 "winner"，会将字符串 str 中所有的 loser 字符串替换成 winner 字符串。

（3）split("分隔符") 表示把一个字符串分割成一个数组，有多少个片段，数组元素个数就是多少。split( ) 是一个将字符串分割成数组对象的方法。比如：

```
var str="How are you doing today?";
document.write(str.split(" ") + "<br />"); // 输出 How,are,you,doing,today?
document.write(str.split("") + "<br />"); // 输出 H,o,w, ,a,r,e, ,y,o,u, ,d,o,i,n,g, ,t,o,d,a,y,?
document.write(str.split(" ",3)); // 输出 How,are,you
"5:6:7:8:9".split(":");     // 将返回 ["5", "6", "7", "8", "8"]
"la|b|c".split("|"); // 将返回 ["", "a", "b", "c"]
```

表 19-2　字符串对象的方法和属性（二）

方法	说明
anchor( )	创建 HTML 锚
concat( )	连接字符串
link( )	将字符串显示为链接
substr( )	从起始索引号提取字符串中指定数目的字符
toString( )	返回字符串
valueOf( )	返回某个字符串对象的原始值
big( )/small( )/bold( )/ blink( )/italics( )/ strike( )	大号字体显示 / 小号字体显示 / 粗体显示 / 闪动显示 / 斜体显示 / 删除线显示 /

【例 19–1】 统计某一个字符的个数。

```
1           var str="Can you can a can as a Canner can can a can?";
2           var n=0;
3           for(var i=0; i<str.length; i++){
4               var ch=str.charAt(i);
5               if(ch.toLowerCase( )=="c"){
6                   n+=1;
7               }
8           }
9           document.write(str+"<br>");
10          document.write(" 字符串中含有 "+n+" 个字母 c");
11      <body>
12      </body>
```

代码说明：

（1）可以通过 charAt(i) 方法实现对字符串对象中 i 下标的字符引用。

（2）还可以直接通过 str[i] 方式实现对字符串对象中 i 下标的字符引用。

（3）在 Chrome 浏览器中的页面效果如图 19–1 所示。

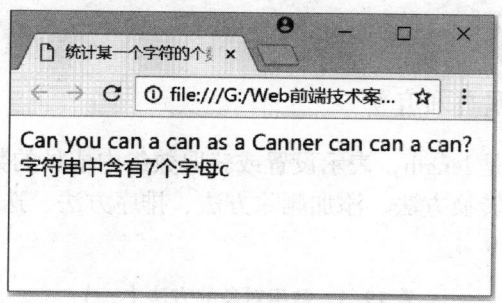

图 19–1　统计某一字符的个数

页面效果

19.3　数组对象（Array）

在 JavaScript 中，数组主要通过 Array 对象实现。数组是"引用数据类型"，区别于在 18.2 节中介绍的基本数据类型。两者的区别在于：基本数据类型只有一个值，而引用数据类型可以含有多个值，数组中的值称为"数组元素"或"数组成员"。

19.3.1　数组对象的创建

关于数组的创建，有多种写法，以下 3 种是通过 new 关键字创建数组对象的方法。

语法格式：

```
    var arr = new Array( );
```

或

```
    var arr = new Array( 长度 );
```

或

```
    var arr = new Array( 值 1, 值 2, 值 3, …);
```

语法说明：

（1）数组主要通过 new 关键字来创建一个 Array 对象。在创建的时候，可以调用 Array 对象的构造函数 array( ) 来进行初始化操作。

（2）第 2 种写法中的长度表示创建的数组成员的个数。如长度为 4，则表示创建的数组长度为 4，数组的成员为 arr[0]、arr[1]、arr[2] 和 arr[3]，其中 0、1、2、3 表示数组的下标。

（3）第 1 种写法是不指定长度，第 3 种写法是创建数组的时候，同时为数组赋初始值。比如：var arr = new Array("HTML", "CSS", "JavaScript");。

数组的创建还有简写形式，是使用中括号 [ ] 括起来，而不使用 new 关键字。

语法格式：

```
    var arr = [];
    var arr = ["HTML", "CSS", "JavaScript"];
```

19.3.2　数组对象的属性和方法

数组对象的属性主要是 length，表示设置或获取数组中成员的数目。

数组的方法主要涉及转换方法、添加删除方法、排序方法、迭代方法、查找方法、缩减方法等，见表 19–3 和表 19–4。

表 19–3　数组对象的方法（一）

归类	方法	说明	返回值
转换方法	toString( )	将数组转换为用逗号衔接的字符串	衔接后的字符串
	toLocaleString( )	将数组转换为用本地分隔符衔接的字符串	衔接后的字符串
	valueOf( )	将调用此方法的数组原样返回	原始数组
添加删除	push( )	在数组尾部插入一个或多个元素	新数组的 length 属性值
	pop( )	在数组尾部移除一个元素	被移除的元素
	shift( )	在数组头部移除一个元素	被移除的元素
	unshift( )	在数组头部插入一个或多个元素	新数组的 length 属性值
迭代方法	forEach( )	对数组中的每个元素执行一次回调函数	undefined（即无返回值）
	every( )	只要有一次回调函数的结果为假，就返回 false	布尔值

归类	方法	说明	返回值
迭代方法	some( )	只要有一次回调函数的结果为真，就返回 true	布尔值
	map( )	用回调函数的返回值组成一个新数组	新数组
	filter( )	过滤掉回调函数结果为假值的元素，剩余元素组成一个新数组	新数组

表 19-4　数组对象的方法（二）

归类	方法	说明	返回值
排序方法	reverse( )	颠倒原始数组的顺序	排序后的数组
	sort( )	对原始数组进行排序	排序后的数组
查找方法	indexOf( )	从左向右查找匹配的元素	元素的索引值或 -1
	lastIndexOf( )	从右向左查找匹配的元素	元素的索引值或 -1
缩减方法	reduce( )	从左向右计算数组元素	计算出的值
	reduceRight( )	从右向左计算数组元素	计算出的值
其他方法	join( )	用指定的分隔符将每个元素衔接在一起	衔接后的字符串
	concat( )	将多个数组或值与原始数组合并在一起	合并后的新数组
	slice(n1,n2)	提取两个指定位置之间的元素（区间 [n1,n2)）	由提取元素组成的新数组
	splice( )	删除任意数量的元素，并可用指定的值替换之	由删除掉的元素组成的新数组

举例说明：

（1）toString( ) 转换的数组若有 null 或 undefined，则会转换为空字符串再衔接，衔接符号是逗号。

```
var arr1 = [1,2,3,4];
arr1.toString( );           //"1,2,3,4"
arr1.toLocaleString( );     //"1,2,3,4"
arr1.valueOf( );            //[1,2,3,4]
var arr2 = [1,null,undefined,4];
arr2.toString( );           //"1,,,4"
arr2.toLocaleString( )      //"1,,,4"
arr2.valueOf( );            //[1,null,undefined,4]
```

（2）push( )、pop( )、shift( ) 和 unshift( ) 这四种方法其实是对数组的头部和尾部进行的插

入或移除元素的操作。对于插入元素的 push( ) 和 unshift( ) 方法，都是可以插入一个或多个元素，返回值为新数组的 length 属性值；对于移除元素的 pop( ) 和 shift( ) 方法，都是移除一个元素，返回值为被移除的元素。

```
var arr = ["a","b","c"], result;
result = arr.push("x","y");
console.log(result);          //5
console.log(arr);             //["a","b","c","x","y"]
result = arr.pop( );
console.log(result);          //"y"
console.log(arr);             //["a","b","c","x"]
```

（3）ECMAScript 5 定义了 5 个新的迭代方法，它们都有两个参数，第一个参数是一个回调函数，第二个参数是一个可选值，表示执行回调函数时使用的 this 对象（即调用上下文）。回调函数包括 3 个参数：当前元素、元素索引和原始数组。

```
var arr = [1,2,3,4,5], result;
result = arr.forEach(function (value, index, array){
    return value;
});
console.log(result);          //undefined
result = arr.every(function(value, index, array){
    return value ==2;
});
console.log(result);          //false
result = arr.some(function(value, index, array){
    return value ==2;
});
console.log(result);          //true
result = arr.map(function(value, index, array){
    return value *2;
});
console.log(result);          //[2,4,6,8,10]
result = arr.filter(function(value, index, array){
    return value > 2;
});
console.log(result);          //[3,4,5]
console.log(arr);             //[1,2,3,4,5]
```

（4）从上面的示例也能看出，迭代方法不会改变原始数组，而添加删除方法、排序方法都会改变原始数组。

举例说明：

（1）ECMAScript 5 为数组新增了两个查找方法：indexOf( ) 和 lastIndexOf( )。它们都能接收两个参数，第一个参数表示要查找的值，第二个参数表示开始查找的起始位置（可选）。当起始位置是正数时，从左向右偏移；当起始位置是负数时，从右向左偏移。

```javascript
var arr = [1,2,3,4,5,6];
arr.indexOf(3);                 //2
arr.indexOf(3,3);               // -1
arr.indexOf(3,-3);              // -1
arr.lastIndexOf(3);             // 2
arr.lastIndexOf(3,3);           // 2
arr.lastIndexOf(3,-3);          // 2
```

（2）ECMAScript 5 新增了两个用于缩减数组的方法：reduce( ) 和 reduceRight( )。这两个方法都会将数组计算成一个值。它们的第一个参数是回调函数，第二个参数是初始值（可选），如果没有设置，默认会将数组中的第一个元素作为初始值。数组中的每个元素都会调用一次回调函数，回调函数有 4 个参数：累计值、当前元素、当前元素的索引和原始数组。

```javascript
var arr = [1,2,3,4,5], result;
result = arr.reduce(function(accumulator, current, index, array){
    return accumulator + current;
});
console.log(result);            //15
```

（3）splice( ) 方法会作用于原始数组，join( )、concat( )、slice( ) 都会先创建一个数组的副本，然后只对这个副本进行操作。

```javascript
var arr = [1,2,3], result;
arr.concat([4,5],6);            //[1,2,3,4,5,6]
arr.join(".");                  //[1.2.3]
arr.slice(0,2);                 //[1,2]
console.log(arr);               //[1,2,3]
arr.splice(0,2,6,7);            //[1,2]
console.log(arr);               //[6,7,3]
```

（4）下面是一个稍微综合的示例。

```javascript
var arr = ["HTML", "CSS", "JavaScript", "jQuery", "Ajax"];
document.write(arr.slice(1,3));              // 输出：CSS,JavaScript
for (var i=0; i<arr.length; i++){            // 输出：HTML
    document.write(arr[i] + "<br>");         //       CSS
}                                            //       JavaScript
```

```
                                                         jQuery
arr.unshift("DOM","JSON");                               Ajax
document.write(arr);              // 输出：DOM,JSON, HTML,CSS,JavaScript,jQuery,Ajax
document.write(arr.join( )+"<br>"); // 输出：DOM,JSON, HTML,CSS,JavaScript,jQuery,
                                    Ajax
document.write(arr.join("*"));     // 输出：DOM*JSON*HTML*CSS*JavaScript*jQuery*
                                    Ajax
```

代码说明：

① 数组的 slice( ) 方法和字符串的 subString( ) 非常类似，都是截取某部分，截取范围也都是［start, end) 这样的半闭半开区间。

② unshift( ) 方法是在数组开头添加新元素，使数组变成一个新数组；而 push( ) 方法相反，它是在数组结尾添加新元素。

③ shift( ) 方法是无参函数，它表示在数组开头删除第一个元素；pop( ) 也是无参函数，它表示在数组结尾删除最后一个元素。

④ join( ) 方法是将数组连接成字符串。arr.join( ) 表示使用默认符号（,）作为连接符；arr.join("*") 表示使用星号（*）作为连接符；arr.join("") 表示字符串之间没有任何连接符。

综上，字符串的 split( ) 方法是将字符串分割成数组；数组的 join( ) 方法是将数组连接成字符串。这两种方法里如果有参数，则一个叫分隔符参数，另一个叫连接符。

思考与验证

有如下代码：

```
var str1=" 成 * 功 * 来 * 源 * 于 * 耐 * 心 ";
var str2=_____;
document.write(str2);        // 输出：成 # 功 # 来 # 源 # 于 # 耐 # 心
```

在横线处填上什么内容，可以实现"成 # 功 # 来 # 源 # 于 # 耐 # 心"这样的输出呢？

提示： 字符串对象的 split("分隔符") 方法可以实现将一个字符串分割成一个数组。

【例 19-2】 数组与字符串的转换。

对于某一字符串，需要实现将其中每一个字符都用尖括号括起来的效果。比如字符串"成功来源于耐心"，最终要得到的是"< 成 >< 功 >< 来 >< 源 >< 于 >< 耐 >< 心 >"。

```
1    <script>
2          var str1=" 成功来源于耐心 ";
3          var str2=str1.split("").join("><");
4          var arr=str2.split("");
```

```
5          arr.unshift("<")
6          arr.push(">");
7          var result=arr.join("");
8          document.write(result);
9     </script>
```

代码说明：

（1）本例的思路是先为 str1 的每个字符添加（><）连接符，这里需要先分割成数组，再连接起来，所以是 str1.split("").join("><")。

（2）下面是对数组添加开头元素和结尾元素，用的是 unshift("<") 和 push(">") 方法。只是在添加之前，要先将连接起来的字符串分割成数组，所以还要用 split( ) 方法。

（3）添加数组的开头和结尾元素之后，再把数组连接起来，第二次用到 join( ) 方法。

（4）整体来看，在本例中各用了两次 split( ) 和 join( ) 方法。

（5）本例在 Chrome 浏览器中的效果如图 19-2 所示。

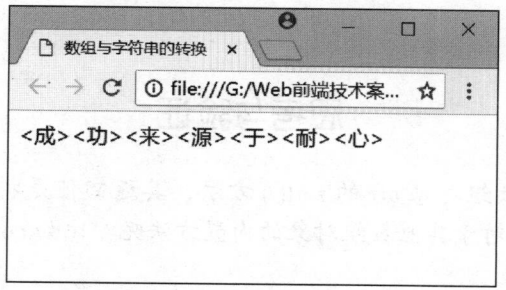

图 19-2　数组与字符串的转换

页面效果

【例 19-3】 数组的排序。

```
1     <script>
2          function  up(a,b){
3             return a−b;
4          }
5          function down(a,b){
6             return b−a;
7          }
8          var arr=[24,13,30,8,11,9];
9          arr.sort(up);
10         document.write(" 升序 ; "+arr.join("、")+"<br>");
11         arr.sort(down);
12         document.write(" 降序 : "+arr.join("、"));
13    </script>
```

代码说明：

（1）arr.sort(up) 表示将一个函数名 up 作为 sort( ) 方法的参数。

（2）sort( ) 方法没有参数时，将按字母顺序对数组中的元素进行排序。如果想按照其他标准进行排序，就要提供比较函数。该比较函数要比较两个值，返回一个用于说明这两个值相对顺序的数字。

（3）上述代码在 Chrome 浏览器中的页面效果如图 19-3 所示。

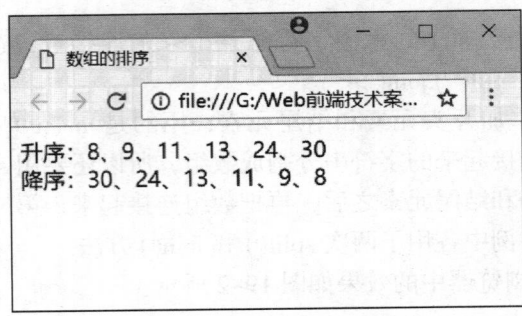

图 19-3　数组的排序

页面效果

思考与验证

默认情况下，对于数组对象 arr 的 sort( ) 方法，其返回值是排序后的数组对象。那么，请思考：arr 对象变不变？对于其他数组对象的内置方法呢？比如 concat( )、reverse( )、slice( )、splice( ) 等。

【例 19-4】 计算面积和体积，返回一个数组。

```
1    <script>
2          function getSize(width, height, depth){
3            var area=width*height;
4            var volume=width*height*depth;
5            var sizes=[area,volume];
6            return sizes;
7          }
8          var arr=getSize(20,30,40);
9          document.write(" 底面积为 : "+arr[0]+"<br>");
10         document.write(" 体积为 : "+arr[1]);
11   </script>
```

代码说明：

（1）一般情况下，函数只可以返回一个值或变量。由于这里需要返回长方体的底面积和体积两个值，因此，可以使用数组来保存，并返回这个数组。

（2）在 Chrome 浏览器中的页面效果如图 19-4 所示。

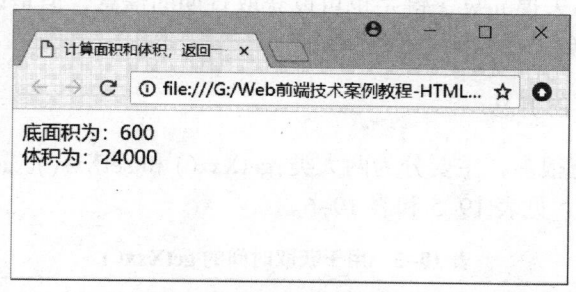

图 19-4　函数返回值是一个数组

页面效果

问与答

问：字符串对象算不算是数组对象？

答：字符串可以像数组那样读取指定位置的字符，它的行为类似于数组，但是由于其不可变的特性，所以最多只能算是只读数组。那些会改变原始数组的方法都不能应用于字符串，如 push( )、pop( )、shift( ) 和 sort( ) 等。如果在字符串中调用了这些方法，那么将抛出异常。

问：push( ) 和 pop( ) 不是入栈和出栈的方法吗？

答：栈是一种数据结构，它的特点是先进后出。使用数组中的 push( ) 和 pop( )，可以让数组的表现像栈一样。此外，队列也是一种数据结构，它的特点是先进先出。使用数组中的 shift( ) 和 push( ) 可以让数组的表现像队列一样。unshift( ) 和 pop( ) 是从反方向模拟队列。

19.4　日期对象（Date）

JavaScript 的 Date 对象提供了一种方式来处理日期和时间。Date 对象提供了大量的方法和属性，从而实现诸如网页时钟、在线日历、博客时间等页面效果。

19.4.1　日期对象的创建

日期对象的创建主要是通过 new 关键字来实现的。

语法格式：

```
var 日期对象名 = new Date( );
```

或

```
var 日期对象名 = new Date("日期值 ");
```

语法说明：

（1）在该语法格式中，使用 new 关键字调用 Date 对象的构造函数来创建日期对象。构造函数的参数为空时，表示创建一个指向当前日期的对象。

（2）构造函数指定了参数（参数为有效的日期时间格式），则表示创建了指向该日期的

对象。日期时间格式如 "11/30/1988" "Tues, 12/19/2018" "12/19/2018 19:11:38" 等。

（3）上述格式中，去掉 new 关键字也可以获取日期的信息，但是该语句返回的是字符串格式，而不是 Date 对象。

19.4.2　日期对象的方法

Date 对象的方法有很多，主要分为两大类：getXxx( ) 和 setXxx( )。getXxx( ) 用于获取时间，setXxx( ) 用于设置时间，见表 19-5 和表 19-6。

表 19-5　用于获取时间的 getXxx( )

方法	说明
getFullYear( )	获取年份，取值为 4 位数字
getMonth( )	获取月份，取值为 0（一月）~ 11（十二月）之间的整数
getDate( )	获取日数，取值为 1 ~ 31 之间的整数
getHours( )	获取小时数，取值为 0 ~ 23 之间的整数
getMinutes( )	获取分钟数，取值为 0 ~ 59 之间的整数
getSeconds( )	获取秒数，取值为 0 ~ 59 之间的整数
getDay( )	获取一周的某一天，取值为 0（星期日）~ 6（星期六）之间的整数

表 19-6　用于设置时间的 setXxx( )

方法	说明
setFullYear( )	设置年、月、日
setMonth( )	设置月、日
setDate( )	设置日
setHours( )	设置时、分、秒、毫秒
setMinutes( )	设置分、秒、毫秒
setSeconds( )	设置秒、毫秒

【例 19-5】　获取今天是 ×××× 年 × 月 × 日、星期 × 主要的信息。

```
1    <script>
2        var weekday=[" 星期日 "," 星期一 "," 星期二 "," 星期三 "," 星期四 "," 星期五 ",
3    " 星期六 "];
4        var d= new Date( );
5        var myDate=d.getDate( );
6        var myMonth=d.getMonth( );
7        var myYear=d.getFullYear( );
8        document.writeln(" 今天是 "+myYear+" 年 "+myMonth+" 月 "+myDate+" 日 ,"
        +weekday[d.getDay( )]);document.writeln(d);
9    </script>
```

代码说明：

（1）getDay( ) 的返回值是 0 ~ 6 之间的整数，0 表示星期日，1 表示星期一，依此类推。

（2）上述代码在 Chrome 浏览器中的页面效果如图 19-5 所示。

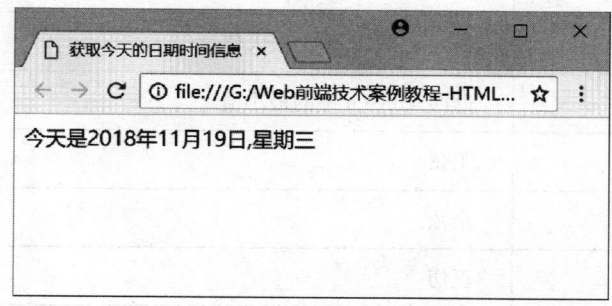

图 19-5　获取今天的日期信息

19.5　数学对象（Math）

在 JavaScript 中，可以使用 Math 对象的属性和方法来实现各种运算。Math 对象中内置了大量的数学常量和数学函数，极大地满足了实际开发的需要。

Math 对象和 Date、String 对象不一样，它无须在使用之前进行声明，也不需要使用 new 关键字来创建。

语法格式：

Math. 属性
Math. 方法

语法说明：

（1）Math 对象的属性大多是数学中常用的常量。常见的 Math 对象属性见表 19-7。

表 19-7　Math 对象的属性

属性	说明	对应的数学表达
PI	圆周率	π
LN2	2 的自然对数	ln(2)
LN10	10 的自然对数	ln(10)
LOG2E	以 2 为底的 e 的对数	log2e
LOG10E	以 10 为底的 e 的对数	log10e
SQRT2	2 的平方根	
SQRT1_2	2 的平方根的倒数	

页面效果

- 281 -

（2）Math 对象的方法非常多，表 19-8 列出了一些常见的方法。

表 19-8　Math 对象的方法

方法	说明
max(a,b,…,n)	返回 a,b,…,n 中的最大值
min(a,b,…,n)	返回 a,b,…,n 中的最小值
sin(x)	正弦
cos(x)	余弦
tan(x)	正切
abs(x)	返回 x 的绝对值
sqrt(x)	返回 x 的平方根
log(x)	返回 x 的自然对数（底为 e）
pow(x,y)	返回 x^y
exp(x)	返回 e^x
floor(x)	向下取整
ceil(x)	向上取整
random( )	生成随机数（[0,1]之间的随机数）

【例 19-6】　生成随机验证码。

```
1   var str="abcdefghijklmnopqrstuvwxyzABCDEFGHIJKLMNOPQRSTUVWXYZ0123456789";
2   var arr=str.split("");
3   var result="";
4   for (var i=0; i<4; i++){
5       var n=Math.floor(Math.random( )*arr.length);
6       result+=arr[n];
7   }
8   document.write(" 随机码：" +result);
```

代码说明：

（1）var arr=str.split("");可将 str 字符串转换为数组 arr。

（2）生成一个 0 ~ n 之间的随机整数的表达式：Math.floor(Math.random( )*n);，生成一个 1 ~ n 之间的随机整数的表达式：Math.Ceil(Math.random( )*n);。

（3）上例在 Chrome 浏览器中的页面效果如图 19-6 所示。

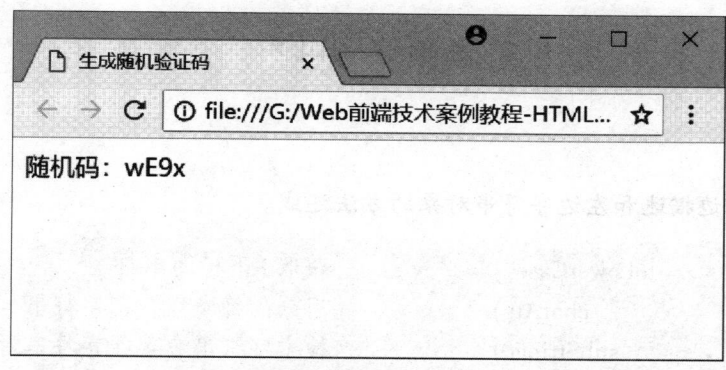

图 19-6 生成随机验证码

页面效果

★点晴★

◇ 在 JavaScript 中，有自定义对象，也有内置对象。

◇ JavaScript 中常用的内置对象有 String、Date、Array、Math 等。

◇ 字符串对象最常用的属性是 length，表示字符串的长度。

◇ 在 JavaScript 中，对字符串对象进行修改的内置方法，其返回值大多是修改后的字符串，比如 toLowerCase( )、toUpperCase( )、subString( )、replace( ) 等。但原字符串对象不变。

◇ 字符串求子串可以用 subString(a,b) 方法实现。截取范围是 [a,b)。

◇ 将一个字符串分割成若干个数组（通过某个分隔符），可以用 split( ) 方法。

◇ 获取 str 字符串对象的 i 元素的两种方法：str[i]、str.charAt(i)。

◇ 在 JavaScript 中，对数组对象进行修改的内置方法，其返回值大多是修改后的数组对象。比如 concat( )、reverse( )、sort( )、slice( )、splice( ) 等。操作的数组对象有的仍是原数组不变，有的和返回值保持一致。

◇ 在 JavaScript 中，对数组对象进行修改的内置方法中，其返回值不是数组对象的方法有 push( )、pop( )、shift( )、unshift( ) 等。

◇ 对数组对象的头部进行添加元素的方法是 unshift( )；对数组对象的头部进行删除元素的方法是 shift( )。

◇ 对数组对象的尾部进行添加元素的方法是 push( )；对数组对象的尾部进行删除元素的方法是 pop( )。

◇ 日期对象的内置方法主要有 get 系列和 set 系列。比如 getFullYear( )、getMonth( )、getDate( ) 和 setHours( )、setMinutes( ) 等。

◇ 可以直接用 "Math." 的形式引用 Math 对象的属性和方法。比如 Math.PI、Math.LN10 和 Math.sqrt( )、Math.floor( )、Math.random( ) 等。

★章节测试★

一、连线

1. 将如下右边描述和左边字符串对象的方法连线。

toLowerCase( )	获取 i 下标的字符
charAt( )	用分隔符参数分割字符串
subString( )	检索字符串参数在字符串对象中的位置
replace( )	返回字符串参数最后出现的下标
split( )	将字符串对象的所有字符转换为小写
indexOf( )	求 [i,j) 区间的子串
lastIndexOf( )	将字符串对象中的字符串 1 用字符串 2 替换

2. 将如下右边描述和左边数组对象的方法连线。

slice( )	在数组尾部插入一个或多个元素
shift( )	在数组尾部移除一个元素
push( )	颠倒数组的顺序
join( )	用指定的分隔符将每个元素衔接在一起
pop( )	移除并返回数组的第一个元素
reverse( )	提取 [i,j) 区间的元素

二、填空

1. 写出 JavaScript 代码。

（1）输出颠倒原始数组 arr 顺序的新数组。

document.write(_____);

（2）在数组 arr 头部插入"Tom"和"Jerry"两个元素，并输出新的数组。

document.write(_____);

（3）将字符串 str 中的所有"You"用"Her"替换，并输出新的字符串。

document.write(_____);

（4）用空格作为分隔符，把字符串 str 分割成数组对象，并输出该数组。

document.write(_____);

（5）把数组 cName 和字符串"刘德华""林志玲"添加到 fName 数组的后面并输出。

document.write(_____);

（6）在数组 arr 的尾部插入两个数值：5 和 6，并把新数组的元素个数赋值给 result。

var result=_____;

（7）从 arr［2］开始查找 6 出现的第一个位置，并赋值给 index 变量。

var index=＿＿＿＿＿＿＿＿＿＿＿＿＿＿＿＿＿＿＿＿＿＿＿＿＿＿＿＿；

2. 代码：var arr =［1,2,3,4,5］; var result = arr.slice(1,3); document.write(result);
输出结果是 ＿＿＿＿＿＿＿＿＿＿＿＿＿＿

三、判断

1. 数组的 concat( ) 方法会改变原始数组。

2. 数组中的 join( )、concat( )、slice( ) 方法都不会改变原始数组。

3. 跟排序相关的 reverse( ) 和 sort( ) 方法都不会改变原始数组。

4. 代码 fName.splice(2,3, "6,7,8,9"); 表示从原数组中删除从下标 2 开始的 3 个成员，然后从下标 2 开始插入新的数组成员 6，7，8，9。

5. 数组的创建必须使用关键字 new。

四、归纳总结

根据 19.3 节所讲，结合查询的资料，完成数组方法 slice( ) 和 splice( ) 的比较，见表 19–9。

表 19–9　slice( ) 和 splice( ) 的比较

区别	slice( )	splice( )
功能		
原始数组	不改变	
参数		
返回值		

五、实践

1. 有一个有序整数数组（3, 7, 8, 12, 15, 54, 64, 99, 108, 120），要求输入一个数字，在数组中查找是否有这个数。如果有，将该数从数组中删除，且删除后的数组仍然保持有序；如果没有，则显示 "数组中没有这个数！"。

2. 应用字符串方法将字符串 "In the Mood for Love" 中的字母 o 全部删除，最终得到的结果是 "In the Md fr lve"。

第 20 章
window 对象

在 JavaScript 中，一个浏览器窗口就是一个 window 对象。window 对象有很多属性和方法，但是大多数都暂时用不上。本章只讲述最实用的属性和方法。

学习目标:

序号	基本要求
1	了解 window 对象及其子对象，了解 window 对象与 BOM 之间的关系
2	了解 window 对象下的常用方法，如 alert( )、confirm( )、prompt( ) 等
3	能够通过 window 对象下的方法控制窗口的打开与关闭
4	能够通过 window 对象下的方法实现定时器效果

20.1 window 对象概述

JavaScript 会把一个浏览器窗口看成一个对象，通过对象的属性和方法来操作这个窗口。图 20–1 中有三个窗口，也就是三个不同的 window 对象。

图 20–1 三个 window 对象

window 对象是浏览器自动定义的顶层对象，在整个对象链结构中的地位最高（如图 20–2 所示）。只要浏览器打开，即使没有载入页面文档，window 对象也存在于内存的当前模块中。

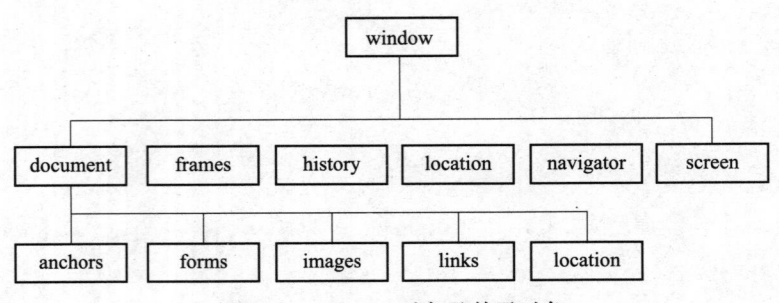

图 20–2 window 对象及其子对象

本章主要介绍 window 对象下的内置方法。window 对象下的子对象不是本章要重点介绍的内容。感兴趣的读者可以对照着表 20-1 查阅资料进行学习。另外，document 对象将在关于 DOM 的章节中介绍。

表 20-1　window 对象下的子对象

子对象	说　　明
document	文档对象，用于操作页面元素
history	历史对象，用于操作浏览历史
location	地址对象，用于操作 URL 地址
navigator	浏览器对象，用于获取浏览器版本信息
screen	屏幕对象，用于操作屏幕宽度和高度

常用的 document 对象是 window 对象下的一个子对象，它主要是用来操作 HTML 文档中的元素。

window 对象及其下面的 location、navigator 等子对象，由于都是操作浏览器窗口，所以又称之为 BOM，即 Browser Object Module（浏览器对象模型）。比如，可以通过 window.navigator.userAgent 属性来获取浏览器的类型。

location 对象	可以使用 window 对象下的 location 子对象来操作当前窗口的 URL。 ✓　window.location.href 属性可用来获取或设置当前页面的地址 ✓　window.location.search 属性可用来获取或设置当前页面地址 "?" 后面的内容 ✓　window.location.hash 属性可用来获取或设置当前页面地址 "#" 后面的内容

回归到 window 对象上来，window 对象的常用方法见表 20-2。

表 20-2　window 对象的常用方法

方法	说明	方法	说明
alert( )	提示对话框	setTimeout( )	开启 "一次性" 定时器
confirm( )	判断对话框	clearTimeout( )	关闭 "一次性" 定时器
prompt( )	输入对话框	setInterval( )	开启 "重复性" 定时器
open( )	打开窗口	clearInterval( )	关闭 "重复性" 定时器
close( )	关闭窗口		

对于 window 对象的属性和方法，都可以省略 window 前缀。比如 window.alert( ) 简写为 alert( )，window.open( ) 简写为 open( )。此外，window 对象的子对象也可以省略 window 前缀。比如 window.document.getElementById( ) 也可以省略掉 window 对象。

20.2 窗 口 操 作

窗口操作主要是打开窗口和关闭窗口。

20.2.1 打开窗口（open 方法）

open() 方法用于打开一个新的浏览器窗体。

语法格式：

> window.open(URL)

或

> window.open(URL, name)

语法说明：

（1）参数 URL 和 name 均为可选，URL 表示要在新窗体中显示文档的 URL，name 表示定义新窗体的名称。

（2）URL 参数若省略或为空字符串，则新窗体不显示任何文档，即为空白窗口。空白窗口很有用，可以使用 document.write() 方法向空白窗口输出文本，甚至输出一个 HTML 页面。

（3）name 参数可以用作 <a> 或 <form> 元素的 target 属性值。

（4）window.open(⋯) 也可以省略为 open(⋯)，不过一般习惯写成前者。

20.2.2 关闭窗口（close 方法）

close() 方法用于关闭指定的浏览器窗体。

语法格式：

> window.close( )

语法说明：

（1）close() 方法没有参数。

（2）通常只有通过 open() 打开的子窗体才能够由 close() 关闭。这阻止了恶意的脚本终止用户的浏览器。

【例 20-1】 打开和关闭窗口。

```
1          window.onload = function( ){
2                  var btnOpen = document.getElementById("btn_open");
3                  var btnClose = document.getElementById("btn_close");
4                  var opener = null;
5                  btnOpen.onclick = function( ){
```

```
6                      opener=window.open("http://www.qq.com");
7                  };
8                  btnClose.onclick=function( ){
9                      opener.close( );
10                 }
11             }
12      <body>
13          <input id="btn_open" type="button" value=" 打开新的窗口 ">
14          <input id="btn_close" type="button" value=" 关闭新的窗口 ">
15      </body>
```

代码说明：

（1）window.close( ) 关闭的是当前窗口，本例第 9 行 opener.close( ) 关闭的是新窗口。

（2）获取新窗口的代码在第 6 行，这里的 opener 也就是新窗口的 window 对象。以后对于新窗口的操作，都可以通过 opener 对象进行。

（3）getElementById( ) 方法是 JavaScript 中通过 id 值获取元素的方法。JavaScript 中对于元素的获取和操作，在 DOM（即 Document Object Model 文档对象模型）章节中有详细介绍。

（4）在 Chrome 浏览器中的页面效果如图 20-3 所示。

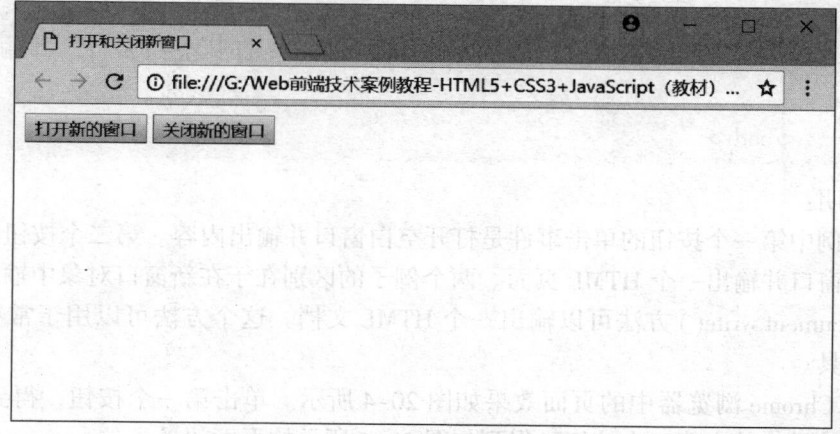

图 20-3　打开和关闭新窗口

页面效果

【例 20-2】 窗口操作。

```
1       window.onload = function( ){
2           var btn01 = document.getElementById("btn01");
3           var btn02 = document.getElementById("btn02");
4
5       btn01.onclick = function( ){
6           var opener=window.open( );
```

```
7            opener.document.write(" 他是十八世纪伟大的启蒙思想家、哲学家、教
   育家、文学家。");
8            };
9        btn02.onclick=function( ){
10           var opener=window.open( );
11           var strHtml = ' <!DOCTYPE html>\
12                        <head>\
13                         <title> 卢梭谈成功 </title>\
14                        </head>\
15                        <body>\
16                         <p>成功的秘诀,在永不改变既定的目的。<br>\
17                         ————————————————卢梭 </p>\
18                        </body>\
19                        </html>';
20               opener.document.write(strHtml);
21          };
22        }
23        <body>
24          <input id="btn01" type="button" value=" 打开空白窗口 ">
25          <input id="btn02" type="button" value=" 打开空白窗口，并输出一个页
26   面 ">
          </body>
```

代码说明：

（1）上例中第一个按钮的单击事件是打开空白窗口并输出内容。第二个按钮的单击事件是打开空白窗口并输出一个 HTML 页面。两个例子的区别在于在新窗口对象中输出的不同。

（2）document.write( )方法可以输出一个 HTML 文档。这个方法可以用于常见的在线代码测试小工具。

（3）在 Chrome 浏览器中的页面效果如图 20-4 所示。单击第一个按钮，得到如图 20-5 所示的页面效果。单击第二个按钮，得到如图 20-6 所示的页面效果。

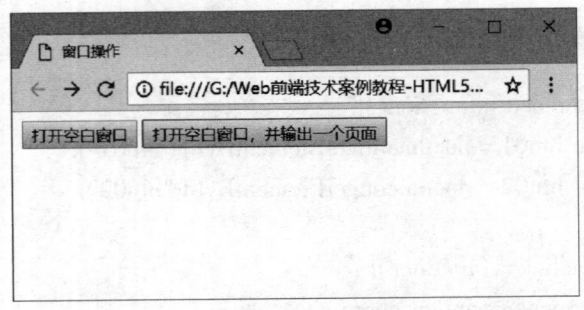

图 20-4　窗口操作

页面效果

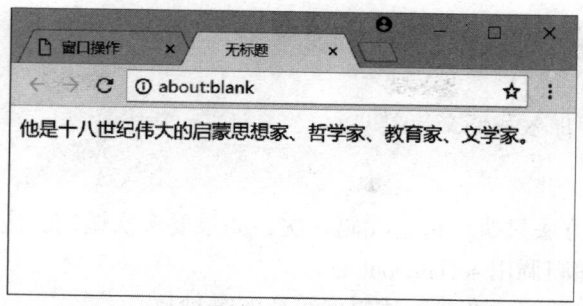

图 20-5 新窗口中输出内容

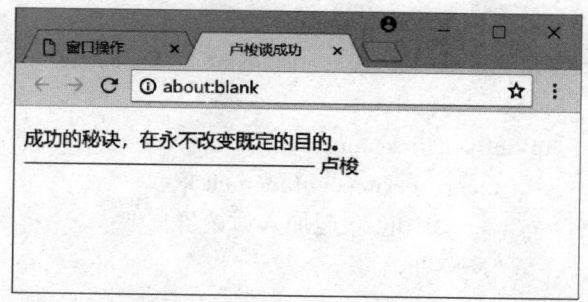

图 20-6 新窗口中输出 HTML 文档

20.3 定 时 器

在浏览网页时，经常会看到这样的动画：轮播效果中，图片每隔几秒就切换一次；在线时钟的秒针每隔一秒拨动一下。这种动画特效用的就是定时器。

所谓定时器，就是每隔一段时间执行一次代码。在 JavaScript 中，对于定时器的实现，有两组方法：

（1）setTimeout( ) 和 clearTimeout( )；

（2）setInterval( ) 和 clearIntervarl( )。

20.3.1 setTimeout( ) 和 clearTimeout( )

setTimeout( ) 方法用于在指定的时间后调用函数或执行某段代码。clearTimeout( ) 方法用来取消执行 setTimeout( )。

语法格式：

```
t = setTimeout( 代码 , 时间毫秒数 );
clearTimeout(t);
```

语法说明：

（1）setTimeout( ) 中的代码参数可以是一段 JavaScript 代码，也可以是一个函数（function）。这里的参数只用函数名，不要加括号。代码如下所示：

```
1    setTimeout(' alert(" 欢迎加入我们交流群 !"); ', 3000);
2    setTimeout(function( ) {
3          alert(" 欢迎加入我们交流群 !");
4          }, 3000);
```

（2）setTimeout( )方法只执行指定代码一次，如果要多次调用，应该用 setInterval( )方法或在参数代码中通过递归调用 setTimeout（）。

（3）时间毫秒数参数表示在执行代码前等待的毫秒数。

【例 20-3】 定时器的应用。

```
1          window.onload = function( ){
2                var oBtn=document.getElementsByTagName("input");
3                var timer=null;
4                oBtn[0].onclick=function( ){
5                      timer=setTimeout(function( ){
6                            alert(" 欢迎加入讨论群！  ");
7                      },3000);
8                };
9                oBtn[1].onclick=function( ){
10                     clearTimeout(timer);
11               };
12         }
13    <body>
14         <p> 单击 " 开始 " 按钮，3 秒钟之后提示欢迎语。</p>
15         <input type="button" value=" 开始 ">
16         <input type="button" value=" 暂停 ">
17    </body>
```

页面效果

代码说明：

（1）getElementsByTagName("input") 表示通过标签名获取元素，它的返回值是一个数组对象。它和 getElementById( )方法类似，都是元素操作的方法。

（2）onload 事件句柄在页面或图像加载完成时调用，这里针对的是 window 对象。onclick 是鼠标单击事件，这里针对的是 input 元素。

20.3.2　setInterval( ) 和 clearInterval( )

setInterval( ) 方法表示按设定的时间周期来循环调用函数或执行相关代码。取消由 setInterval( ) 设置的方法是 clearInterval( )。

语法格式：

```
t = setInterval( 代码 , 时间毫秒数 );
clearInterval(t);
```

语法说明：

和 setTimeout( ) 一样，setInterval( ) 的代码参数可以是一段代码、一个函数或一个函数名。比如，以下三种写法都是正确的。

```
setInterval(function( ) {…}, 2000);
setInterval(alertMes, 2000);
setInterval("alertMes( )", 2000);
```

【例 20-4】　倒计时效果。

```
1                        var n=10;
2                        window.onload = function( ){
3                                var t=setInterval(countDown, 1000);
4                        }
5                        function countDown( ){
6                                if(n>0){
7                                        n--;
8                                        document.getElementById("num").innerHTML=n;
9                                }
10                        }
11        <body>
12            <p> 倒计时： <span id="num">10</span></p>
13        </body>
```

代码说明：

（1）第 8 行的 innerHTML 属性可用于设置或获取 HTML 元素中包含的内容。

（2）这里的 setInterval( ) 第一个参数是自定义函数名 countDown。

（3）在 Chrome 浏览器中会显示倒计时效果，如图 20-7 所示。

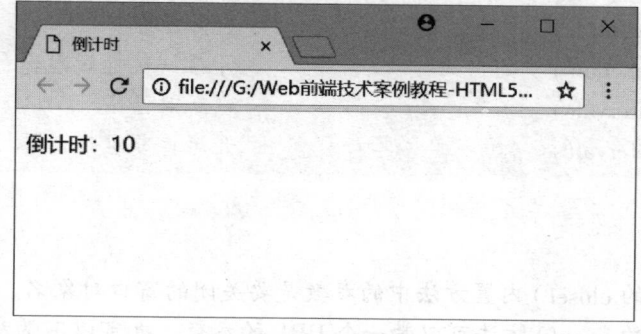

图 20-7　倒计时

页面效果

思考与验证

在例 20-4 的基础上为页面添加两个按钮：开始按钮、暂停按钮。分别控制倒计时的开始与暂停。

★点睛★

❖ 在 JavaScript 中，一个浏览器窗口就是一个 window 对象。

❖ window 对象常用的方法有 alert( )、confirm( )、prompt( )、open( ) 等。

❖ document 对象是 window 对象的子对象，它主要用来操作 HTML 文档中的元素。

❖ location 对象、navigator 对象也是 window 对象的子对象，它们用于操作浏览器窗口，属于 BOM（浏览器对象模型）范围。

❖ open( ) 方法用于打开一个新的浏览器窗体。close( ) 方法可以关闭某个浏览器窗体。

❖ setTimeout( ) 和 setInterval( ) 都可以设置每隔一段时间调用某段 JavaScript 代码。前者是调用一次，后者是可调用多次。

❖ 把 setTimeout( ) 或 setInterval( ) 调用的返回值赋给一个变量，常常用 timer 或 t 这个变量名。

❖ 对应的清除定时器的方法是 clearTimeout( ) 和 clearInterval( )。其中的参数都是 timer 或 t。

★章节测试★

一、连线

将如下右边的描述和左边的 window 对象的内置方法连线。

alert( )	关闭重复性定时器
confirm( )	输入对话框
open( )	提示对话框
prompt( )	打开新窗口
setTimeout( )	开启一次性定时器
setInterval( )	判断对话框
clearInterval( )	开启重复性定时器

二、判断

1. window 对象的 close( ) 内置方法中的参数是要关闭的窗口对象名。

2. window 对象的 open( ) 方法可以带一个 URL 的参数，也可以不带参数。

3. setInterval(countDown,1 000) 方法表示 1 000 毫秒之后执行函数 countDown( ) 一次。

4. setTimeout(alert(" 欢迎 "),2 000) 方法表示执行 alert（" 欢迎 "）代码并持续 2 000 毫秒。

5. window 对象的 open( ) 方法返回的是新窗口对应的 window 对象。

三、写出 JavaScript 代码并上机验证

1. 打开 URL 为 http://www.baidu.com 的新窗口对象，并赋值给 opener 对象。

opener=＿＿＿＿＿＿＿＿＿＿＿＿＿＿＿＿＿＿＿＿；

2. 关闭题 1 打开的新窗口对象 opener。

＿＿＿＿＿＿＿＿＿＿＿＿＿＿＿＿＿＿＿＿；

3. 打开一个新窗口对象，赋值为 opener，在 opener 对象窗口中输出"人生得意须尽欢！"。

var opener=＿＿＿＿＿＿＿＿＿＿＿＿＿＿＿＿＿＿；

opener.＿＿＿＿＿＿＿＿＿＿＿＿＿＿＿＿＿＿＿＿；

4. 每隔 1 000 ms 就调用一次 countDown( ) 函数，并把这个定时器赋值给变量 timer。

var timer=＿＿＿＿＿＿＿＿＿＿＿＿＿＿＿＿＿＿；

第 21 章
DOM 基础

DOM 即文档对象模型，定义了一组访问和操作文档（HTML 或 XML）的接口。DOM 将文档描绘成一个有层次关系的节点树，通过操作节点可以查询或改变文档的结构、样式和内容，让原本静态的文档有了交互的能力。

学习目标：

序号	基本要求
1	了解 DOM 与 JavaScript 之间的关系
2	了解 DOM 结构、节点及节点类型
3	理解 getElementById( )、getElementsByClassName( )、getElementsByTagName( )、querySelector( )等方法，弄清楚这些方法的操作对象、参数等含义，即语法格式
4	能够编程实现获取指定的元素
5	理解 createElement( )、createTextNode( )方法，弄清楚操作对象、参数等含义，即语法格式
6	理解 appendChild( )、insertBefore( )等方法，弄清它们的语法格式
7	能够编程实现创建元素并插入元素
8	理解 removeChild( )、replaceChild( )、cloneNode( )等方法，会写它们的语法格式
9	能够编程实现删除元素、替换元素、复制元素

21.1 DOM 概述

DOM，全称 Document Object Model（文档对象模型），它是由 W3C 定义的一个标准。DOM 里有很多方法（比如常见的 document.write( )方法），通过这些方法可以操作页面中的某一个元素，比如单击这个元素实现特殊效果、改变某个元素颜色、删除某个元素等。

简而言之，DOM 操作可以简单地理解成"元素操作"。

21.1.1 DOM 与 HTML DOM

DOM 是一种用于文档的编程接口。它给文档提供了一种结构化的表示方法，可以改变文档的内容和呈现方式。

DOM 包括 Core DOM、XML DOM 和 HTML DOM。

（1）Core（核心）DOM：定义了一套标准的针对任何结构化文档的对象。

（2）XML DOM：定义了一套标准的针对 XML 文档的对象。

（3）HTML DOM：定义了一套标准的针对 HTML 文档的对象。

为了表述方便，本书后面出现的 DOM 都表示 HTML DOM。

21.1.2　DOM 结构

DOM 采用的是"树形结构"，用"节点"表示页面中的每一个元素。比如：

```
1    <!DOCTYPE html>
2    <html>
3    <head>
4       <meta charset="utf-8">
5       <title> 奥斯卡时刻 </title>
6    </head>
7    <body>
8       <h1> 最佳影片入围名单 </h1>
9       <p> 敦刻尔克…</p>
10      <p> 水形物语…</p>
11      <p> 请以你的名字呼唤我…</p>
12   </body>
13   </html>
```

对于上面的 HTML 文档，DOM 会将其解析为如图 21-1 所示的树形结构。

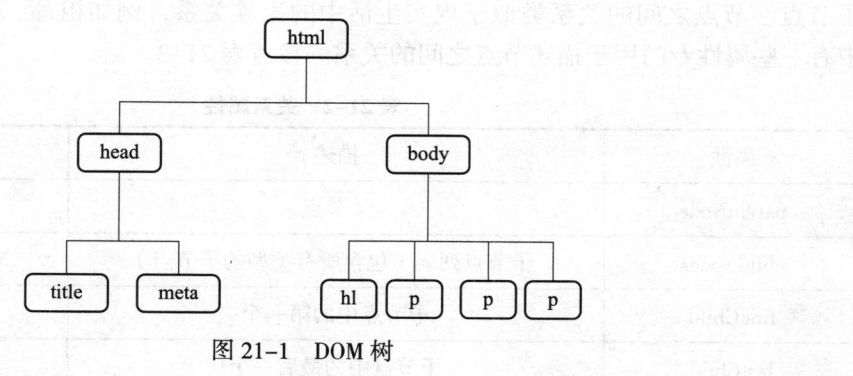

图 21-1　DOM 树

图中，每一个元素就是一个节点，而每一个节点也可看成是一个对象。也就是说，在操作元素时，其实是把这个元素看成一个对象，然后使用这个对象的属性和方法来进行相关操作的。

21.1.3　节点类型

在 JavaScript 中，节点也分为很多类型。DOM 节点共有 12 种类型，常见的有 3 种：

（1）元素节点；

（2）属性节点；

（3）文本节点。

<div id="wrapper"> 经典电影网 </div>

上述代码中有 3 个节点，分别是元素节点、属性节点和文本节点，如图 21-2 所示。

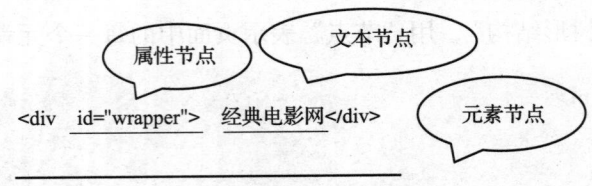

图 21-2　3 种节点

在 JavaScript 中可以使用 nodeType 属性来判断一个节点的类型。不同节点的 nodeType 属性值见表 21-1。

表 21-1　节点的 nodeType 属性值

节点类型	nodeType 属性值
元素节点	1
属性节点	2
文本节点	3

元素节点有子节点，它的子节点可以是元素、文本、注释等。属性节点和文本节点没有子节点。节点之间的关系类似于现实生活中的家族关系，例如祖孙、父子、兄弟等。DOM 中有一些属性专门用于描述节点之间的关系。参考表 21-2。

表 21-2　关系属性

属性	描述	返回值
parentNode	父节点	Node 对象或 null
childNodes	子节点列表（包含所有类型的子节点）	NodeList 类数组对象
firstChild	子节点中的第一个	Node 对象或 null
lastChild	子节点中的最后一个	Node 对象或 null
previousSibling	前一个兄弟节点	Node 对象或 null
nextSibling	后一个兄弟节点	Node 对象或 null

parentNode、childNodes、previousSibling 和 nextSibling 这些属性常用于 DOM 遍历。比如，使用 getElementById( ) 等方法可以获取一个元素，然后又想得到该元素的父元素、子元素，甚至是下一个兄弟元素，这就是 DOM 遍历。在 JavaScript 中，DOM 遍历可以分成查找父元素、查找子元素、查找兄弟元素 3 种情况。

除了上述这些关系属性，节点对象还包含几个常用的属性：nodeName（HTML 文档中指的是元素标签名）、nodeValue（文本或注释节点的文本内容）、ownerDocument（节点所属的文档）、textContent（文本节点或注释节点的文本内容；若是元素节点或文档片段节点，该属性值为所有子孙文本节点拼接而成的文本内容）。

节点类型	DOM 中共有 12 种节点类型，除了元素节点、属性节点和文本节点之外，注释节点（comment,8）、文档节点（document,9）、文档类型节点（documentType,10）、文档片段节点（documentFragment,11）也常用到。 上述括号里的数字为节点类型的 nodeType 属性值。document 类型节点既能表示 HTML，也能表示 XML；documentType 类型节点指的是包含 <DOCTYPE> 元素中的内容。

21.2　获 取 元 素

对于一个页面，想要对某个元素进行操作，首先要获取该元素。在 JavaScript 中，可以通过表 21–3 所示方式获取元素（或者说获取元素节点）。

表 21–3　获取元素节点的方法

方法	说　　明
getElementById( )	通过 id 获取元素
getElementsByName( )	通过 name 获取元素（主要针对表单元素）
getElementsByClassName( )	通过类名获取元素
getElementsByTagName( )	通过标签名获取元素
querySelector( )	通过选择器名获取元素（满足条件的第一个元素）
querySelectorAll( )	通过选择器名获取元素（满足条件的所有元素）

除了上述方法之外，在 JavaScript 中还可以通过 document.title 和 document.body 等属性来获取指定元素。

21.2.1　getElementById( ) 方法

如果需要查找文档中一个特定的元素，最有效的方法就是 getElementById( )。该方法返回对拥有指定 id 的第一个对象的引用。

语法格式：

```
getElementById("id 名称 ")
```

【例 21–1】　获取元素 –getElementById( ) 方法。

```
1                    window.onload=function( ){
2                         var oDiv=document.getElementById("box");
3                         oDiv.style.color ="red";
4                    }
5        <body>
6            <div id="box">div 文字 </div>
7        </body>
```

页面效果

代码说明：

（1）getElementById( ) 方法是通过 id 获取唯一的节点，如果存在多个同名 id，则选择第一个。

（2）本例中，找到 id 为 box 的元素，并将其文本的字体颜色设置为红色。

（3）onload 是一种页面事件，表示文档加载完成后再执行的一个事件。语法格式如下。

```
window.onload = function( ) {
    …
}
```

21.2.2   getElementsByName( )/getElementsByTagName( )/getElementsByClassName( ) 方法

通过 Name、TagName、ClassName 获取到一个数组，可以包含多个节点，也可能只得到一个符合要求的元素。比如：

```
<div name="div1" class="div2"> div 文字 </div>
var oDiv1=getElementsByName("div1");
var oDiv2=getElementsByTagName("div");
var oDiv3=getElementsByClassName("div2");
```

表单元素有一个一般元素都没有的属性：name 属性。如果想通过 name 属性来获取表单元素，可以使用 getElementsByName( ) 方法。

【例 21–2】 通过 TagName 选中元素的应用。

```
1                    window.onload=function( ){
2                         var oUl=document.getElementById("list");
3                         var oLi=oUl.getElementsByTagName("li");
4                         oLi[3].style.color="blue";
5                    }
6            <body>
7                <ul id="list">
8                    <li> 七武士 </li>
```

9	`<li> 偷自行车的人 </li>`
10	`<li> 东京物语 </li>`
11	`<li> 罗生门 </li>`
12	`<li> 游戏规则 </li>`
13	`</ul>`
14	`</body>`

代码说明：

（1）getElementsByTagName( ) 等方法的操作对象不一定都是 document，如本例的第 7 行代码。

（2）本例中，因为 `<body>` 中所有的 `<li>` 元素也就是 `<ul id="list">` 下的所有 `<li>` 元素，因此第 6 行和第 7 行可以改用一句代码：var oLi = document.getElementsByTagName("li");。如果在文档其他地方也有 `<li>`，就不能这么替换了。

（3）getElementsByTagName( ) 的获取值是一个数组对象，因此可以用下标法（如本例中的 oLi[3]）引用其中的任意一个数组元素对象。

（4）在 Chrome 浏览器中的页面效果如图 21-3 所示。

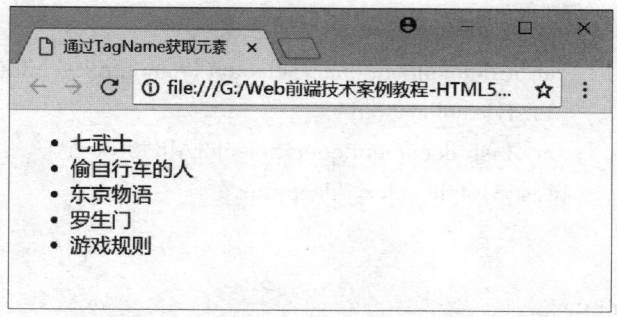

图 21-3　通过 TagName 选中元素

页面效果

类数组	准确来说，getElementsByTagName( )、getElementsByClassName( ) 等 DOM 方法获取的是一个"类数组"（也称为伪数组），也就是说，这不是真正意义上的数组。因为只能使用到 length 属性和下标的形式，对于 push( ) 等方法不可以使用。 简而言之，类数组只用到两点：length 属性和下标。

21.2.3　querySelector( ) 和 querySelectorAll( )

JavaScript 中的 querySelector( ) 和 querySelectorAll( ) 方法使我们可以通过 CSS 选择器的语法来获取需要的元素。

语法格式：

```
document.querySelector("选择器");
document.querySelectorAll(" 选择器");
```

语法说明：

（1）querySelector( ) 表示选取满足条件的第一个元素，querySelectorAll( ) 表示选取满足条件的所有元素。比如：

```
document.querySelector("#wrapper");
document.querySelector("#list li: nth-child(1)");
// 表示选取 id 为 list 的元素下的第 1 个元素
document.querySelectorAll("#list li");
document.querySelectorAll("input:checkbox");
document.querySelector(".example");  // 获取文档中 class="example" 的第一个元素
```

这里的 nth-child(n) 属于 CSS3 的选择器。

（2）对于 id 选择器，由于页面只有一个元素，建议使用 getElementById( )，而不是用 querySelector( ) 或 querySelectorAll( )。因为 getElementById( ) 方法效率更高。

（3）当只选取一个元素时，这两个方法是等价的。

【例 21-3】 querySelector( ) 和 querySelectorAll( ) 的应用。

```
1          window.onload=function( ){
2              var oLi=document.querySelector("#one li:nth-child(2)");
3              oLi.style.color="red";
4              var oList=document.querySelectorAll("#two li");
5              oList[3].style.color="deeppink";
6          }
7      <body>
8          <ul id="one">
9              <li> 七武士 </li>
10             <li> 偷自行车的人 </li>
11             <li> 东京物语 </li>
12             <li> 罗生门 </li>
13             <li> 游戏规则 </li>
14         </ul>
15         <ul id="two">
16             <li> 假面 </li>
17             <li> 八部半 </li>
18             <li> 四百击 </li>
19             <li> 花样年华 </li>
20             <li> 甜蜜生活 </li>
21         </ul>
22     </body>
```

代码说明：

（1）第 2 行：var oLi=document.querySelector("#one li:nth-child(2)");　表示获取 id 为 one 下的 <li> 元素的第 2 个子元素。

（2）第 4 行：var oList=document.querySelectorAll("#two li");　表示获取 id 为 two 下的所有 <li> 元素。由于获取的是多个 <li> 元素，因此这也是一个类数组，通过下标法可以获取其中的某一个数组元素。

（3）在 Chrome 浏览器中的页面效果如图 21-4 所示。

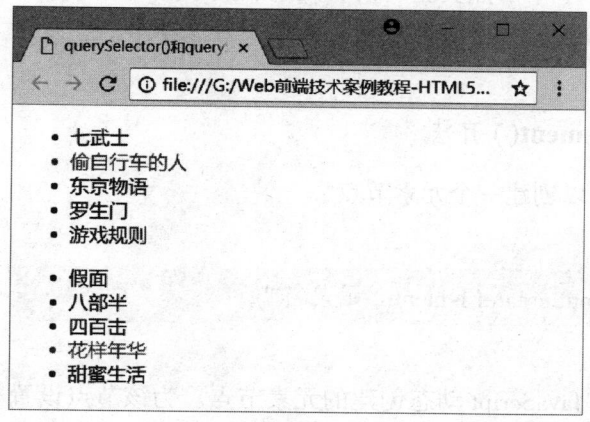

图 21-4　querySelector( ) 和 querySelectorAll( ) 方法

页面效果

> **document.title & document.body**
>
> 由于一个页面只有一个 <title> 和一个 <body> 元素，因此 JavaScript 提供了获取这两个元素的专门方式：document.title 和 document.body。比如：
>
> window.onload = function( ){
>
> document.title = " 你的领导风格是什么？";
>
> document.body.innerHTML = " 要成为卓有成效的领导人，你必须能在截然不同的领导风格之间灵活切换。——丹尼尔·戈尔曼（Daniel Goleman）";

问与答

问：通过 DOM 方法返回的结果大多是类数组对象，如何将类数组对象转换成真正的数组？

答：因为类数组仅仅是看起来像数组，但不能直接使用数组的方法，也不能自动维护 length 属性。如果要将类数组转换为真正的数组，可以借助 slice( ) 方法实现。

问：Element 对象与 HTMLElement 对象的关系是什么？

答：Element 对象表示文档中的元素节点，其子类 HTMLElement 专门用于表示 HTML 文档中的元素。Element 是 Node 的子类。在 JavaScript 中，一般操作的都是 Element 类型的节点。

21.3 创 建 元 素

在 JavaScript 中，DOM 操作（也可以认为是元素操作）除了获取元素之外，很多时候还需要创建元素、创建文本及创建"有文本内容的元素"。创建的这些元素一开始在 HTML 中是不存在的，所以此操作也被称为"动态 DOM 操作"。

当然，正如 21.1.3 节中节点类型所讲，元素、文本、属性都是 DOM 家族中最常见的节点。因此，本节主要介绍元素节点的创建，顺便提及文本节点、复杂元素节点（即带属性）等的创建。

21.3.1 createElement( ) 方法

createElement( ) 可以创建一个元素节点。
语法格式：

```
var e1 = document.createElement(" 元素名 ");
```

语法说明：

（1）这里 e1 表示 JavaScript 动态创建的元素节点。为该节点设置相关属性时，需要 setAttribute( ) 方法配合使用。举例代码如下：

```
var e1 = document.createElement("img");
e1.setAttribute("src", "bg.png");
```

（2）A.appendChild(B) 表示把 B 追加到 A 内部中去，也就是使 B 成为 A 的子节点。所谓追加，就是在 A 节点的子节点列表的末尾添加新的子节点。比如：

```
var e1 = document.createElement("img");
e1.setAttribute("src"," bg.png");
document.body.appendChild(e1);  // 表示在 <body> 的最后插入一个图片元素
```

属性操作	严格来说，DOM 操作除了本章介绍的元素操作外，还包括 HTML 属性操作等。 本节提到的 setAttribute( ) 方法就是典型的属性操作。HTML 属性操作主要方法有： ✓ setAttribute( ) ✓ getAttribute( ) ✓ removeAttribute( ) ✓ has Attribute( )

^练一练^

查阅相关资料，整理出 DOM 关于属性节点操作的方法，并举例说明。

21.3.2　createTextNode( ) 方法

createTextNode( ) 可以创建文本节点。
语法格式：

```
var  txt1 = document.createTextNode(" 文本内容 ");
```

语法说明：

（1）HTML 元素通常是由元素节点和文本节点组成的。要创建一个标题（<h1>），必须创建 <h1> 元素和文本节点。示例代码如下：

```
var h=document.createElement("h1")
var t=document.createTextNode(" 第 21 章 DOM 基础 ");
h.appendChild(t);
```

（2）也就是说，需要将创建好的文本节点放在指定的元素节点中。由 21.1.3 小节可知，已知文本节点是元素节点的子节点。所以，可以通过 appendChild( ) 方法将文本和元素之间建立关系。示例代码如下：

```
var  e1 = document.createElement("p");
var  txt1 = document.createTextNode(" 这是一个段落 ");
e1.appendChild(txt1);
document.body.appendChild(e1);
```

【例 21-4】　创建元素。

```
1        window.onload = function ( ) {
2                // 例（1）动态创建一个 <strong> 龙猫 </strong>
3                var oH1 = document.getElementById("movie");
4                var oStrong = document.createElement("strong");
5                var oTxt = document.createTextNode(" 龙猫 ");
6                oStrong.appendChild(oTxt);
7                oH1.appendChild(oStrong);
8                // 例（2）动态创建一个图片
9                var oImg = document.createElement("img");
10               oImg.src = "images/longmao.jpg";
```

Web 前端技术案例教程（HTML5+CSS3+JavaScript）

```
11              oImg.style.border = "1px solid silver";
12              oImg.style.width = "20%";
13              document.body.appendChild(oImg);
14              // 例（3）动态创建一个 <input type="button" id="ticket" value=" 购票 ">
15              var oInput = document.createElement("input");
16              var oBr = document.createElement("br");
17              oInput.type = "button";
18              oInput.id = "ticket";
19              oInput.value = " 购票 ";
20              document.body.appendChild(oBr);
21              document.body.appendChild(oInput);
22          }
23      <body>
24          <h1 id="movie"></h1>
25      </body>
```

代码说明：

（1）创建的元素节点或文本节点都要追加到原来 HTML 文档中的，所以 createElement( ) 和 createTextNode( ) 方法之后，都要通过 appendChild( ) 方法追加到已有的元素列表中。可参考上面的代码。

（2）创建带有属性的元素时，先要用 createElement( ) 创建元素，然后再对该元素对象进行属性赋值。当用 appendChild( ) 进行元素追加时，该元素已有属性特征了。参考第 15 ~ 21 行代码。

（3）创建一个带有文本内容的元素节点时，需要两次创建（先创建元素节点，再创建文本节点），也需要两次追加（先追加文本节点到元素中，再追加元素节点到已有的 HTML 元素列表中）。参考第 3 ~ 6 行代码。

（4）在 Chrome 浏览器中的页面效果如图 21-5 所示。

图 21-5　创建元素

页面效果

- 306 -

【例 21-5】 动态创建表格。

```
1        <style>
2            table {
3                border-collapse: collapse;
4            }
5            tr td {
6                width: 60px;
7                height: 15px;
8                border: 1px solid #999;
9            }
10       </style>
11       <script>
12           window.onload = function ( ) {
13               var oTable = document.createElement("table");
14               for (var i = 0; i < 3; i++) {
15                   var oTr = document.createElement("tr");
16                   for (var j = 0; j < 4; j++) {
17                       var oTd = document.createElement("td");
18                       oTr.appendChild(oTd);
19                   }
20                   oTable.appendChild(oTr);
21               }
22               document.body.appendChild(oTable);
23           }
24       </script>
25   <body>
26       <h3> 以下的表格是通过 JavaScript 动态创建的 </h3>
27   </body>
```

代码说明：

（1）对于表格来讲，需要 <table>、<tr>、<td> 这样的元素，它们分别表示表格、行、单元格。本例需要创建一个 3 行 4 列的表格，通过嵌套循环分别实现行和单元格元素的创建。

（2）因为当表格中无内容时，表格不显示出来，所以通过 CSS 实现定义好表格的样式。

（3）动态创建一个表格时，追加 <table>、<tr>、<td> 元素的时机很重要。这 3 个元素是 3 层的父子关系。创建顺序和追加顺序正好相反。

（4）在 Chrome 浏览器中的页面效果如图 21-6 所示。

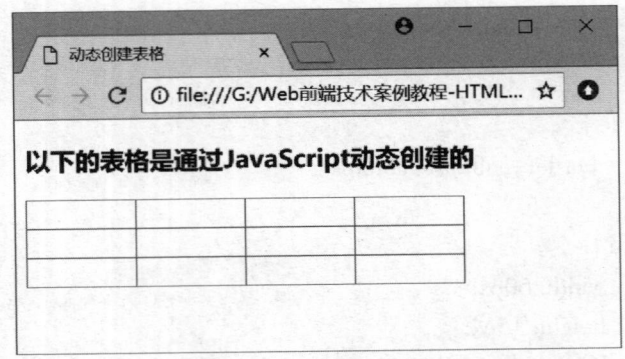

图 21-6　动态创建表格

页面效果

问 与 答

问：在例 21-5 中，如何为动态创建的表格动态加入单元格内容呢？

答：一种方法是用 createTextNode( ) 方法，可参考例 21-4；还有一种方法是应用可批量插入节点的属性 innerHTML，即对单元格元素对象的 innerHTML 进行赋值。

问：JavaScript 中查找元素的方法有多少种？

答：在 21.2 节获取元素中，介绍了 6 种查找元素的方法。querySelector( ) 和 queryvSelectorAll( ) 都接收一个 CSS 选择器字符串，用这两种方法可以实现其余 4 种方法的效果。

此外，还可以使用 document 对象的 title、head、body、forms、images、links、scripts 等特殊属性。

21.4　插 入 元 素

在上一节讲述创建元素的过程中，创建好的元素是通过追加的方式插入已有的 HTML 元素列表中的。这里追加用到的方法是 appendChild( )。

除了 appendChild( ) 方法之外，本节还介绍另外一种插入元素的方法：insertBefore( )。

21.4.1　appendChild( ) 方法

appendChild( ) 方法是把一个新元素插入父元素的内部子元素的"末尾"，所以常常把这种插入方式叫作"追加"。

语法格式：

```
A.appendChild(B);
```

语法说明：

（1）A 表示父元素，B 表示子元素（一般是动态创建好的新元素）。

（2）举例：document.getElementById("myList").appendChild(newListItem);，这里的父元素是 id 值为 myList 的元素。

【例 21-6】 追加元素。

```
1          window.onload = function ( ) {
2              var oBtn = document.getElementById("btn");
3              oBtn.onclick = function( ){
4                  var oUl = document.getElementById("movies");
5                  var oTxt = document.getElementById("txt");
6                  var textNode = document.createTextNode(oTxt.value);
7                  var oLi = document.createElement("li");
8                  oLi.appendChild(textNode);
9                  oUl.appendChild(oLi);
10             };
11         }
12     <body>
13         <h3>BBC2018 百大外语片（华语电影篇）</h3>
14         <ul id="movies">
15             <li>花样年华（#7）</li>
16             <li>霸王别姬（#12）</li>
17             <li>悲情城市（#18）</li>
18             <li>一一（#25）</li>
19             <li>牯岭街少年杀人事件（#38）</li>
20             <li>活着（#41）</li>
21             <li>饮食男女（#54）</li>
22             <li>重庆森林（#56）</li>
23             <li>小城之春（#63）</li>
24             <li>春光乍泄（#71）</li>
25             <li>卧虎藏龙（#78）</li>
26             <li>大红灯笼高高挂（#93）</li>
27         </ul>
28         <input type="text" id="txt">  
29         <input type="button" id="btn" value=" 插入 ">
30     </body>
```

代码说明：

（1）本例思路是在 HTML 文档中已有的 <ul> 下追加一个新建的 <li> 元素（带有文本内容），这里就需要用 appendChild( ) 两次，分别表示追加文本节点和元素节点。如代码第 8、9 行所示。

（2）在追加这两个节点之前，需要创建这两个节点，分别用 createTextNode( ) 和 createElement( ) 方法。

（3）在 Chrome 浏览器中的页面效果如图 21-7 所示。当在文本框中输入"阳光灿烂的日子（#98）"时，单击"插入"按钮的效果如图 21-7（b）所示。

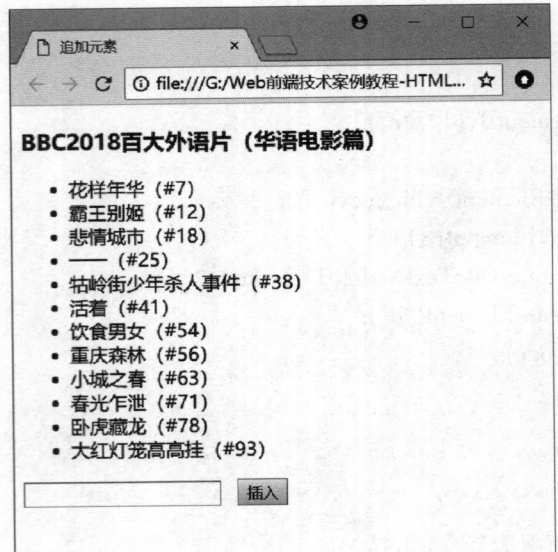

（a）　　　　　　　　　　　　　　　（b）

图 21-7　追加元素

由例 21-4、例 21-5 和例 21-6 很容易总结出创建一个元素的步骤：

（1）创建元素节点——createElement( )。

（2）创建文本节点——createTextNode( )。

（3）把文本节点追加到元素节点——appendChild( )。

页面效果

（4）把元素节点追加到已有元素列表——appendChild( )。

21.4.2　insertBefore( ) 方法

如果想把一个新元素插入父元素中的某一个子元素"之前"，可以用 insertBefore( ) 方法。

语法格式：

```
A.insertBefore(B, ref);
```

语法说明：

（1）A 表示父元素，B 表示新子元素，ref 表示指定子元素，在 ref 之前插入 B。

（2）insertBefore( ) 是在父元素任意一个子元素之前插入，而 appendChild( ) 是在父元素最后一个子元素后面插入。这两种方法可以使新元素插入父元素下的任何位置。

（3）insertBefore( ) 和 appendChild( ) 都需要获取父元素才能进行插入操作。

【例 21-7】 插入元素。

```
1      <body>
2          <ul id="myList">
3              <li> 城南旧事 </li>
```

```
4                    <li> 十七岁的单车 </li>
5            </ul>
6        <button onclick="myFunction( )"> 试一下 </button>
7        <script>
8            function myFunction( ) {
9                    var newItem = document.createElement("LI");
10                   var txtNode = document.createTextNode(" 看上去很美 ");
11                   newItem.appendChild(txtNode);
12                   var list = document.getElementById("myList")
13                   list.insertBefore(newItem, list.childNodes[0]);
14           }
15       </script>
16   </body>
```

代码说明：

（1）首先创建一个 <li> 元素，然后创建一个文本节点，再向这个 <li> 元素追加文本节点。最后在列表中的首个子元素之前插入此 <li> 元素。

（2）列表中的首个子元素用 list.childNodes[0] 下标法表示，也可以用 list.firstElementChild 方式表示。

（3）把文本节点插入新元素中依然是用 appendChild( ) 方法。见第 11 行代码。

（4）在页面中单击"试一下"按钮，得到如图 21-8 所示的效果。

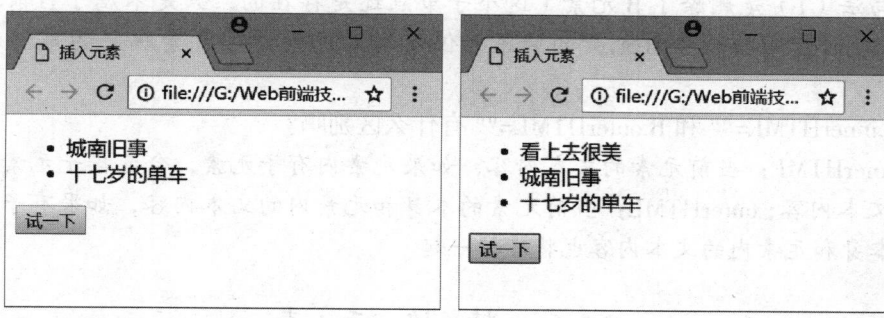

图 21-8　插入元素

页面效果

childNodes[i] & children[i]	insertBefore( ) 可以将新元素插入除了末尾位置的任意位置（末尾位置可由 appendChild( ) 实现），这里的位置可以通过 childNodes[] 下标法表示。 需要注意的是，childNodes 把文本节点也算在里面了，需要小心写好下标。更好的办法是使用 children 属性。可参考例 21-8。

21.5　删　除　元　素

在 JavaScript 中，可以通过 removeChild() 方法删除父元素下的某个子元素。
语法格式：

> A.removeChild(B);

语法说明：
（1）A 表示父元素，B 表示父元素内的某个子元素。
（2）返回值为被删除的元素节点。如果节点不存在，则返回 null。
（3）假设删除操作之前，mylist 的列表有 Coffee、Milk、Tea 三项；删除操作之后，mylist 的列表项中有 Milk、Tea 两项。示例代码如下：

> var list = document.getElementById("mylist");
> list.removeChild(list.childNodes[0]);

问与答

问：（1）A.removeChild(B)；表示删除 A 元素下的子元素 B。（2）B.innerHTML=""；表示 B 元素的内容为空。两种写法的区别是什么？
答：写法（1）是删除了 B 元素（这个子节点还是存在的，只是不属于当前文档了）。写法（2）看似有间接删除 B 元素的效果，但没有考虑到清理元素绑定的事件和关联的数据。
问：B.innerHTML="" 和 B.outerHTML="" 有什么区别吗？
答：innerHTML：当前元素的文本内容，如果元素内有子元素，会连接子元素本身和子元素内的文本内容；outerHTML：当前元素的本身和元素内的文本内容，如果有子元素，那么子元素本身和元素内的文本内容也将连接一起。

21.6　替　换　元　素

可以用 replaceChild() 方法来替换元素。
语法格式：

> A.replaceChild(new, old);

语法说明：
（1）A 表示父元素，new 表示新子元素，old 表示旧子元素。
（2）如果新元素是页面中已有元素，则会先将此元素移除后，再替换指定的子元素，相当于从一个位置移动到另一个位置。

（3）假设替换之前，mylist 的列表有 Coffee、Milk、Tea 三项，替换操作之后，mylist 的列表有 Water、Milk、Tea 三项。示例代码如下：

```
var  list = document.getElementById("mylist");
list.replaceChild(newNode, oldNode);
```

（4）如果要替换的元素不是 A 元素的子元素，会抛出错误。

【例 21-8】 删除元素和替换元素。

```
1    window.onload = function( ){
2        // 删除一个元素
3        var oBtn1 = document.getElementById("btn1");
4        oBtn1.onclick = function( ){
5            var oUl = document.getElementById("actList");
6            oUl.removeChild(oUl.lastElementChild);
7        };
8        // 删除整个列表
9        var oBtn2 = document.getElementById("btn2");
10       oBtn2.onclick = function( ){
11           var oUl = document.getElementById("movList");
12           document.body.removeChild(oUl);
13       }
14       // 替换某个元素
15       var oBtn3 = document.getElementById("btn3");
16       oBtn3.onclick = function( ){
17           var oUl = document.getElementById("actList");
18           var oNewNode = document.createElement("LI");
19           var oTxtNode = document.createTextNode(" 潇潇 ");
20           oNewNode.appendChild(oTxtNode);
21           oUl.replaceChild(oNewNode,oUl.children[1]);
22       };
23   }
24   <body>
25       <ul id="actList">
26           <li> 英子 </li>
27           <li> 小贵 </li>
28           <li> 方枪枪 </li>
29           <li> 魏敏芝 </li>
30       </ul>
31       <ul id="movList">
```

32	<li> 城南旧事 </li>
33	<li> 十七岁的单车 </li>
34	<li> 看上去很美 </li>
35	<li> 一个都不能少 </li>
36	</ul>
37	<button id="btn1"> 删除 </button>
38	<button id="btn2"> 删除 </button>
39	<button id="btn3"> 替换 </button>
40	</body>

代码说明：

（1）lastElementChild 表示父元素的最后一个子元素（在例 21-7 中有 firstElementChild）。

（2）本例中替换的是第 2 个 <li> 元素，参考代码第 21 行。这里的 oUl.children[1] 表示 oUl 对象下的第二个子元素（不包括文本节点），即 <li> 小贵 </li>。

（3）如果改写成 oUl.childNodes[1] 则表示"英子"这样一个文本节点。这样就替换有误了。因为 childNodes 是包括文本节点的子节点。

（4）同理，如果要删除第二个子元素或任意一个子元素，使用只针对元素节点的操作属性：children。

（5）在 Chrome 浏览器中的页面效果如图 21-9 所示。

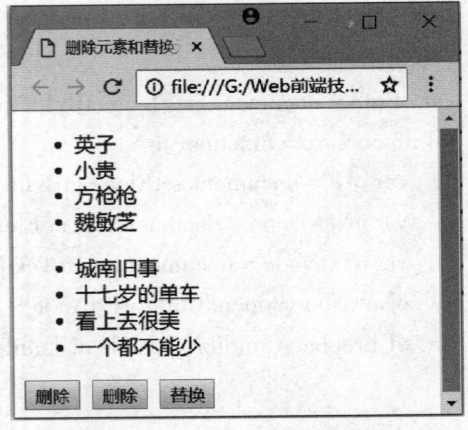

图 21-9　删除元素和替换元素

页面效果

21.7　复 制 元 素

在 JavaScript 中，cloneNode( ) 方法可以实现复制元素，返回一个副本。

语法格式：

```
A.cloneNode(bool);
```

语法说明：

（1）A 表示被复制的元素，参数 bool 是一个布尔值。

（2）参数 bool 取值 1 或 true 时，表示复制元素本身及该元素下的所有子元素（也可以称为"深复制"）。

（3）参数 bool 取值 0 或 false 时，表示只复制元素本身，不复制该元素下的子元素（也可以称为"浅复制"）。

（4）无论是深复制还是浅复制，元素绑定的事件都不会复制过来。

（5）副本元素属于当前文档，但并没有指定父元素。可以通过 appendChild( ) 或 insertBefore( ) 方法将其插入已有元素列表。

【例 21-9】 复制元素。

```
1       window.onload = function( ){
2              var oBtn = document.getElementById（"btn"）;
3              oBtn.onclick = function( ){
4                     var oUl= document.getElementById（"movList"）;
5                     document.body.appendChild(oUl.cloneNode(1));
6              }
7       }
8    <body>
9       <ul id="movList" >
10         <li> 城南旧事——林海音 </li>
11         <li> 看上去很美——王朔 </li>
12         <li> 一个都不能少——施祥生 </li>
13      </ul>
14      <button id="btn" > 复制 </button> 
15   </body>
```

代码说明：

（1）将完全复制 A 的元素并追加到 B 元素的子列表中：B.appendChild(A.cloneNode(1));。

（2）A.cloneNode(1) 也可以写成 A.cloneNode(true)，都表示复制当前元素及所有子元素。

（3）页面中，单击"复制"按钮后的页面效果如图 21-10 所示。

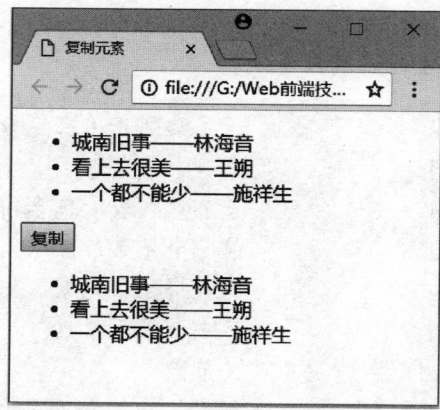

图 21-10　复制元素

页面效果

> cloneNode( ) 用于复制当前文档中的节点（本章中主要以元素代指所有节点）。在 document 对象中也有一个复制节点的方法：importNode( )，此方法用于复制外部文档的节点。比如：
>
> **importNode( )**　var frame = document.getElementsByTagName("iframe")[0];
>
> var h = frame.contentWindow.document.getElementsByTagName("h1")[0];
>
> var x = document.importNode(h,true);
>
> 上述代码表示返回 iframe 中第一个 <h1> 元素。参数 true 表示深复制。

★点睛★

◇ DOM 操作可以简单地理解为 "元素操作"。

◇ HTML 文档中，最常见 3 种节点：元素节点、属性节点、文本节点。它们的 node-Type 属性值分别为 1、2、3。

◇ 在 JavaScript 中，可以通过 id、name、类名和标签名获取元素，其对应的方法分别是 getElementById（ ）、getElementsByName（ ）、getElementsByClassName（ ）和 getElementsByTagName（ ）。

◇ 也可以通过 CSS 的选择器名获取元素，其对应的方法是 querySelector( ) 或 querySe-lectorAll( )。

◇ 动态 DOM 操作主要涉及创建元素、创建文本等。

◇ 创建元素可以使用 createElement（ ）方法，设置元素的属性可以使用 setAttribute（ ）方法。

◇ 创建完元素之后，一般还需要将该节点追加在 HTML 文档适当的位置。

◇ 追加子节点的方法是 appendChild( )，它是父节点对象的操作方法，表示在父节点的子节点列表的末尾追加一个子节点。

◇ 创建文本节点可以使用 createTextNode( ) 方法，它一般配合 appendChild( ) 方法，将创建的文本追加到适当的位置。

★章节测试★

一、连线

1. 将如下右边的描述和左边的属性连线。

childNodes	子元素列表（只包含 Element 类型的节点）
firstChild	第一个子节点
children	子节点列表（包含所有类型的子节点）
firstElementChild	前一个兄弟节点
previousElementSibling	前一个兄弟元素
previousSibling	第一个子元素
tagName	父节点
parentNode	元素的标签名（用大写字母表示）

2. 将如下右边的描述和左边的方法连线。

appendChild( )	检测当前节点是否有子节点
createElement( )	创建文本节点
hasChildNodes( )	追加子节点
createTextNode( )	插入指定子节点之前
insertBefore( )	创建元素

二、写出 JavaScript 代码并上机验证

1. 针对整个 HTML 文档，根据 id 为 "box" 来获取元素，并赋值给 obj 变量。

var obj=_____；

2. 针对整个 HTML 文档，根据 CSS 选择器名为 "#box" 来获取第一个元素，并赋值给 obj 变量。

var obj=_____；

3. 针对整个 HTML 文档，根据 class 属性为 "para1" 来获取元素，并赋值给 obj 变量。

var obj=_____；

4. 针对整个 HTML 文档，根据 CSS 选择器名为 ".para1" 来获取所有元素，并赋值给 obj 变量。

var obj=_____；

5. 删除 list 对象中的第一个子元素。

list._____（ list.childNodes[0]）；

6. list 对象中用新子元素 m 替换旧子元素 n。

list._____（ _____, _____ ）；

7. 将深复制的 B 追加到 A 元素列表中。

8. 获取 oUl 对象中标签名为 "li" 的元素，并将第 3 个 <li> 中的文本设置为红色。

9. 获取 HTML 文档中所有应用 "#two li" CSS 选择器的元素，并将第 2 个元素设置为深红色。

10. 页面中动态创建一张图片，路径为 "images/bg.gif"，设置 "1px solid #ccc" 的边框。

三、判断

1. textContent 属性能将元素所有子节点的文本拼接起来，再返回拼接后的字符串。

2. textContent 会读取拼接隐藏元素的文本，比如盒模型 display 为 none 的元素。

3. cloneNode( ) 和 importNode( ) 都可以实现当前文档节点的复制。

4. document.querySelector(".test") 表示获取所有 class 为 test 的元素。

5. DOM 遍历指的是以当前所选元素为基点，查找它的父元素、子元素或兄弟元素。

四、归纳总结

1. 绘制表格。

根据 21.3 节所讲，结合资料查询，完成节点常见属性（非关系属性）的表格，见表 21-4。

Web 前端技术案例教程（HTML5+CSS3+JavaScript）

表 21-4　绘制表——节点的常见属性

属性	描述	返回值
nodeName		
nodeValue		
…		

2. 绘制表格。

查阅相关资料，针对最为常用的元素节点，绘制出元素节点的常见属性，见表 21-5。

表 21-5　绘制表——元素节点的常见属性

属性	描述	返回值
tagName		
parentNode		
children		
…		

五、实践

1. 通过 DOM 操作，在 HTML 文档中创建一个段落，段落中的文字是"教育即生活、生长和经验的不断改造。——约翰·杜威"。多次单击按钮后的页面效果如图 21-11 所示。

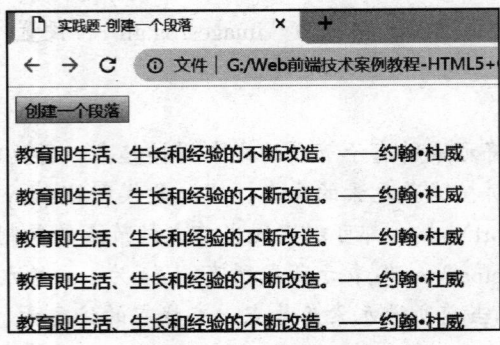

图 21-11　创建段落

2. 通过 DOM 操作，在 HTML 文档中创建一张电影海报和文字介绍的段落，图片和段落文字自拟。多次单击按钮后的页面效果如图 21-12 所示。

图 21–12　创建图片和段落

第 22 章
jQuery 基础

jQuery 是使用 JavaScript 语言编写的一些功能函数集合，使用这些功能函数能够快速实现各种功能，并且代码简洁，并具有良好的浏览器兼容性、丰富的 UI 等优点。jQuery 技术主要涉及 jQuery 选择器、jQuery 事件方法、jQuery 效果方法、jQuery HTML/CSS 方法、jQuery 遍历方法、jQuery Ajax 方法等。

学习目标：

序号	基本要求
1	了解 jQuery 的基本功能及它和 JavaScript 的基本关系
2	了解引入 jQuery 库文件的方法
3	了解 jQuery 对象和 DOM 对象的区别及其装换方法
4	能根据编程需求明确具体 jQuery 选择器的写法
5	了解 jQuery 中操作元素的方法，包括追加、前置、删除、替换等
6	了解 jQuery 中操作文本的方法
7	了解 jQuery 中操作 CSS 的方法
8	了解 jQuery 中实现动画特效的方法

为了简化 JavaScript 的开发，一些 JavaScript 库（也称为 JavaScript 框架）诞生了。JavaScript 库封装了很多预定义的对象和实用函数，可以帮助使用者建立高难度交互的 Web2.0 特性的富客户端页面，并且兼容各大浏览器。

当前流行的 JavaScript 库有 jQuery、Prototype、MooTools、Dojo 等，如图 22-1 所示。

 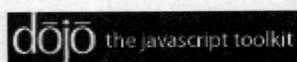 

图 22-1　JavaScript 库

jQuery 是继 Prototype 之后又一个优秀的 JavaScript 库，"写得少，做得多"是 jQuery 的理念。它的优势包括：轻量级、强大的选择器、出色的 DOM 操作的封装、可靠的事件处理机制、完善的 Ajax 和出色的浏览器兼容性等。

22.1 jQuery 库文件的加载

先通过一个"Hello World"文件来大体了解一下 jQuery 的应用。

```
1   <!DOCTYPE html>
2   <html>
3   <head>
4   <script src="jquery-3.2.1.min.js"></script>
5   <script>
6    $(document).ready(function( ){
7      alert("Hello World");
8    });
9   </script>
10  </head>
11  <body></body>
12  </html>
```

代码说明：

（1）第 4 行：<script src="jquery-3.2.1.min.js"></script> 表示加载 jQuery 库文件。这里的库文件是提前下载到本地路径下的。

（2）第 5~7 行是通过 jQuery 编写的程序代码，弹出一个"Hello World"对话框。

（3）$(document) 是 jQuery 中对象的写法，类似于 DOM 中的 document 对象。同样，ready( ) 是 jQuery 中的方法，等待 DOM 元素加载完毕，类似于 window.onload( )。

下面介绍两种 jQuery 库文件的加载方法。

方法 1：下载 jQuery 库文件并添加到网页中

在 jQuery 官网 http://jquery.com 下载 jQuery 库文件，在 HTML 文档的 <head> 中引入 jQuery 库。

语法格式：

```
<head>
    <script type="text/javascript" src="jquery-3.2.1.min.js"></script>
</head>
```

通过 <script> 元素的 src 属性引入外部的 jQuery 文件库。这里的 type 属性也可以省略。

方法 2：jQuery 库替代

还可以从 Microsoft 或 Google 内容分发网络（即 CDN 服务）上加载 jQuery 核心文件。从

Microsoft 内容分发网络上加载 jQuery 核心文件的代码如下。

```
<head>
  <script src="http://ajax.microsoft.com/ajax/jquery/jquery–1.8.0.js" type="text/javas-
script" >
  </script>
</head>
```

同样，这里的 type 属性也可以省略。

22.2　jQuery 对象

jQuery 对象是 jQuery 独有的。在上面的例子中，jQuery 对象是通过 jQuery($( )) 包装 DOM 对象后产生的对象。如果获取的是 jQuery 对象，那么要在前面加上 $。

语法格式：

```
$ 变量名
或
$(DOM 对象 )
```

语法说明：

（1）比如 var $variable;，这里的 $variable 就是一个 jQuery 对象。而对于 var variable;，这里的 variable 就是一个普通的 JavaScript 对象。

（2）如果一个对象是 jQuery 对象，那么它就可以使用 jQuery 里的方法。比如 $(document).ready(…); 。

（3）jQuery 对象无法使用 DOM 对象的任何方法，同样，DOM 对象也不能使用 jQuery 里的任何方法。

对象转换	jQuery 对象不能使用 DOM 中的方法，但如果 jQuery 没有封装想要的方法，不得不使用 DOM 对象时，有如下两种处理方法。比如 var $cr = $("#cr");。 （1）jQuery 对象是一个数组对象，所以可以通过 [index] 的方式得到对应的 DOM 对象：var cr=$cr[0];。 （2）使用 jQuery 中的 get(index) 方法得到相应的 DOM 对象：var cr=$cr.get(0);。

【例 22–1】　jQuery 初步应用。

应用 jQuery 文件库实现单击页面文字时文字就消失。

```
1      <head>
2          <script src="http://ajax.microsoft.com/ajax/jquery/jquery-1.8.0.js"> </script>
3          <script>
4           $ (document).ready(function( ){
5                 $（"p"）.click(function( ){
6                          $ (this).hide( );
7               });
8           });
9          </script>
10     </head>
11     <body>
12       <p> 单击我，我就消失 </p>
13       <p> 单击我，我就消失 </p>
14       <p> 单击我，我就消失 </p>
15       <p> 单击我，我就消失 </p>
16     </body>
```

代码说明：

（1）$("p") 是一个 jQuery 对象，相当于 DOM 中的 document.getElementsByTagName("p");，代表文档中的 <p> 元素。

（2）$(this) 表示当前 jQuery 对象，在这里就是 $("p")。

（3）hide( ) 是 jQuery 中的方法，表示隐藏对象。

效果如图 22-2 所示。

图 22-2　jQuery 初步应用

页面效果

22.3　jQuery 选择器

选择器是 jQuery 的根基，在 jQuery 中，对事件处理、遍历 DOM 和 Ajax 操作都依赖于选择器。在上例中，$("p") 是一个 jQuery 对象，也是一个 jQuery 选择器。

jQuery 选择器写法简洁，并且具有完善的事件处理机制。

```
// 简洁的写法
$("#id")              // 相当于 document.getElementById("id");
$("tagName")          // 相当于 document.getElementsByTagName("tagName");
// 完善的事件处理机制
document.getElementById("id").style.color = "red";
// 若网页中没有该元素，浏览器会报错
$("#id").css("color","red");
// 使用 jQuery 获取页面元素，即使不存在网页，也不会报错
```

22.3.1 基本选择器

基本选择器是 jQuery 中最常用的选择器，也是最简单的选择器，它通过元素的 id、class 和标签名来查找 DOM 元素（在网页中 id 只能使用一次，class 允许重复使用）。

关于 jQuery 中的基本选择器的说明见表 22-1。

表 22-1 基本选择器

选择器	说明	返回
#id	根据给定的 id 匹配一个元素	单个元素组成的集合
.class	根据给定的类名匹配元素	集合元素
element	根据给定的元素名匹配元素	集合元素
*	匹配所有元素	集合元素
selector1,selector,…,selectorN	将每一个选择器匹配到的元素合并后一起返回	集合元素

语法说明：

（1）选择器的写法都要在前面加上 $( ) 符号，如选择器 $("div")、$(".para1")、$("#one")、$("*") 等。

（2）$("div") 表示选取 <div> 元素；$(".para1") 表示选取 class="para1" 的元素；$("#one") 表示选取 id="one" 的元素；$("*") 表示选取所有元素。

（3）$("p.para1") 表示选取 class="para1" 的 <p> 元素；$("p#one") 表示选取 id="one" 的 <p> 元素。

【例 22-2】 基本选择器的应用。

```
1    <script src="scripts/jquery-1.8.0.js"></script>
2    <script>
3      $(document).ready(function( ){
4        $(".para1").click(function( ){
5          $("#one").css("background-color","#bbffaa");
6        });
```

```
7          $(".para2").click(function( ){
8             $(".mini").css("background-color","#00ff00");
9          });
10         $(".para3").click(function( ){
11            $("div").css("background-color","#cccccc");
12         });
13         $(".para4").click(function( ){
14            $("*").css("background-color","#e9fbff");
15         });
16         $(".para5").click(function( ){
17            $("span,#one").css("background-color","#ff0000");
18         });
19      });
20      </script>
21   <body>
22       <p class="para1"> 单击我，改变 id 为 one 的元素的背景色为 #bbffaa</p>
23       <p class="para2"> 单击我，改变 class 为 mini 的所有元素的背景色为 #00ff00</p>
24       <p class="para3"> 单击我，改变元素名为 &lt;div&gt; 的所有元素的背景色为
#cccccc</p>
25       <p class="para4"> 单击我，改变所有元素的背景色为 #e9fbff</p>
26       <p class="para5"> 单击我，改变所有的 &lt;span&gt; 元素和 id 为 one 的元素的
背景色为 #ff0000</p>
27       <hr>
28       <div id="one">div01</div>
29       <div class="mini">div02</div>
30       <p> 成功来源于 <span> 耐心 </span>。你有足够的 <span> 耐心 </span> 吗？ </p>
31   </body>
```

代码说明：

（1）$("#one")、$(".mini")、$("div")、$("*") 和 $("span，#one") 都是基本选择器，都表示特定的元素。具体含义见表 22-2。

表 22-2　基本选择器

选择器示例	说明
$("#one")	id 为 one 的元素
$(".mini")	class 为 mini 的所有元素
$("div")	名为 div 的所有元素
$("*")	所有元素
$("span,#one")	所有 span 元素和 id 为 one 的元素

（2）css( ) 是 jQuery 中的方法，用于返回或设置元素的一个或多个样式属性，如图 22-3 所示。

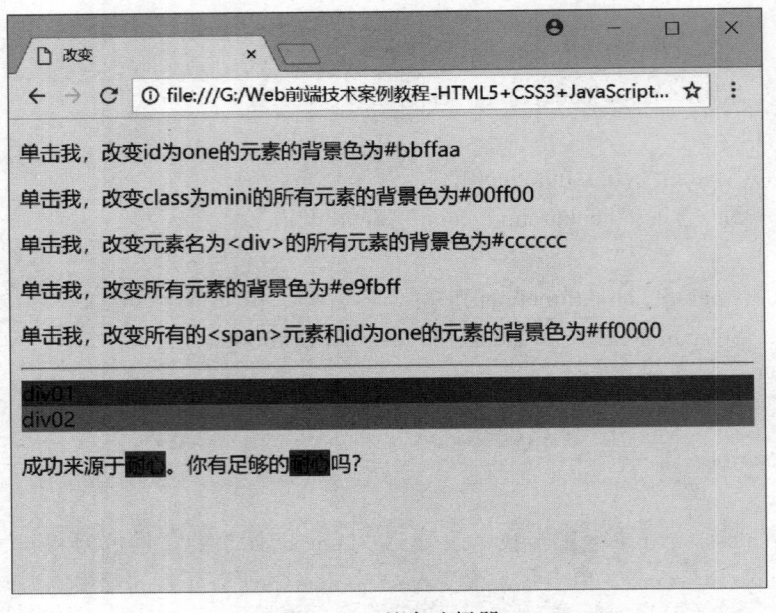

图 22-3　基本选择器

页面效果

22.3.2　层次选择器

如果想通过 DOM 元素之间的层次关系来获取特定元素，如后代元素、子元素、相邻元素、兄弟元素等，则需要使用层次选择器。

层次选择器主要用到的符号包括空格、大于号（>）、加号（+）、波浪线（~）等，见表 22-3。

表 22-3　层次选择器

选择器	说明	返回
$("ancestor descendant")	选取 ancestor 的所有 descendant（后代）元素	集合元素
$("parent > child")	选取 parent 元素下的 child（子）元素	集合元素
$("prev + next")	选取紧接在 prev 元素后的下一个 next 元素	集合元素
$("prev ~ siblings")	选取 prev 元素后的所有 siblings 元素	集合元素

语法说明：

（1）$("div p") 和 $("div > p") 的区别在于，前者选取的是 div 下的所有 p 的后代元素，后者选取 div 下的所有 p 的子元素。显然，前者选取的元素更多。

（2）$("div ~ p") 选择器只能选取 div 元素后面的同辈元素；而 jQuery 中的 siblings( ) 方法与前后位置无关，只要是同辈节点，都可以选取。

【**例 22-3**】 层次选择器的应用。

```
1      <script src="scripts/jquery-1.8.0.js"> </script>
2      <script>
3      $(document).ready(function( ){
4          $(".para1").click(function( ){
5              $("div").css("background-color","#ff0000");
6          });
7          $(".para2").click(function( ){
8              $("body>div").css("background-color","#00ff00");
9          });
10         $(".para3").click(function( ){
11             $("#one+div").css("background-color","#0000ff");
12         });
13         $(".para4").click(function( ){
14             $("#two~div").css("background-color","#dddddd");
15         });
16     });
17     </script>
18     <body>
19         <p class="para1"> 单击我，改变 &lt;body&gt; 内所有 &lt;div&gt; 的背景色为
       #ff0000</p>
20         <p class="para2"> 单击我，改变 &lt;body&gt; 内子 &lt;div&gt; 的背景色为
       #00ff00</p>
21         <p class="para3"> 单击我，改变 id 为 one 的下一个 &lt;div&gt; 的背景色为
       #0000ff</p>
22         <p class="para4"> 单击我，改变 id 为 two 的元素后面的所有兄弟 &lt;div&gt; 的元
       素的背景色为
23     #dddddd</p>
24         <hr>
25     <div id="one">div01</div>
26     <div class="mini">div02</div>
27     <div id="two">div03</div>
28     <div>div04</div>
29     <div>div05</div>
30         <p> 成功来源于 <span> 耐心 </span>。你有足够的 <span> 耐心 </span> 吗？ </p>
31     </body>
```

代码说明：

（1）上述代码中的第 8、11、14 行都有层次选择器的应用，具体含义参考表 22-4。

表 22-4　层次选择器

选择器示例	说明
$("body>div")	\<body> 内的所有子 \<div>
$("#one+div")	id 为 one 的下一个 \<div>
$("#two~div")	id 为 two 的元素后面的所有兄弟 \<div>

（2）本例在 Chrome 浏览器中的页面效果如图 22-4 所示。

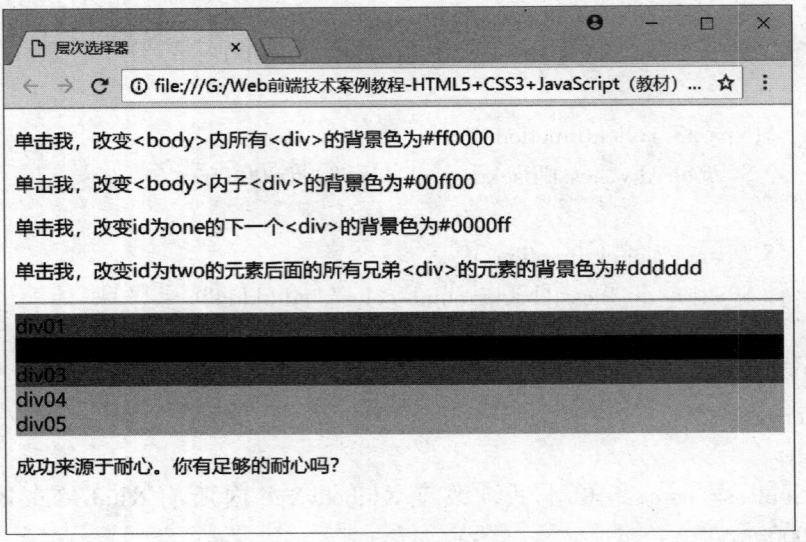

图 22-4　层次选择器

页面效果

22.3.3　过滤选择器

过滤选择器主要是通过特定的过滤规则来筛选出所需的 DOM 元素，该选择器大都以 ":" 开头。

按照不同的过滤规则，过滤选择器可以分为基本过滤、内容过滤、可见性过滤、属性过滤、子元素过滤等选择器。

1. 基本过滤选择器

基本过滤选择器主要是过滤选择第一个、最后一个等和索引有关的简单过滤选择器。

基本过滤选择器见表 22-5。

表 22-5　基本过滤选择器

选择器	说明	返回
:first	选取第一个元素	集合元素
:last	选取最后一个元素	集合元素
:not(selector)	去除所有与给定选择器匹配的元素	集合元素
:even	选取索引时偶数的所有元素（索引从 0 开始）	集合元素

选择器	说明	返回
:odd	选取索引时奇数的所有元素	集合元素
:eq(index)	选取索引等于 index 的元素	集合元素
:gt(index)	选取索引大于 index 的元素	集合元素
:lt(index)	选取索引小于 index 的元素	集合元素
:header	选取所有的标题元素，如 h1、h2 等	集合元素
:animated	选取当前正在执行动画的所有元素	集合元素

【例 22-4】 基本过滤选择器的应用。

```
1   <script src="scripts/jquery-1.8.0.js"> </script>
2   <script>
3     $(document).ready(function( ){
4       $(".para1").click(function( ){//
5         $("div:first").css("background-color","#ff0000");
6       });
7       $(".para2").click(function( ){//
8         $("div:last").css("background-color","#00ff00");
9       });
10      $(".para3").click(function( ){////
11        $("div:not(#one)").css("background-color","#0000ff");
12      });
13      $(".para4").click(function( ){//
14        $("div:even").css("background-color","#ffff00");
15      });
16      $(".para5").click(function( ){//
17        $("div:odd").css("background-color","#ff00ff");
18      });
19      $(".para6").click(function( ){//
20        $("div:gt(3)").css("background-color","#00ffff");
21      });
22      $(".para7").click(function( ){//
23        $("div:eq(3)").css("background-color","#cccccc");
24      });
25      $(".para8").click(function( ){//
26        $("div:lt(3)").css("background-color","#333333");
27      });
```

```
28          $(".para9").click(function( ){//
29              $(":header").css("background-color","#c3c3c3");
30          });
31      });
32    </script>
33    <body>
34        <p class="para1"> 改变第一个 div 元素的背景色为 #ff0000</p>
35        <p class="para2"> 改变最后一个 div 元素的背景色为 #00ff00</p>
36        <p class="para3"> 改变 id 不为 one 的所有 div 元素的背景色为 #0000ff</p>
37        <p class="para4"> 改变索引值为偶数的 div 元素的背景色为 #ffff00</p>
38        <p class="para5"> 改变索引值为奇数的 div 元素的背景色为 #ff00ff</p>
39        <p class="para6"> 改变索引值为大于 3 的 div 元素的背景色为 #00ffff</p>
40        <p class="para7"> 改变索引值为等于 3 的 div 元素的背景色为 #cccccc</p>
41        <p class="para8"> 改变索引值为小于 3 的 div 元素的背景色为 #333333</p>
42        <p class="para9"> 改变所有的标题元素的背景色为 #c3c3c3</p>
43        <hr>
44        <hr>
45        <div id="one">div01</div>
46        <div id="two">div02</div>
47        <div>div03</div>
48        <div>div04</div>
49        <div>div05</div>
50        <div>div06</div>
51        <h1> 问题一 </h1>
52        <h2> 成功如何获取？ </h2>
53        <p> 成功来源于 <span> 耐心 </span>。你有足够的 <span> 耐心 </span> 吗？ </p>
54    </body>
```

代码说明：

（1）本例涉及第一个、最后一个等基本过滤选择器。

（2）练习者可以根据图 22-5 的页面效果，对照基本过滤选择器的含义，自己上机实现图 22-5 页面文字中的要求。

2. 内容过滤选择器

内容过滤选择器的过滤规则主要体现在它所包含的子元素和文本内容上。内容过滤选择器见表 22-6。

选择器 :empty 选取没有其他子节点的，相反的是 :parent 选择器。

3. 可见性过滤选择器

可见性过滤选择器是根据元素的可见和不可见状态来选择相应元素的。参考表 22-7。

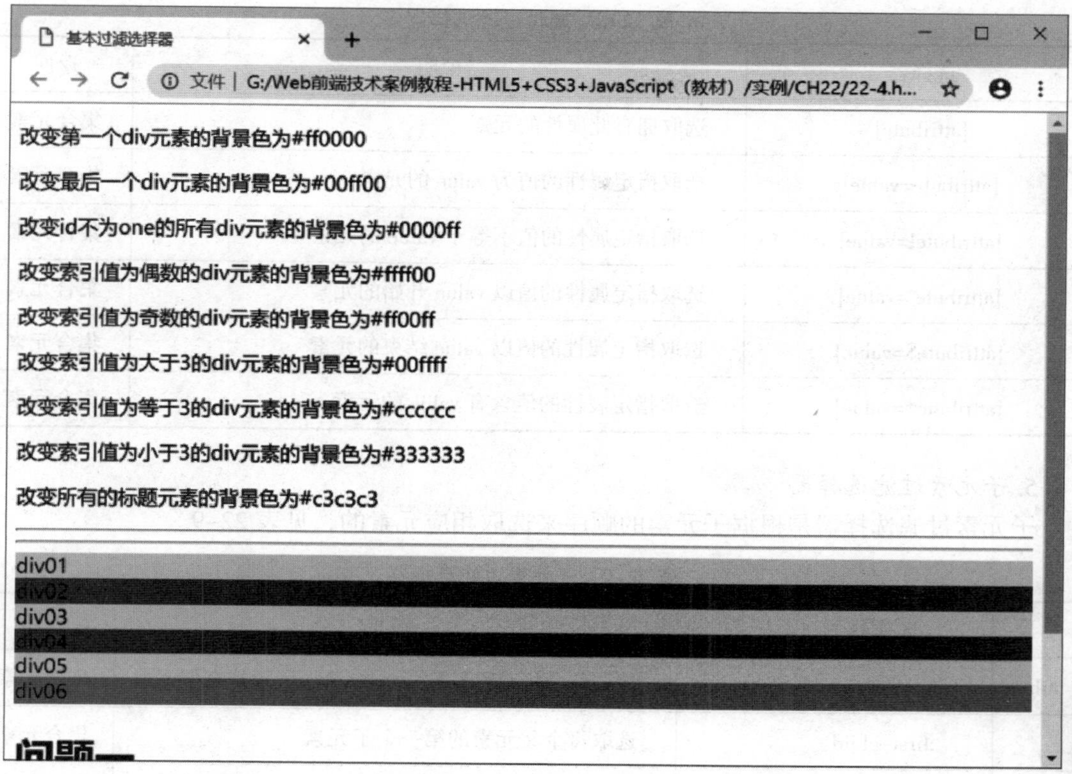

图 22-5 基本过滤选择器

页面效果

表 22-6 内容过滤选择器

选择器	说明	返回
:contains(text)	选取含有文本内容为 text 的元素	集合元素
:empty	选取不包含子元素或文本的空元素	集合元素
:has(selector)	选取含有选择器所匹配元素的元素	集合元素
:parent	选取含有子元素或文本的元素	集合元素

表 22-7 可见性过滤选择器

选择器	说明	返回
:hidden	选取所有不可见的元素	集合元素
:visible	选取所有可见的元素	集合元素

需要注意的是，选择器 :hidden 选取的不仅包含样式属性 display 为 none 的元素，也包含文本隐藏域（<input type="hidden"）和 visible:hidden 之类的元素。

4. 属性过滤选择器

属性过滤选择器的过滤规则是通过元素的属性来获取相应的元素。属性选择器不是以: 开头，而是用 [ ] 括起来，见表 22-8。

表 22-8　属性过滤选择器

选择器	说明	返回
[attribute]	选取拥有此属性的元素	集合元素
[attribute=value]	选取指定属性的值为 value 的元素	集合元素
[attribute!=value]	选取指定属性的值不等于 value 的元素	集合元素
[attribute^=value]	选取指定属性的值以 value 开始的元素	集合元素
[attribute$=value]	选取指定属性的值以 value 结束的元素	集合元素
[attribute*=value]	选取指定属性的值含有 value 的元素	集合元素

5. 子元素过滤选择器

子元素过滤选择器是根据子元素的顺序来选取相应元素的，见表 22-9。

表 22-9　子元素过滤选择器

选择器	说明	返回
:nth-child（index/even/odd/equation）	选取每个父元素下的第 index 个子元素或奇偶元素	集合元素
:first-child	选取每个父元素的第一个子元素	集合元素
:last-child	选取每个父元素的最后一个子元素	集合元素
:only-child	如果某个元素是它父元素中唯一的子元素，那么将被匹配	集合元素

关于：nth-child( ) 选择器的详解如下：

（1）：nth-child(even/odd) 表示选取每个父元素下的索引值为偶（奇）数的元素。

（2）：nth-child(2) 能选取每个父元素下的索引值为 2 的元素。

（3）：nth-child(3n) 能选取每个父元素下的索引值为 3 的整数倍的元素。

（4）：nth-child(3n+1) 能选取每个父元素下的索引值为 3n+1 的元素。

6. 表单对象属性过滤选择器

表单对象属性过滤选择器主要是对所选择的表单元素进行过滤，见表 22-10。

表 22-10　表单对象属性过滤选择器

选择器	说明	返回
:enabled	选取所有可用元素	集合元素
:disabled	选取所有不可用元素	集合元素
:checked	选取所有被选中的元素（如单选框、复选框）	集合元素
:selected	选取所有被选中的选项元素（下拉列表）	集合元素

表单作为 HTML 中的一种特殊元素，操作方法较为多样性和特殊性。开发者不仅可以使用之前的基本选择器或过滤器，也可以使用 jQuery 为表单专门提供的选择器和过滤器来准确定位表单元素。jQuery 中的表单选择器见表 22-11。

表 22-11　表单选择器

选择器	说明	返回
:input	选取所有的 <input>、<textarea>、<select> 和 <button> 元素	集合元素
:text	选取所有的单行文本框	集合元素
:password	选取所有的密码文本框	集合元素
:radio	选取所有的单选框	集合元素
:checkbox	选取所有的复选框	集合元素
:submit	选取所有的提交按钮	集合元素
:image	选取所有的图像按钮	集合元素
:reset	选取所有的重置按钮	集合元素
:button	选取所有的按钮	集合元素
:file	选取所有的文件域	集合元素
:hidden	选取所有的不可见元素	集合元素

思考与验证

某个页面有多个 <input> 元素，选取 name 属性以 'news' 开头的 <input> 元素，并设置统一的样式以便于验证。

22.4　jQuery 事件方法

在讲述 JavaScript 基础的时候，就多次提到过事件（DOM 中一般叫事件属性）的用法。这里主要以 jQuery 中的对象来进行事件方法的编程。

前面完成了"获取某个 / 某些元素"的工作。找到一个按钮后，就要对按钮进行单击、双击等动作来触发一系列的行为，这种单击、双击就是事件。

交互动作一般都是操作某个元素，触发一个动作。例如，单击一个按钮，弹出一个对话框。"单击按钮"就是事件，"弹出对话框"就是行为。人机交互最重要的设备是鼠标和键盘，这些事件大都基于这两种设备来定义。

22.4.1　鼠标事件

跟鼠标相关的事件包括单击、双击、鼠标按下、鼠标抬起等。可以参考表 22-12。

表 22-12　jQuery 中常见的鼠标事件

事件名	描述	举例
click( )	单击	$("p").click(function( ){alert(" 欢迎 ");});
dblclick( )	双击	$("p").dblclick(function( ){alert(" 欢迎 ");});
mousedown( )	鼠标按下	$("p").mousedown(function( ){alert(" 欢迎 ");});
mouseup( )	鼠标抬起	$("p").mouseup(function( ){alert(" 欢迎 ");});
mouseenter( )	鼠标指针进入	$("p").mouseenter(function( ){alert(" 欢迎 ");});
mouseleave( )	鼠标指针离开	$("p").mouseleave(function( ){alert(" 欢迎 ");});
focus( )	元素获得焦点	$("p").focus(function( ){alert(" 欢迎 ");});
blur( )	元素失去焦点	$("p").blur(function( ){alert(" 欢迎 ");});

上述表格举例中，为元素绑定了事件，并在括号里将对应的响应行为以函数（function）的形式表达出来。

在前面章节中提到的 DOM 中的单击、双击等事件，一般称为事件属性，这些事件大都以 on- 开头，比如 onclick、ondblclick、onblur( ) 等。

22.4.2　键盘事件

键盘事件主要是键盘按下、键盘抬起等事件，见表 22-13。

表 22-13　jQuery 中常见的键盘事件

事件名	描述	举例
keydown( )	键盘按下	$("input").keydown(function( ){alert(" 欢迎 ");});
keyup( )	键盘抬起	$("input").keyup(function( ){alert(" 欢迎 ");});
keypress( )	键盘按下后抬起	$("input").keypress(function( ){alert(" 欢迎 ");});

键盘事件一般多用于操作表单的输入，keypress 是 keydown 和 keyup 的一组动作。

除了与鼠标、键盘有关的事件外，还有与滚动条、数值变化等相关的事件。比如 resize( )、scoll( )、select( )、submit( )、unload( )、change( )、error( ) 等。

思考与验证

当元素获取焦点时，如何处理？ jQuery 中的焦点事件方法 focus( ) 提供了这方面的方法。鼠标未选中文本框时和鼠标选中文本框时（即获取焦点）实现图 22-6 所示不同的页面效果。

点击输入框获取焦点.　　　　点击输入框获取焦点.

图 22-6　鼠标未选中文本框时和鼠标选中文本框时的效果

22.5　jQuery 操作元素

在前面的 DOM 基础章节中，已经讲述了 DOM 方法获取元素后的操作元素的常见方法，包括插入元素、删除元素、替换元素和复制元素方法等。

本节讲述的是 jQuery 对这些常见元素的处理方法。注意比较两者的区别。

22.5.1　内部插入

这里所说的"内部插入"指的是向元素内部插入元素，这些插入的动作被封装为一系列的方法。常用的方法见表 22–14。

表 22–14　jQuery 中的内部插入方法

方法名	描述	举例
append( )	内部追加	$("p").append("<b> 选自《浪花周报》</b>");
appendTo( )	内部追加到	$("p").appendTo("#foo");// 把所有段落追加到 id 值为 #foo 的元素中
prepend( )	内部前置	$("p").prepend("<b>Hello</b>");// 将 <b>Hello</b> 前置到 p 中
prependTo( )	内部前置到	$("p").prependTo("#foo");// 把 p 前置到 #foo 中

22.5.2　外部插入

这里所说的"外部插入"指的是向元素之外的后面或前面插入元素。常用的方法见表 22–15。

表 22–15　jQuery 中的外部插入方法

方法名	描述	举例
after( )	外部之后插入	$("p").after("<b> 选自《浪花周报》</b>");
before( )	外部之前插入	$("p"). before("<b>Hi </b>");

22.5.3　复制与删除

jQuery 中还提供了与复制、删除、替换等相关的方法。这里通过表 22–16 讲述其中与复制、删除相关的 3 种方法。

表 22–16　jQuery 中的复制与删除

方法名	描述	举例
clone( )	复制匹配的 DOM 元素并选中这些副本	<b>Hello</b><p>,how are you?</p> jQuery 代码: $("b").clone( ).prependTo("p"); 结果: <b>Hello</b><p><b>Hello</b>, how are you?</p>
empty( )	删除匹配的元素集合中的所有子节点	<p>Hello, <span>Jane</span><a href="#"> 傲慢与偏见 </a> /p> jQuery 代码: $("p"). empty( ); 结果: <p></p>
remove( )	从 DOM 中删除所有匹配的元素	<p class="hi">Hi</p> how are <b> you?</b> jQuery 代码: $("p"). remove("p.hello"); 结果: how are <b> you?</b>

对于元素的操作处理，jQuery 还提供了包裹、替换等方法，比如 wrap( )、unwrap( )、wrapall( )、wrapInner( )、replaceWith( )、replaceAll( )、detach( ) 等。

思考与验证

思考下面代码的功能并上机验证。

```
$("button").click(function( ){
        $("p").clone( ).appendTo("body");
    });
```

22.6   jQuery 操作文本

jQuery 提供了专门针对文本的简单操作方法，这里主要讲述 html（）方法和 text（）方法。参考表 22–17。

表 22–17   jQuery 中操作文本的方法

方法名	描述	举例
html( )	设置匹配元素的内容	`<div></div>` jQuery 代码：`$("div").html("<p> 段落一 </p>");` 结果：`<div><p> 段落一 </p></div>`
text( )	取得（或设置）匹配元素的文本内容	`<p> 选自 <b>《三联生活周刊》</b></p><p> 生活 * 读书 * 新知 </p>` jQuery 代码：`$("p").text( );/* 括号中有参数，则表示设置文本` 结果：选自《三联生活周刊》生活 * 读书 * 新知 */

一般来说，text( ) 方法有两种功能：一个是获取元素的文本，一个是设置元素的文本。当 text( ) 方法有参数时，表示为匹配元素设置文本内容。如下代码就是设置 `<h1>` 元素的文本。

```
<h1> 周朴园与鲁大海 </h1>
$("h1").text(" 周萍与鲁四凤 "); //
```

上述代码的结果是：`<h1>` 元素中的文本被设置成了 "周萍与鲁四凤"。

22.7   jQuery 操作 CSS

jQuery 能够对元素、文本进行操作，也可以操作 CSS 样式。在讲述 jQuery 选择器时，举例大都是 css( ) 方法的操作。本节主要讲述的方法是 css( )、width( ) 和 height( )，见表 22–18。

表 22-18　jQuery 中操作文本的方法

方法名	描述	举例
css(name)	获取匹配元素的样式属性	\<p style="color:blue"\> 段落一 \</p\> JS 代码：var pcolor=$("p").css ("color"); 结果：pcolor 的值为 blue
css(name,value)	设置匹配元素的样式属性	\<p style="color:blue"\> 段落一 \</p\> JS 代码：$("p").css ("color","red"); 结果：\<p style="color:red"\> 段落一 \</p\>
width( )	获取或设置宽度	$(".btn1").click(function( ){ $("p").width(200); });
height( )	获取或设置高度	$(".btn1").click(function( ){ $("p").height(50); });

jQuery 中操作 CSS 的方法还有 offset( )、position( )、scrollTop( )、scrollLeft( )、innerHeight( )、innerWidth( )、outerHeight( )、outerWidth( ) 等。

思考与验证

jQuery 中的 position( ) 方法返回第一个匹配元素的位置（相对于它的父元素）。大家都知道 \<p\> 元素代表段落，是一个块元素，请用 position( ) 方法验证它距离父元素的左、上距离，并与盒子模型（浏览器中的开发者工具可查）比较。

22.8　jQuery 动画特效

jQuery 的动画特效包括基本特效和自定义特效。基本特效包括隐藏、显示、隐显切换、向下展开、向上收起、收展切换、淡入、淡出等，见表 22-19。

表 22-19　jQuery 中动画特效的方法

方法名	描述
hide( )	隐藏选择的元素
show( )	显示选择的元素
toggle( )	在隐藏和显示之间切换
slideDown( )	向下滑动展开
slideUp( )	向上滑动收起
slideToggle( )	在收起和展开之间切换
fadeIn( )	淡入
fadeout( )	淡出

比如在第 23 章的综合案例中，需要设置图片的淡入，可以设置如下的代码。

```
function showImage(name) {
        $("#showImage").fadeIn(500);
        $("#productImg").attr("src", "images/product/large/" + name + ".jpg");
    }
```

其中 fadeIn（500）表示淡入 500 ms，并将其中的图片路径中的名称更新为 name 参数传递的值。

jQuery 中的 animate( ) 方法可以实现自定义动画，即制作出更丰富的动画效果。

animate( ) 方法的本质是使 CSS 中的相关属性值递减或递增，大部分有数值的属性都可以修改（属性值只为文本的有 float、position 等）。比如：

```
$("#box").animate({width: "30%",maginLeft: "30px",fontSize: "16px"});
```

上述代码将实现所有特效同时触发，一起完成。

【例 22-5】 通过 animate( ) 方法实现动画。

```
1    <script src="scripts/jquery-1.8.0.js"></script>
2    <script>
3    $(document).ready(function( ){
4      $("button").click(function( ){
5          $("div").animate({
6              left:'350px',
7              opacity:'0.5',
8              height:'300px',
9              width:'300px'
10         });
11     });
12   });
13   </script>
14   <body>
15   <button> 开始 animate( ) 动画 </button>
16   <p> 首先把元素的 CSS position 属性设置为 relative、fixed 或 absolute。 </p>
17   <div style="background:#bf2190;height:150px;width:150px;position:absolute;">
18   </div>
19   </body>
```

代码说明：

（1）默认情况下，所有 HTML 元素的位置都是静态的（static），并且无法移动。如需对位置进行操作，记得首先把元素的 CSS 的 position 属性设置为 relative、fixed 或 absolute。

（2）在 Chrome 浏览器中的页面效果如图 22-7 所示。单击按钮后，页面效果如图 22-8 所示。

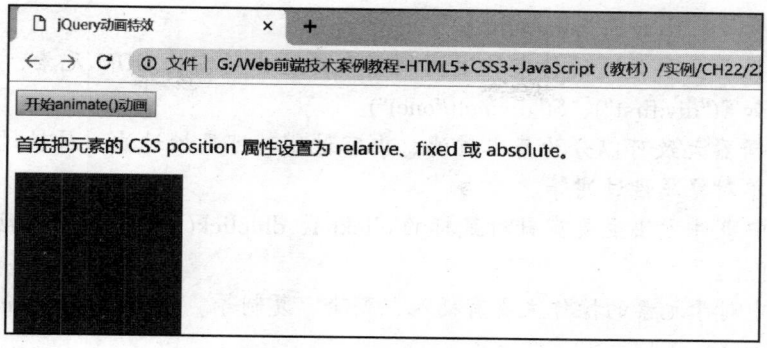

图 22-7　页面初始效果

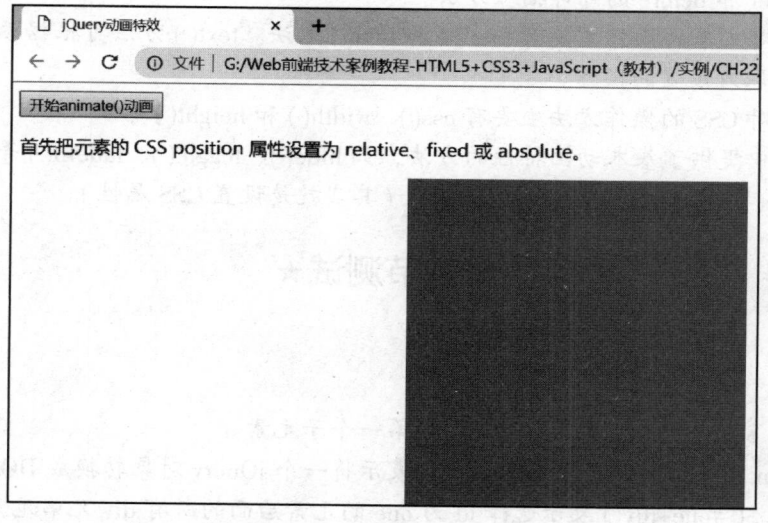

图 22-8　单击按钮后的页面效果

页面效果

★点睛★

✧ JavaScript 库封装了很多预定义的对象和实用函数。jQuery 是比较流行的 JavaScript 库之一。

✧ jQuery 对象是通过 jQuery 包装 DOM 对象后产生的对象（写法是在前面加个 $）。这种写法使得 DOM 对象成了 jQuery 对象，从而可以使用 jQuery 中的方法。

✧ jQuery 对象无法使用 DOM 对象的任何方法，同样，DOM 对象也不能使用 jQuery 里的任何方法。

✧ jQuery 对象转换成 DOM 对象，可以通过下标法（[index]）或 get(index) 方法实现。

✧ 选择器是 jQuery 的根基。在 jQuery 中，对事件处理、遍历 DOM 和 Ajax 操作都依赖于选择器。

✧ 基本选择器是通过元素 id、class 和标签名来查找 DOM 元素。比如 $(".para1")。

✧ 层次选择器主要通过层次关系来获取特定元素，如后代元素、兄弟元素、子元素、

相邻元素等。比如 $("body>div")。

◆ 过滤选择器主要是通过特定的过滤规则来筛选出所需的 DOM 元素，大多以 ":" 开头。比如 $("div:first")、$("div:not(#one)")。

◆ 过滤选择器大致可以分为基本过滤、内容过滤、可见性过滤、属性过滤、子元素过滤、表单对象属性过滤等。

◆ jQuery 中事件方法主要有针对鼠标的 click( )、dblclick( ) 等，针对键盘的 keydown( )、keyup( ) 等。

◆ jQuery 中对于元素的操作主要有插入、删除、复制等。删除方法是 remove( )，复制方法是 clone( )。

◆ jQuery 中的插入操作对应的方法有 append 系列的追加方法、prepend 系列的前置方法、after 和 before 的外部插入方法。

◆ jQuery 对文本的操作主要有 html( ) 和 text( ) 方法。text( ) 方法可根据参数的有无进行文本获取或设置的操作。

◆ jQuery 对 CSS 的操作方法主要有 css( )、width( ) 和 height( ) 等。

◆ jQuery 中提供了基本动画特性的方法，如 hide( )、toggle( )、fadeIn( ) 等，还可以通过 animate( ) 方法进行自定义动画的设置（其实就是设置 CSS 属性）。

★章节测试★

一、判断

1. 选择器 $("div: first") 表示所有 div 的第一个子元素。

2. 代码 var $cr=$("#cr"); var cr=$cr[0]; 表示将一个 jQuery 对象转换成 DOM 对象。

3. 选择器 $("#one+div") 表示选择 id 为 one 的元素后面的所有 div 兄弟元素。

4. 选择含有父元素的 div 可以用选择器 $("div: parent") 表示。

5. 选择器 $("div: hidden") 表示获取隐藏的 div 元素，包括内嵌隐藏样式的 div 元素。

6. 选择器 $("div: class!='myDiv'") 表示选择类名属性不等于 myDiv 的 div 元素。

二、写出 jQuery 代码并上机验证

1. 将 id 为 "myId" 的元素设置为红色字体。

```
<p id="myId"> 这是第一个 p 标签 </p>
<p id="not"> 这是第二个 p 标签 </p>
<script type="text/javascript">
    $(function( ){
        _____.css("color","red");
    });
</script>
```

2. 将所有的 div 元素设置为红色字体。

```
<div> 这是 div 标签 1</div>
<div> 这是 div 标签 2</div>
<p> 这是 p 标签 </p>
<script type="text/javascript">
   $(function( ){
      _____.css("color","red");
   });
</script>
```

3. 将 class 为 "myClass" 的元素设置为红色字体。

```
<p class="myClass"> 这是第一个 p 标签 </p>
<p class="not"> 这是第二个 p 标签 </p>
<script type="text/javascript">
   $(function( ){
      _____.css("color","red");
   });
</script>
```

三、实践

1. 制作显示 / 隐藏的滑动面板，如图 22-9 所示。

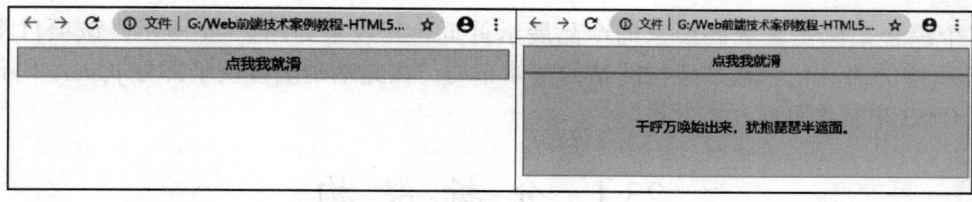

图 22-9　滑动

页面效果

2. 制作一个常见的选项卡，通过单击上面的标签，切换下方的栏目，如图 22-10 所示。

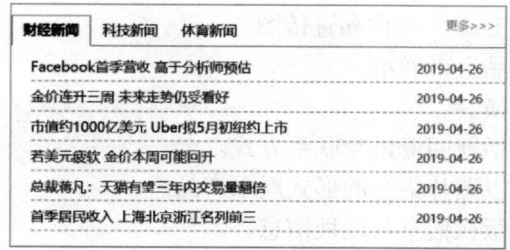

图 22-10　选项卡

页面效果

第 23 章
HTML+CSS+JavaScript 综合案例（一）

本章介绍的综合案例将应用 HTML5、CSS3、JavaScript 和 jQuery 方面的知识。将从整体布局、页眉和页脚、主体内容等方面展开，页面效果中还将涉及左侧栏、轮播动态图、右侧栏等内容的实现。

学习目标：

序号	基本要求
1	了解搭建页面框架中 HTML5 结构化元素的应用
2	掌握本例中 \<header\>、\<aside\>、\<section\>、\<footer\>、\<div\> 等结构化元素的应用
3	掌握实现固定宽度且居中的页面布局方法
4	弄懂 JavaScript 结合 jQuery 实现轮播效果的方法
5	掌握表格在页面局部设计中的应用
6	弄懂 JavaScript 结合 jQuery 实现图片放大区域淡入和淡出的方法

这个综合案例是某数码厂家的产品展示首页。其效果如图 23-1 所示，该项目将用到 HTML5 新增的语义化元素来架构网站的整体布局，在此基础上涉及了部分 jQuery 代码，配合使用 CSS3 来制作页面动态效果。

23.1 分 析 架 构

本例主要以数码产品展示为主，实现基本的展示功能。在色彩色调选择等方面没有过多考虑。如图 23-1 所示，该页面根据内容可以分为以下 6 个部分。

（1）网站头部：企业 Logo、名称和宣传图。

（2）网站左侧栏：新品上市展示。

（3）三张图片轮播切换。

（4）网站右侧栏：包括新闻资讯与联系方式。

（5）产品展示栏目：以图片集合的形式展示产品。

（6）网站尾部：公司版权信息与地址信息。

根据划分的版块设计整体结构图，如图 23-2 所示。

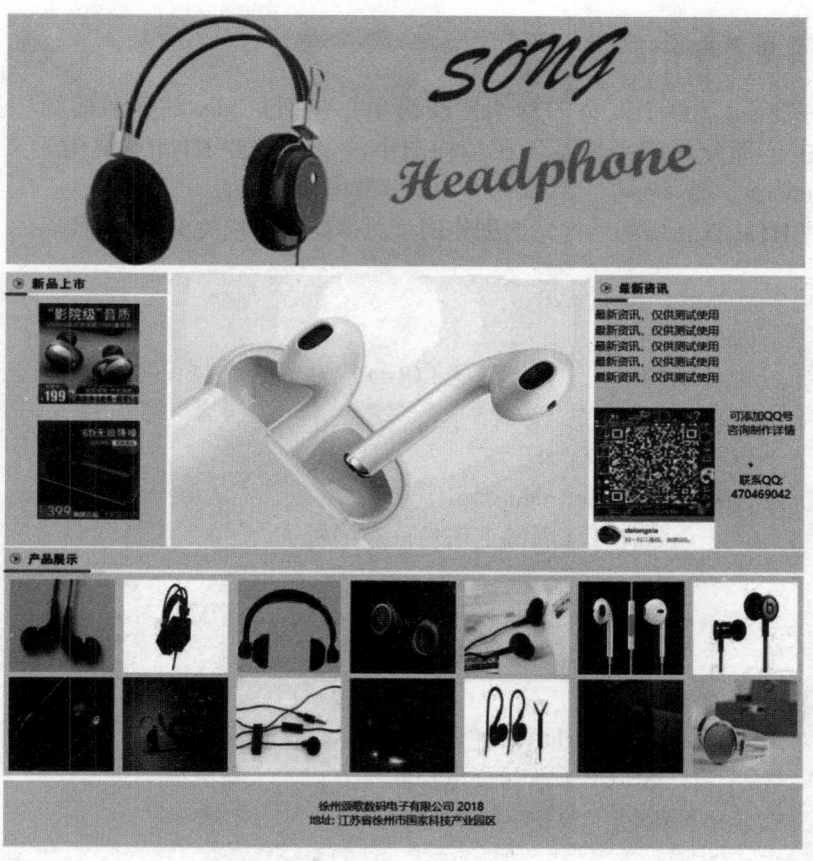

图 23-1　首页效果图

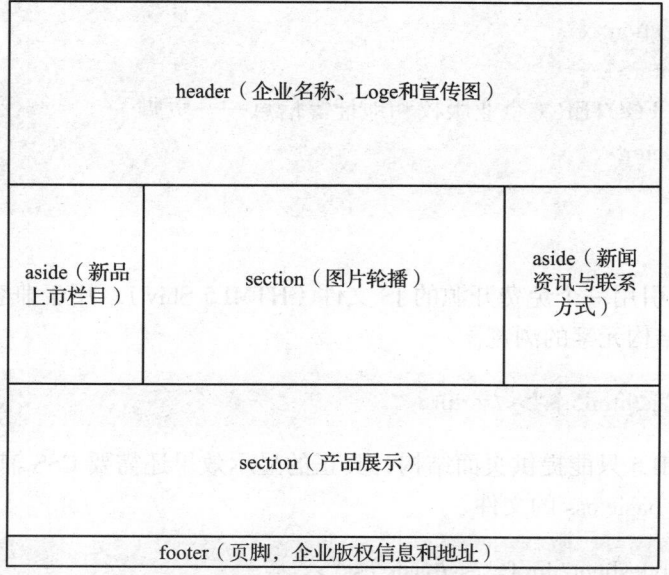

图 23-2　颂歌电子展示网站首页结构图

23.1.1 排版架构

如图 23-2 所示，整个网页的框架比较简单，包括 header 部分的横幅、左右侧边栏、轮播图片和主体部分的产品展示。在结构图中涉及的主要 HTML5 结构元素有 <header>、<aside>、<section>、<footer>。

使用这些 HTML5 新增的结构元素创建网页总体架构。相关 HTML5 代码如下：

```
1    <body>
2        <header>
3                HEADER（主打产品的 LOGO 或宣传图片——页眉）
4        </header>
5        <div id="container">
6            <aside id="leftAside">
7                    ASIDE（新品上市——左侧栏）
8            </aside>
9            <section id="slider">
10                    SECTION（图片轮播——中间）
11            </section>
12            <aside id="rightAside">
13                    ASIDE（新闻资讯与联系方式——右侧栏）
14            </aside>
15        </div>
16        <section id="productShow">
17                SECTION（产品展示）
18        </section>
19        <footer>
20                FOOTER（企业版权和地址等信息——页脚）
21        </footer>
22    </body>
```

代码说明：

（1）这里需要引用一个免费开源的 JS 文件（HTML5 Shiv），用于兼容 IE6/7/8 等不支持使用 HTML5 新增结构元素的浏览器。

```
<script src="js/html5.js"></script>
```

（2）由于 HTML5 只能提供页面结构，真正的显示效果还需要 CSS 辅助形成，因此需要声明自定义名称为 basic.css 的文件。

```
<link rel="stylesheet" href="css/basic.css">
```

23.1.2　排版 CSS 设置

关于排版的 CSS 设置，主要解决以下几个问题。

（1）固定宽度且居中的版式。

（2）主体内容中左侧栏、动态图和右侧栏的浮动排版。

（3）各自宽度值和部分区域的高度值。

（4）为了区分，为各个部分设置背景色（后期调整时再去除）。

目前相关 CSS 代码如下：

```
1    /* 页面整体设计 */
2    body{
3        margin: 0px auto;
4        padding: 0px;
5        max-width: 990px;
6    }
7    /* 页眉 */
8    header{
9        width: 990px;
10       height: 330px;
11       text-align: center;
12       background-color: #cccccc;
13   }
14   /* 容器 */
15   #container{
16       text-align: center;
17       width: 990px;
18       margin: 0px auto;
19   }
20   /* 左侧栏 */
21   aside#leftAside{
22       float: left;
23       width: 200px;
24       height: 350px;
25       text-align: center;
26       background-color: #e1e0db;
27   }
28   /* 图片轮播 */
29   section#slider{
30       float: left;
```

```
31          width: 520px;
32          height: 350px;
33          text-align: center;
34          margin-left: 5px;
35      }
36      /* 右侧栏 */
37      aside#rightAside{
38          float: left;
39          width: 260px;
40          height: 350px;
41          text-align: center;
42          overflow: hidden;
43          margin-left: 5px;
44          background-color: #e1e0db;
45      }
46      /* 产品展示 */
47      section#productShow{
48          clear:both;
49          width: 990px;
50          height:295px;
51          text-align: center;
52          background-color: #bbbbbb;
53      }
54      /* 页脚 */
55      footer{
56          width: 990px;
57          height: 70px;
58          float: left;
59          text-align: center;
60          vertical-align: middle;
61          background-color: #999999;
62      }
```

代码说明：

（1）上述代码中，为很多区块设置了不同的背景色，是为了区别这些区块。当然，用设置边框的方式也可以，但是要注意边框也占据宽度和高度，此时设置区块元素的大小比较麻烦，何况这些边框最终还是要去掉的。

（2）以上 CSS 排版可以作为宽度固定且居中的基本格式。

（3）在 Chrome 浏览器中的页面效果如图 23-3 所示。

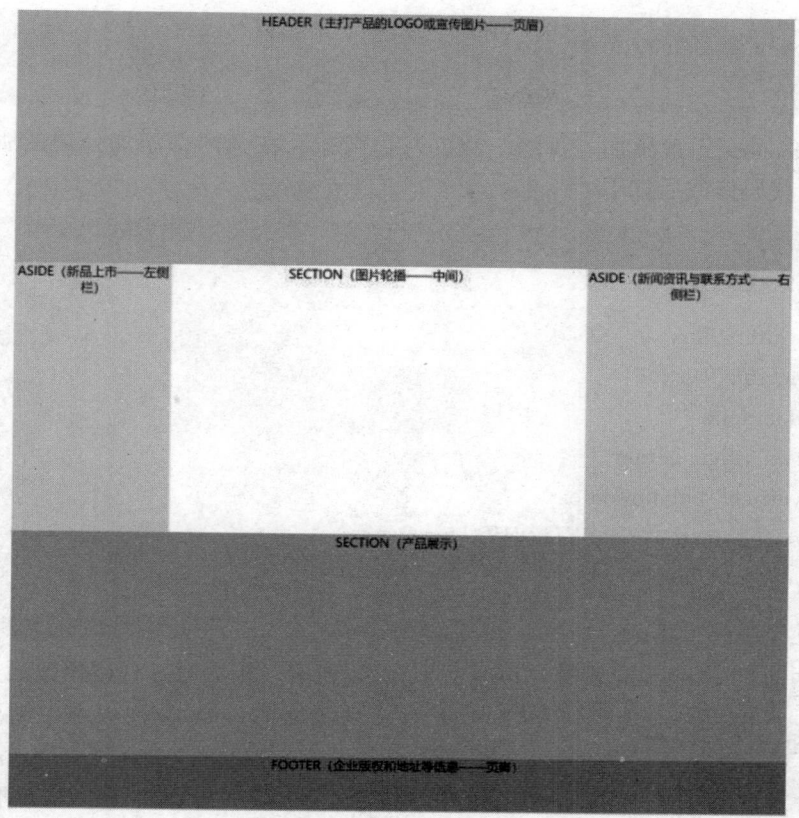

图 23-3　排版框架

23.2　模 块 拆 分

页面的整体框架设计好以后，分别对各个模块进行处理，最后再统一整合。这是页面设计的一般步骤。

23.2.1　页眉和页脚的实现

本例中的页眉和页脚的实现较为简单。页眉可以直接设置素材图片作为背景图片，不重复平铺即可。页脚则直接添加段落文字。

修改 CSS 文件，为 \<header\> 元素添加本地 images 目录下的 jnptop1.jpg 作为背景图片，并去掉边框效果。相关 CSS 代码修改后如下：

```
1    /* 页眉 */
2    header {
3        width: 990px;
4        height: 330px;
5        background:url(../images/jnptop1.jpg) no-repeat;
```

```
6          text-align: center;
7      }
```

然后为 <footer> 元素添加与页眉一致的灰色背景，在其内部添加公司的版权信息与地址。相关 CSS 代码修改后如下：

```
1      /* 页脚 */
2      footer {
3          width:990px;
4          height: 70px;
5          float:left;
6          text-align: center;
7          vertical-align:middle;
8          background-color:#E1E0DB;
9          padding:7px 0;
10     }
```

在 CSS 中通过 <body> 元素统一声明文字为 14 像素。相关 CSS 代码修改后如下：

```
1      /* 页面整体设计 */
2      body {
3          margin: 0px auto;
4          padding: 0px;
5          max-width: 990px;
6          font-size:14px;
7      }
```

此时页眉和页脚全部完成，效果如图 23-4 所示。

23.2.2 主体内容的实现

主体内容包括下面 4 个部分：

（1）网站左侧栏：新品上市展示。

（2）网站动态图：3 张图片动态切换。

（3）网站右侧栏：包括新闻资讯与联系方式两部分。

（4）产品展示栏目：以图片集合的形式展示产品。

1. 网站左侧栏的实现

左侧栏是新品上市栏目，该栏目包括标题和两个新品展示图片及文字内容。使用 <h1> 和 <div> 元素将左侧栏划分为 3 个部分。

使用这些元素给创建网站左侧栏架构。相关 HTML5 代码修改如下：

图 23-4　网页页眉和页脚完成效果图

```
1    <aside id="leftAside">
2                      <h1> 标题 </h1>
3                      <div> 产品 1</div>
4                      <div> 产品 2</div>
5    </aside>
```

相关 CSS 代码如下：

```
1    /* 左侧栏 – 标题 */
2    aside#leftAside h1{
3         height:40px;
4         margin:0px;
5    }
6    /* 左侧栏 – 内容 */
7    aside#leftAside div{
8         height:150px;
9         text-align: center;
```

10	margin-left:7px;
11	}

    接下来开始添加实际内容。首先是添加标题。由于标题单击后还希望跳转至二级页面，因此使用超链接元素 <a> 进行制作，在内部嵌入 <img> 图像。

1	<h1>
2	<a href="#"><img src="images/newproduct/xpss.jpg"></a>
3	</h1>

    此外，还要分别为两个 <div> 元素添加 <img> 图像。

1	<div>
2	<img src="images/newproduct/xp11.jpg">
3	</div>
4	<div>
5	<img src="images/newproduct/xp22.jpg">
6	</div>

    此时运行效果如图 23-5 所示。

图 23-5　网站左侧栏实现效果图

2. 图片轮播效果的实现

该栏目有 3 张素材图片需要进行自动轮播，可以使用 jQuery 技术实现图片的淡入和淡出效果。首先在 HTML5 页面的 <head> 元素内添加对 jQuery 的声明。

```
1    <script src="js/jquery-1.12.3.min.js"></script>
```

为轮播区域增加三张图片，并放置在 <ul> 的 <li> 元素之中。

```
1    <section id="slider">
2        <ul>
3            <li>
4                    <img src="images/slider/t1.jpg"/>
5            </li>
6            <li class="hide">
7                <img src="images/slider/t2.jpg" />
8            </li>
9            <li class="hide">
10                    <img src="images/slider/t3.jpg" />
11            </li>
12        </ul>
13    </section>
```

对应上述新增 HTML 元素的 CSS 代码如下。

```
1     /* 图片轮播 - 列表元素样式设置 */
2    section#slider ul {
3        list-style: none;
4        position: relative;
5        width: 520px;
6        height: 350px;
7        padding:0;
8        margin:0;
9    }
10    /* 图片轮播 - 列表选项元素样式设置 */
11    section#slider li {
12        position: absolute;
13        top: 0px;
14        left: 0px;
15        width: 520px;
16        height: 350px;
17        float: left;
```

```
18          text-align: center;
19          padding: 0;
20          margin: 0;
21      }
22   /* 图片轮播 – 图片样式设置 */
23   section#slider img {
24          width: 100%;
25          height: 100%;
26      }
27   /* 图片轮播 – 隐藏效果设置 */
28   .hide {
29          display: none;
30      }
```

为本例增加相关 jQuery 代码，实现图片的淡入和淡出效果。代码如下：

```
1    <script>
2            var index = 0;        // 当前图片序号
3            $(document).ready(function( ) {
4                setInterval("next( )", 3000); // 每 3 秒切换下一张图片
5             });
6            function next( ) {
7                $("li:eq(" + index + ")").fadeOut(1500);   // 当前图片淡出
8                if (index == 2)
9                    index = 0;   // 最后一张图片时，序号跳转到第一张
10               else
11                   index++;
12               $("li:eq(" + index + ")").fadeIn(1500);   // 新图片淡入
13           }
14   </script>
```

上述代码采用了 jQuery 中的 fadeIn( ) 与 fadeOut( ) 函数来实现图片的淡入和淡出效果。
每隔 3 秒将自动切换下一张图片，如果到了最后一张，播放完毕后则回到第
一张循环播放。

3. 网站右侧栏的实现

网站右侧栏包括新闻资讯和联系方式两个部分。使用 <article> 和 <div>
元素将右侧栏划分为上、下两个部分，其中新闻资讯部分又分成标题与新闻
列表。使用结构元素划分的示意图如图 23-6 所示。

使用这些元素创建网站右侧栏架构。相关 HTML5 代码修改如下：

| h1（标题） |
| div（新闻资讯） |
| div（联系方式） |

图 23-6　右侧栏

```
1      <aside id="rightAside">
2                          <article>
3                                  <h1><a href="#"><img src="images/news/zxzx.jpg"></a></h1>
4                                  <div id="news">
5                                      <ul>
6                                          <li>
7                                              <a href="#"> 最新资讯，仅供测试使用 </a>
8                                          <li>
9                                              <a href="#"> 最新资讯，仅供测试使用 </a>
10                                         <li>
11                                             <a href="#"> 最新资讯，仅供测试使用 </a>
12                                         <li>
13                                             <a href="#"> 最新资讯，仅供测试使用 </a>
14                                         <li>
15                                             <a href="#"> 最新资讯，仅供测试使用 </a>
16                                     </ul>
17                                 </div>
18                          </article>
19                          <div id="contact">
20                                  <img src="images/contact/lxfs.jpg">
21                                  <p> 可添加 QQ 号 <br> 咨询制作详情 </p>
22                                  <br/>
23                                  <p> 联系 QQ:<br />470469042</p>
24                          </div>
25     </aside>
```

对于右侧栏的 CSS 设置，可参考如下代码：

```
1      /* 右侧栏 – 标题 */
2      aside#rightAside h1{
3          width: 264px;
4          height: 40px;
5          margin:0px;
6          padding:0px;
7      }
8      /* 右侧栏 – 新闻 */
9      aside#rightAside div#news{
10         width: 264px;
11         height: 100px;
```

```
12      }
13      /* 右侧栏 – 联系我们 */
14      aside#rightAside div#contact{
15          width: 264px;
16          height: 130px;
17          margin–top:30px;
18      }
19      aside#rightAside div#contact img{
20          width: 150px;
21          height: 180px;
22          float: left;
23      }
24      /* 右侧栏 – 新闻 – 列表 */
25      #news ul{
26          list–style: none;
27          margin:0px;
28          padding:0px;
29          text–align:left;
30      }
31      /* 右侧栏 – 新闻 – 列表选项 */
32      #news ul li{
33          height:20px;
34          line–height:20px;
35      }
36      /* 右侧栏 – 新闻 – 超链接 */
37      #news a{
38          text–decoration:none;
39          color:black;
40      }
```

此时运行效果如图 23–7 所示。

4. 产品展示栏目的实现

展示栏目部分需要将 14 张产品图片以 2 行 7 列的方式展示出来，并且单击产品小图可以放大查看预览图。可以使用无边框的表格来制作产品页面，使用 <h1> 和 <table> 元素将产品展示栏目分为两部分，示意图如图 23–8 所示。

图 23-7　网站右侧栏实现效果图

h1（标题）						
td（单元格，用于显示图片）	td（单元格，用于显示图片）	td（单元格，用于显示图片）	td（单元格，用于显示图片）	td（单元格，用于显示图片）	td（单元格，用于显示图片）	td（单元格，用于显示图片）
td（单元格，用于显示图片）	td（单元格，用于显示图片）	td（单元格，用于显示图片）	td（单元格，用于显示图片）	td（单元格，用于显示图片）	td（单元格，用于显示图片）	td（单元格，用于显示图片）

图 23-8　产品展示栏目

　　表格元素 <table> 内部包含了两个行 <tr>，每个 <tr> 中包含 7 个单元格 <td>。将相关代码添加到 id="productShow" 的 <section> 内部，修改后的 HTML5 代码如下：

```
1        <section id="productShow">
2            <h1><a href="#"><img src="images/product/rxcp.jpg"></a></h1>
3            <table border="0">
4                <tr>
5                    <td><img src="images/product/1.jpg" ></td>
```

```
6              <td><img src="images/product/2.jpg" ></td>
7              <td><img src="images/product/3.jpg" ></td>
8              <td><img src="images/product/4.jpg"></td>
9              <td><img src="images/product/5.jpg" ></td>
10             <td><img src="images/product/6.jpg"></td>
11             <td><img src="images/product/7.jpg"></td>
12          </tr>
13          <tr>
14             <td><img src="images/product/8.jpg" ></td>
15             <td><img src="images/product/9.jpg" ></td>
16             <td><img src="images/product/10.jpg"></td>
17             <td><img src="images/product/11.jpg" ></td>
18             <td><img src="images/product/12.jpg" ></td>
19             <td><img src="images/product/13.jpg"></td>
20             <td><img src="images/product/14.jpg" ></td>
21          </tr>
22        </table>
23     </section>
```

对应的 CSS 代码如下：

```
1     section#productShow  h1{
2          height: 40px;
3          margin:0px;
4          padding:0px;
5     }
6     /* 产品展示栏 – 表格 */
7     section#productShow table{
8          margin:0px;
9          padding:0px;
10         width:100%;
11         height:245px;
12    }
13    /* 产品展示栏 – 单元格 */
14    section#productShow td{
15         height:50%;
16    }
17    /* 产品展示栏 – 单元格内图片 */
18    section#productShow td img{
```

19	width:130px;
20	height:120px;
21	}

运行效果如图 23-9 所示。

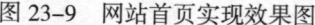

图 23-9　网站首页实现效果图

页面效果

此时网站的首页平面图已经全部开发完成，最后还需要为产品展示栏查看放大图片效果的 jQuery 特效。

5. 产品图片单击放大的实现

单击展示区域图片时，会弹出一个更大的图片。也就是说，该内容正常情况下为隐藏状态，当用户单击产品图片时，才呈现在页面上。

首先在页面上设计该版块，使用 <div> 元素在页脚之前添加悬浮框，并且使用 <button> 和 <img> 元素创建"关闭"按钮与图片展示区域。相关 HTML5 代码如下：

1	<div id="showImage">
2	<button onclick="closeImage( )"><img src="images/product/close.png"
3	alt=" 关闭 " width="40" height="40">

```
4            </button>
5            <img src="" alt=" 图片暂无 " width="100%" id="productImg">
6    </div>
```

其中，按钮的图片素材可以由开发者自定义。当前由于不确定大图的尺寸，因此将放大图片 <img> 宽度设置为 100%。为了区分按钮中的图片元素，为产品展示区的 <img> 元素设置自定义 id 名称 productImg。

在 CSS 中为该区域及内部按钮和图片设置样式。将 <div> 元素的 z-index 值设置为 99，使其置顶不影响整体页面效果。

接下来使用 jQuery 制作图片显示效果。首先修改 CSS 代码中产品放大页面的 display 属性值为 none，使其初始化为隐藏状态。

```
1    /* 放大图片页面 */
2    #showImage{
3        z-index:99;
4        position:absolute;
5        left:20%;
6        top:350px;
7        width:850px;
8        height:500px;
9        background-color:white;
10       text-align:center;
11       display:none;
12   }
13   /* 放大图片页面 - 关闭按钮 */
14   #showImage button{
15       float:right;
16       margin:10px;
17       outline:none;
18       border:none;
19       background-color:transparent;
20   }
```

此时 id="showImage" 的 <div> 元素将被隐藏，页面初始化加载是将其恢复为添加该元素前的样式效果。

在 JavaScript 中，自定义函数 showImage(name) 用于指定需要放大查看的产品图片，其中 name 对应图片名称。相关代码如下：

```
1    function showImage(name) {
2        $("#showImage").fadeIn(500);
```

```
3        $("#productImg").attr("src", "images/product/large/" + name + ".jpg");
4    }
```

上述代码表示，在 0.5 秒内淡入 id="showImage" 的 <div> 元素，并将其中的图片路径中的图片名称更新为 name 参数传递的值。

为所有产品展示区表格中的图片添加 onclick 事件调用 showImage( ) 方法，并将图片名称作为参数传递。此处添加 onclick 事件的代码省略。

最后为"关闭"按钮添加 onclick 事件，相关 HTML5 代码修改后如下：

```
1    <button onclick="closeImage( )">
2        <img src="images/product/close.png" alt=" 关闭 " width="40" height="40">
3    </button>
```

在 JavaScript 中定义 closeImage( ) 方法，相关代码如下：

```
1    function showImage(name) {
2        // 产品放大区域淡入
3        $("#showImage").fadeIn(500);
4    }
```

上述代码表示 0.5 秒内淡出 id="showImage" 的 <div> 元素。

单击图片的放大效果和关闭效果如图 23-10 所示。

图 23-10　产品放大展示区关闭效果图

至此，整个项目的开发就全部完成了。该项目综合应用了 HTML5 结构化元素架构网页布局、CSS3 美化页面及 jQuery 实现更为灵活的动态效果，后续还可以根据客户的需求更改其中的栏目和新闻列表的链接地址。

23.3　完整代码

受篇幅所限，HTML 和 CSS 的完整的代码请参考实例文件。

第 24 章
HTML+CSS+JavaScript 综合案例（二）

本章介绍的综合案例将应用 HTML5、CSS3、JavaScript 和 jQuery 方面的知识，将从整体布局、页眉和页脚、主体内容等方面去展开。页面效果中还将涉及左侧栏、轮播动态图、右侧栏等内容的实现。

学习目标：

序号	基本要求
1	掌握 DIV+CSS 的布局方式
2	了解图片单击放大效果的实现
3	了解 jQuery 实现轮播图片的效果
4	能够运用 CSS 实现背景设置、图文混排等常见的页面装饰

24.1 分 析 架 构

【例 24-1】 旅游网站。

本例采用恬静、大方的蓝色为主基调，配上与页面主题相关的图片，效果如图 24-1 所示。

图 24-1 "云南旅游"效果图

页面效果

24.1.1 设计分析

网站首页主要是突显云南旅游的风光景色。除了横幅 logo、导航菜单、页脚之外，主要有天气情况、今日推荐、轮播图片、美景寻踪、线路精选等。对部分图片设置单击放大效果。

本例中，页面设计是最为常见的固定宽度且居中的版式。

24.1.2 排版架构

本例采用传统的图文排版模式，如图 24-2 所示。

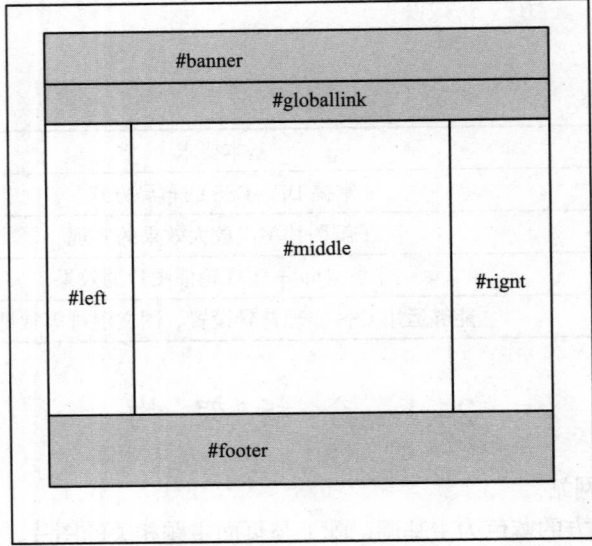

图 24-2 页面框架

这里将所有页面内容用一个大 <div> 包裹起来，框架代码如下：

```
1    <div id="container">
2        <div id="banner">        </div>
3        <div id="globallink">        </div>
4        <div id="left">        </div>
5        <div id="middle">        </div>
6        <div id="right">        </div>
7        <div id="footer">        </div>
8    </div>
```

以下是对 6 个 <div> 的分析说明。

（1）#banner 块只有一张图片。

（2）#globallink 包含一系列的导航菜单，菜单项是通过无序列表（即 <ul>+<li>）构建的。

（3）#left 是图文混排，为了区分其中内容，内嵌了两个 <div>，分别表示"天气"和"今日推荐"。

（4）#middle 部分主要分为图片轮播、美景寻踪和线路精选，分别内嵌了 3 个 <div>。采用 jQuery 技术实现图片轮播效果。

（5）#right 部分主要包括云南风光、小吃推荐、酒店宾馆，同样也是内嵌了 3 个 <div>。对于项目列表的图片或文字内容，普遍采用 <ul>+<li> 实现。

（6）#footer 中暂时只考虑放置一个段落。

以下是对应的 HTML 代码：

```
1    <div id="container">
2            <div id="banner"><img src="images/banner.png"></div>
3            <div id="globallink">      </div>
4            <div id="left">
5                <div id="weather">       </div>
6                <div id="today">         </div>
7            </div>
8            <div id="middle">
9                <div id="ghost">        </div>
10               <div id="beauty">       </div>
11               <div id="route">        </div>
12           </div>
13           <div id="right">
14               <div id="map">          </div>
15               <div id="food">         </div>
16               <div id="life">         </div>
17           </div>
18           <div id="footer">       </div>
19   </div>
```

24.2　HTML 代码

页面的整体框架有了大体设计之后，对各个模块进行分别处理，最后再统一整合。这也是页面设计的通常步骤，养成良好的设计习惯便可熟能生巧。

受篇幅所限，完整的 HTML 代码可参考实例文件。

24.3　jQuery 代码

#middle 部分的最顶端设置了图片轮播效果，本例中采用如下 jQuery 代码实现。

```
1            <!-- 轮播实现开始 -->
2            <div id="slideImageContainer">
```

```
3              <div id="slideImageLists">
4                  <img src="images/l1.jpg" />
5                  <img src="images/l2.jpg" />
6                  <img src="images/l3.jpg" />
7                  <img src="images/l4.jpg" />
8                  <img src="images/l5.jpg" />
9              </div>
10         </div>
11         <script>
12             $(function ( ) {
13                 var LEFT = 0;
14                 function change( ) {
15                     if (LEFT == −1520) {
16                         $("#slideImageLists").animate({ left: "0px" }, 1000);
17                         LEFT = 0;
18                         return;
19                     }
20                     LEFT −= 380;
21                     $("#slideImageLists").animate({ left: LEFT + "px" }, 700);
22                 }
23                 setInterval(change, 5000);
24             });
25         </script>
26         <!-- 轮播实现结束 -->
```

这里主要通过 jQuery 中的 animate( ) 方法实现图片的轮播效果（可参考 22.8 节 jQuery 动画特效）。

例 23-1 中的轮播效果主要是通过 fadeIn( ) 和 fadeOut( ) 方法实现的。这两个例子都有图片轮播效果，采用了不同的 jQuery 动画特效方法，但是它们都采用了 JavaScript 中 window 对象的定时器，即 setInterval( ) 方法。

24.4　CSS 代码

以下是本例实现轮播的部分 CSS 代码。

```
1      /* 轮播代码插入开始 */
2      #slideImageContainer {
3          position: relative;
4          width: 380px;
```

```
5            height: 250px;
6            overflow: hidden;
7        }
8        #slideImageLists {
9            position: absolute;
10           left: 0px;
11           top: 0px;
12           width: 1900px;
13           height: 250px;
14       }
15       #slideImageLists img {
16           width: 380px;
17           height: 250px;
18           float: left;
19       }
20       /* 轮播代码插入结束 */
```

　　完整的 CSS 设置可以参考实例文件源代码。

　　至此，整个页面就制作完成了。这里需要指出的是，对于放在网络上的站点，制作时要考虑浏览器之间的兼容问题。通常的方法是将两个浏览器都打开，进行整体和细节上的对照，逐渐调整，实现基本一致的效果。